U0959938

卓越系列·21世纪高职高专精品规划教材

自动化生产线安装与调试

主　编　赵　振　王秋敏
副主编　王培林　赵秀华　徐鑫奇　谭　果
主　审　张同苏

天津大学出版社
TIANJIN UNIVERSITY PRESS

内 容 简 介

本书采用了基于工作过程的项目式模式编写。以亚龙 YL－335B、天煌 THJDAL－2 自动化生产线为载体，分别讲述了它们安装与调试的过程，主要内容包括：YL－335B 自动化生产线的认知，YL－335B 自动化生产线供料单元、加工单元、装配单元、分拣单元、输送单元的安装与调试，用人机界面控制分拣单元的运行，YL－335B 的整体控制；THJDAL－2 自动化生产线认知，THJDAL－2 自动化生产线供料单元、加工单元、装配单元、分拣单元、搬运单元安装与调试，THJDAL－2 自动化生产线的整体控制。本书理念先进、讲解翔实、项目真实，具有极强的可读性、实用性和先进性。

本书可作为高职高专院校相关课程的教材，也可作为有关工程技术人员研究自动化生产线的参考用书。

图书在版编目（CIP）数据

自动化生产线安装与调试/赵振，王秋敏主编. —天津：天津大学出版社，2014.1（2024.1 重印）
（卓越系列）
21 世纪高职高专精品规划教材
ISBN 978-7-5618-4943-9

Ⅰ.①自… Ⅱ.①赵… ②王… Ⅲ.①自动生产线－安装－高等职业教育－教材②自动生产线－调试方法－高等职业教育－教材 Ⅳ.①TP278

中国版本图书馆 CIP 数据核字（2014）第 016403 号

出版发行 天津大学出版社
地　　址 天津市卫津路 92 号天津大学内（邮编：300072）
电　　话 发行部：022-27403647
网　　址 www.tjupress.com.cn
印　　刷 北京虎彩文化传播有限公司
经　　销 全国各地新华书店
开　　本 185mm×260mm
印　　张 13.75
字　　数 343 千
版　　次 2014 年 3 月第 1 版
印　　次 2024 年 1 月第 6 次
定　　价 38.00 元

凡购本书，如有缺页、倒页、脱页等质量问题，烦请与我社发行部门联系调换

版权所有　　侵权必究

前　言

随着现代工业技术的不断发展，由机械技术、气动技术、液压技术、电力拖动技术、传感检测技术、PLC技术、网络及通信技术等学科相互渗透而形成的机电一体化技术，已成为当今工业科技的重要组成部分。2009年，国家《装备制造业调整和振兴规划》提出："全面提高重大装备技术水平，满足国家重大工程建设和重点产业调整振兴需要，百万千瓦级核电设备、新能源发电设备、高速动车组、高档数控机床与基础制造装备等一批重大装备实现自主化。"机电一体化技术已广泛应用于这些重大装备。

为了使读者更好地掌握机电一体化技术的集成应用及机电设备的安装与调试技能，本书采用了基于工作过程的项目式模式编写。以亚龙YL－335B、天煌THJDAL－2自动化生产线为载体，基于工作过程，将整个设备的安装与调试过程划分为多个项目进行。项目的划分按照由简单到复杂、由单一到综合的顺序进行序化。例如，在机械结构的拆装中，由简单机构逐渐接触到直线导轨、传送带鼓形轴、精密丝杠等复杂机构；在控制系统的设计中，由PLC的简单逻辑编程逐渐深入到高速计数功能、模拟量处理、伺服电机运动控制、PLC通信等内容。通过对本书的学习，读者可从简单的初学者成长为具备机电技术集成应用及机电设备安装调试能力的高素质技能型人才。

本书在编写过程中，突出了以下特点。

1. 理念先进。本书体现了基于工作过程的高等职业教育课程理念，按照"以能力为本位，以职业实践为主线，以具体设备为载体，以完整的工作过程为行动体系"的总体设计要求来选择和组织内容。

2. 讲解详尽。为了更详尽地描述任务实施的过程，书中提供了大量实操照片及元器件实物图片，以图代文，生动、直观地展示了自动化生产线安装与调试步骤。

3. 项目真实。本书内容全部为经过安装调试验证的真实项目，紧密贴合企业当前的实际应用，便于学习者更好地掌握实践技能，满足企业实际需要。

由于编写时间仓促及编者水平所限，书中错误和不当在所难免，恳请广大读者批评指正。

编者

2014年2月

目　录

第 1 篇

亚龙 YL－335B 自动化生产线安装与调试

项目1　YL－335B自动化生产线认知

1.1　YL－335B的基本组成

亚龙 YL－335B 自动化生产线实训考核装备由供料单元、加工单元、装配单元、输送单元和分拣单元等五个单元组成，其外观如图 1.1 所示。

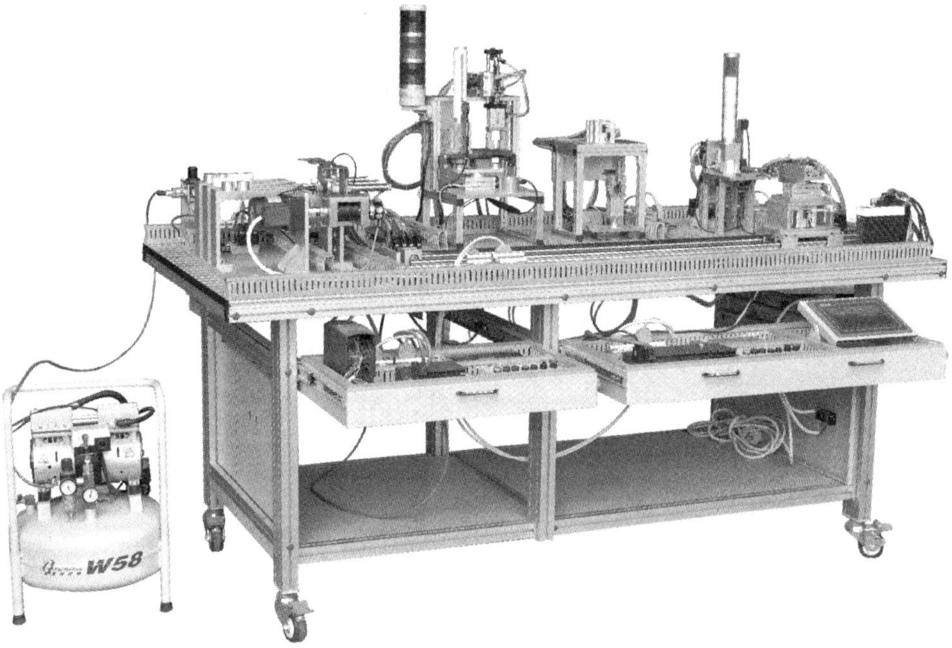

图 1.1　YL－335B 自动化生产线外观图

YL－335B 自动化生产线中，每一工作单元可以自成一个独立系统，同时也是一个机电一体化的系统。各个单元的执行机构基本上是以气动执行机构为主，但输送单元的机械手装置整体运动采取伺服电机驱动、紧密定位的位置控制，该驱动系统具有长行程、多定位点的特点，是一个典型的一维位置控制系统。分拣单元的传送带驱动采用了通用变频器驱动三相异步电动机的交流传动装置。位置控制和变频技术是现代工业企业应用最为广泛的电气控制技术。

在 YL－335B 设备上应用了多种类型的传感器，分别用于判断物体的运动位置、物体通过的状态、物体的颜色及材质等。传感器技术是机电一体化技术中的关键技术之一，是现代工业实现高度自动化的前提之一。

在控制方面，YL－335B 采用了基于 RS485 串行通信的 PLC 网络控制方案，即每一工作单元由一台 PLC 承担其控制任务，各 PLC 之间通过 RS485 串行通信实现互连的分布式控制方式。用户可根据需要选择不同厂家的 PLC 及其所支持的 RS485 通信模式，组建成一个小型的 PLC 网络。小型 PLC 网络以其结构简单、价格低廉的特点在小型自动化生产线中仍然有着广泛的应用，在现代工业网络通信中仍占据相当的份额。另一方面，掌握基于 RS485 串行通信的 PLC 网络技术，将为进一步学习现场总线技术、工业以太网技术等打下良好的基础。

1.2　YL－335B 的基本功能

YL－335B 各工作单元在实训台上的分布如图 1.2 所示。

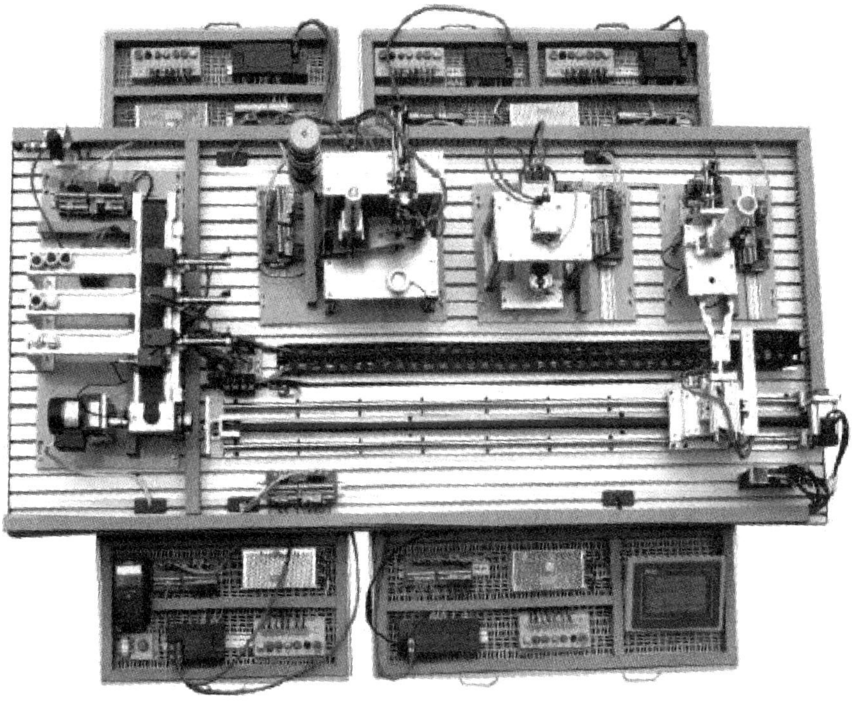

图 1.2　YL－335B 俯视图

YL－335B 各个工作单元的基本功能如下。

1）供料单元

供料单元是 YL－335B 中的起始单元，在整个系统中起着向系统中的其他单元提供原料的作用。其具体的功能是：按照需要将放置在料仓中待加工工件（原料）自动推出运送到物料台上，以便输送单元的机械手将其抓取，输送到其他单元上。图 1.3 所示为供料单元实物的全貌。

2）加工单元

加工单元把该单元物料台上的工件（工件由输送单元的抓取机械手装置送来）送到冲压机构下面，完成一次冲压加工动作，然后再送回到物料台上，待输送单元的抓取机械手装置取出。图 1.4 所示为加工单元实物的全貌。

3）装配单元

装配单元完成将该单元料仓内的黑色或白色小圆柱工件嵌入已加工工件中的装配过

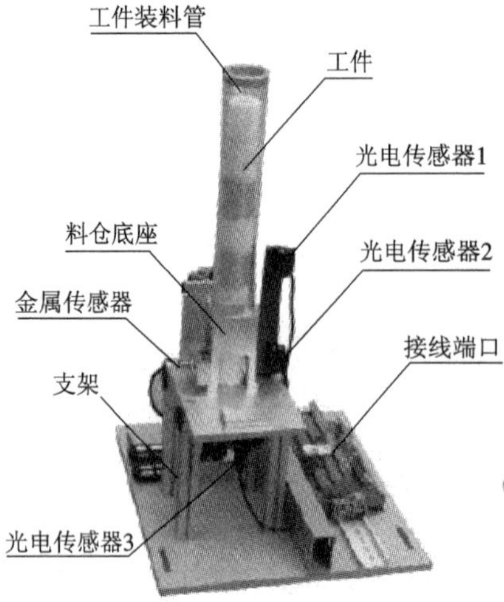

(a)

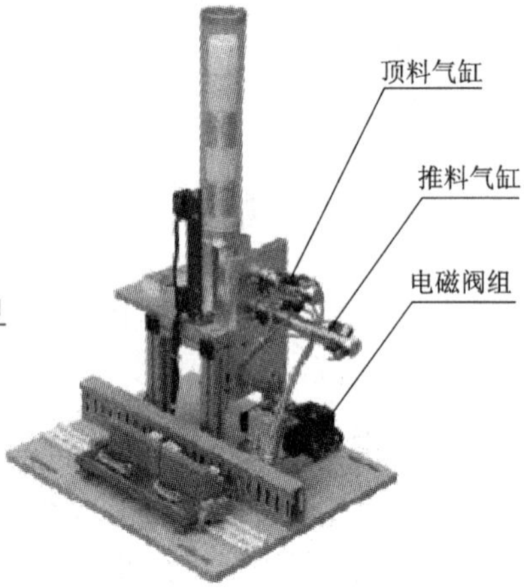

(b)

图 1.3　供料单元实物的全貌

(a)正视图;(b)侧视图

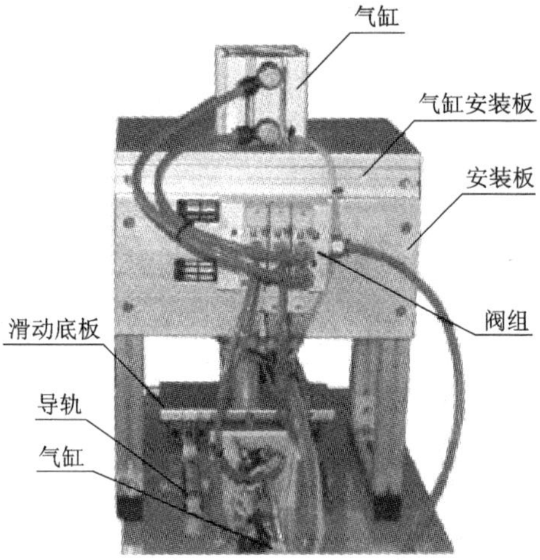

(a)

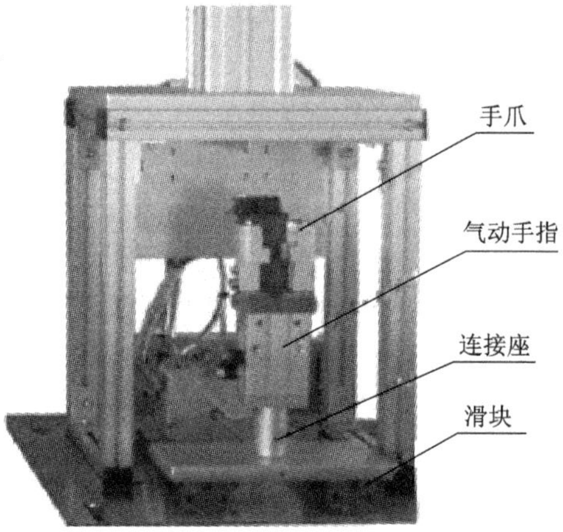

(b)

图 1.4　加工单元实物的全貌

(a)背视图;(b)前视图

程。图 1.5 所示为装配单元实物的全貌。

4)分拣单元

分拣单元将上一单元送来的已加工、装配的工件进行分拣,使不同颜色的工件从不同的料槽分流。图 1.6 所示为分拣单元实物的全貌。

5)输送单元

输送单元通过直线运动传动机构驱动抓取机械手装置到指定单元的物料台上精确定

位，并在该物料台上抓取工件，把抓取到的工件输送到指定地点然后放下，实现传送工件的功能。图1.7所示为输送单元实物的全貌。

直线运动传动机构的驱动器可采用伺服电机或步进电机，视实训目的而定。YL－335B的标准配置为伺服电机。

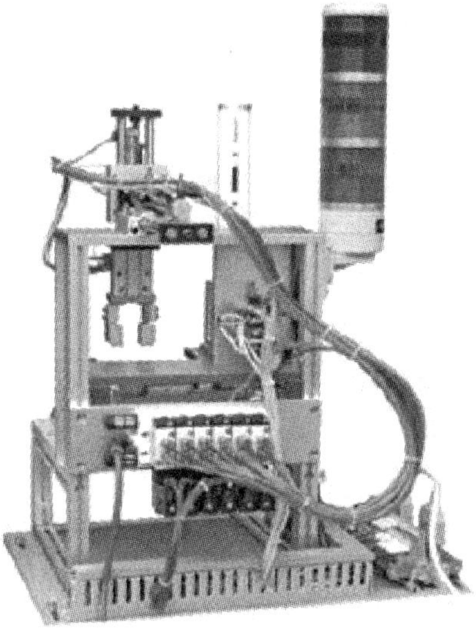

(a)　　(b)

图1.5　装配单元实物的全貌

(a)前视图；(b)背视图

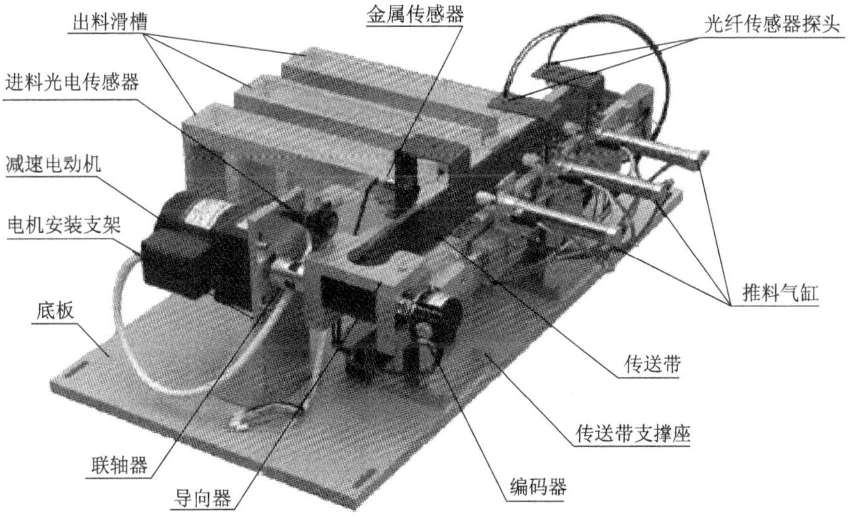

图1.6　分拣单元实物的全貌

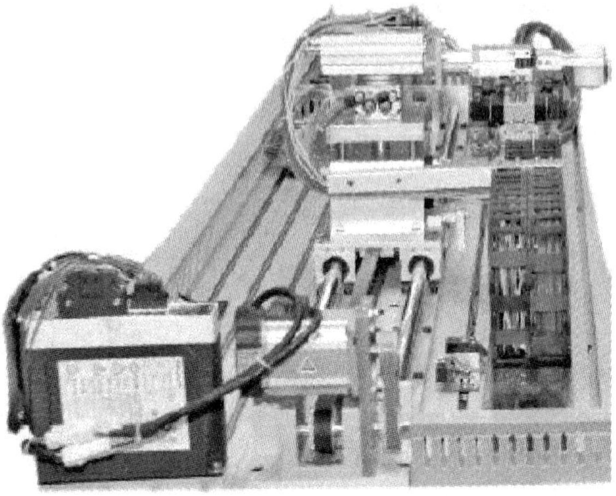

图 1.7　输送单元实物的全貌

1.3　YL－335B 的电气控制

(1) YL－335B 装置侧的接线端口的接线端子采用三层端子结构，上层端子用以连接 DC 24 V 电源的 +24 V 端，底层端子用以连接 DC 24 V 电源的 0 V 端，中间层端子用以连接各信号线。

PLC 侧的接线端口的接线端子采用两层端子结构，上层端子用以连接各信号线，其端子号与装置侧的接线端口的接线端子相对应；底层端子用以连接 DC 24 V 电源的 +24 V 端和 0 V 端。

图 1.8 和图 1.9 分别是装置侧的接线端口和 PLC 侧的接线端口。

图 1.8　装置侧接线端口

图 1.9　PLC 侧接线端口

按钮指示灯模块（图 1.10）盒上包括以下器件。

①指示灯（DC 24V）：黄色（HL1）、绿色（HL2）、红色（HL3）各一只。

②主令器件：绿色常开按钮 SB1 一只、红色常开按钮 SB2 一只、选择开关 SA（一对转换触点）、急停按钮 QS（一个常闭触点）。

(2) 当各工作单元通过网络互连构成一个分布式的控制系统时，对于采用三菱 FX 系列 PLC 的设备，YL－335B 的标准配置采用了基于 RS485 串行通信的 N:N 通信方式，如图 1.11 所示。

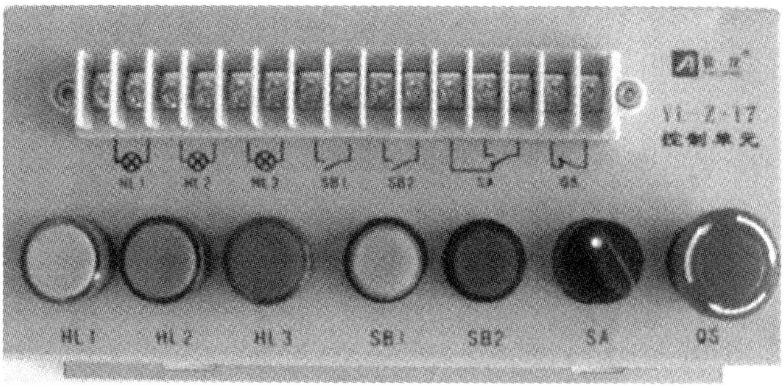

图 1.10　按钮指示灯模块

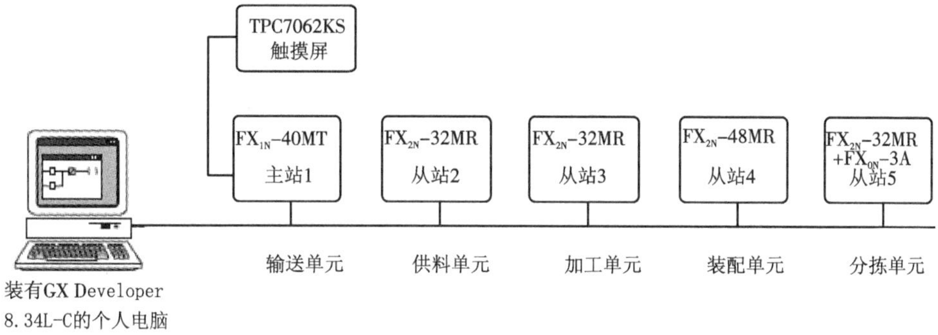

图 1.11　YL－335B 的通信网络

各工作单元 PLC 配置如下。

①输送单元:FX_{1N}－40MT 主单元,共 24 点输入,16 点晶体管输出。

②供料单元:FX_{2N}－32MR 主单元,共 16 点输入,16 点继电器输出。

③加工单元:FX_{2N}－32MR 主单元,共 16 点输入,16 点继电器输出。

④装配单元:FX_{2N}－48MR 主单元,共 24 点输入,24 点继电器输出。

⑤分拣单元:FX_{2N}－32MR 主单元,共 16 点输入,16 点继电器输出。

(3)系统运行的主令信号(复位、启动、停止等)通过触摸屏人机界面给出。同时,人机界面上也显示系统运行的各种状态信息。

人机界面是在操作人员和机器设备之间做双向沟通的桥梁。使用人机界面能够明确指示并告知操作人员机器设备目前的状况,使操作变得简单生动,并且可以减少操作上的失误,即使是新手也可以很轻松地操作整个机器设备。使用人机界面还可以使机器的配线标准化、简单化,也能减少 PLC 控制器所需的 I/O 点数,降低生产成本,同时由于面板控制的小型化及高性能,也相对提高了整套设备的附加价值。

YL－335B 采用了昆仑通态(MCGS)TPC7062KS 触摸屏作为它的人机界面。TPC7062KS 是一款以嵌入式低功耗 CPU 为核心(主频 400 MHz)的高性能嵌入式一体化工控机。该产品设计采用了 7 in 高亮度 TFT 液晶显示屏(分辨率 800×480),四线电阻式触摸屏(分辨率 4 096×4 096),同时还预装了微软嵌入式实时多任务操作系统 WinCE. NET(中文版)和 MCGS 嵌入式组态软件(运行版)。TPC7062KS 触摸屏的使用、人机界面的组态方法,将在项目 5(分拣单元安装与调试)中介绍。

1.4　YL－335B 的供电电源

YL－335B 的外部供电电源为三相五线制 AC 380 V/220 V，图 1.12 为供电电源模块一次回路原理图。图中，总电源开关选用 DZ47LE－32/C32 型三相四线漏电开关。系统各主要负载通过自动开关单独供电。其中，变频器电源通过 DZ47C16/3P 三相自动开关供电，各工作站 PLC 均采用 DZ47C5/1P 单相自动开关供电。此外，系统配置 4 台 DC 24 V/6A 开关稳压电源分别用作供料、加工、分拣及输送单元的直流电源。配电箱设备安装图如图 1.13 所示。

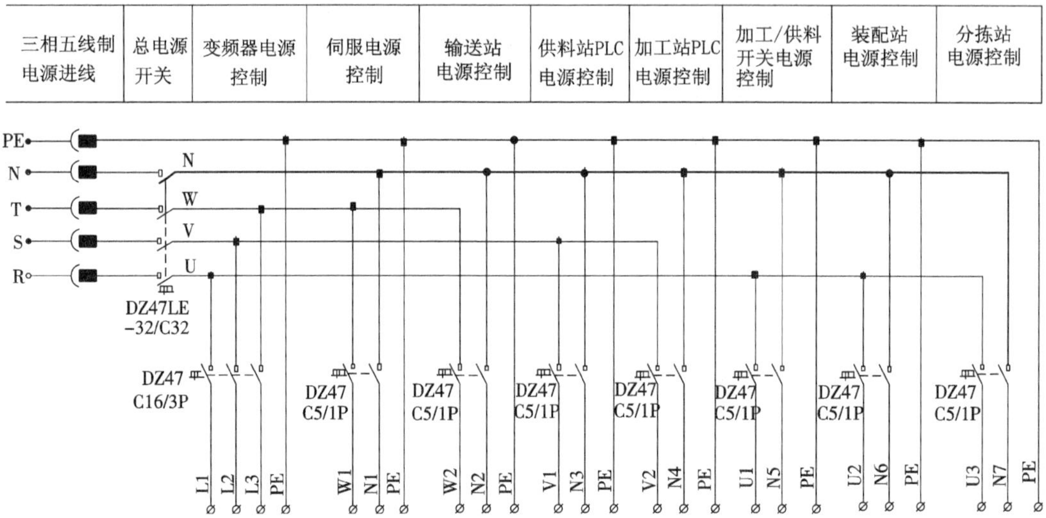

图 1.12　供电电源模块一次回路原理图

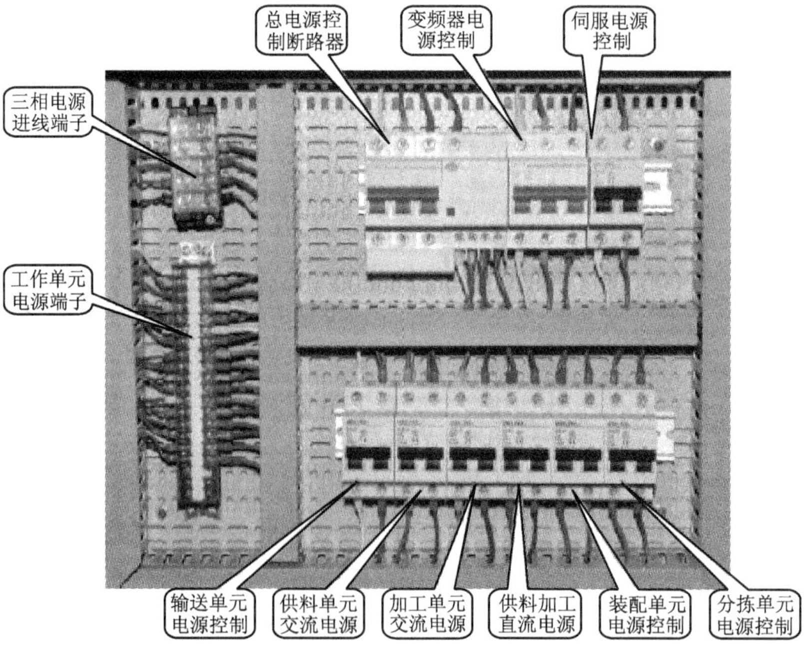

图 1.13　配电箱设备安装图

1.5　YL－335B 的气源处理装置

工业上的气动系统，常常使用组合起来的气动三联件作为气源处理装置。气动三联件是指空气过滤器、减压阀和油雾器。各元件之间采用模块式组合的方式连接。这种方式安装简单、密封性好，易于实现标准化、系列化，可缩小外形尺寸、节省空间和配管，便于维修和集中管理。气源分解图如图 1.14 所示。

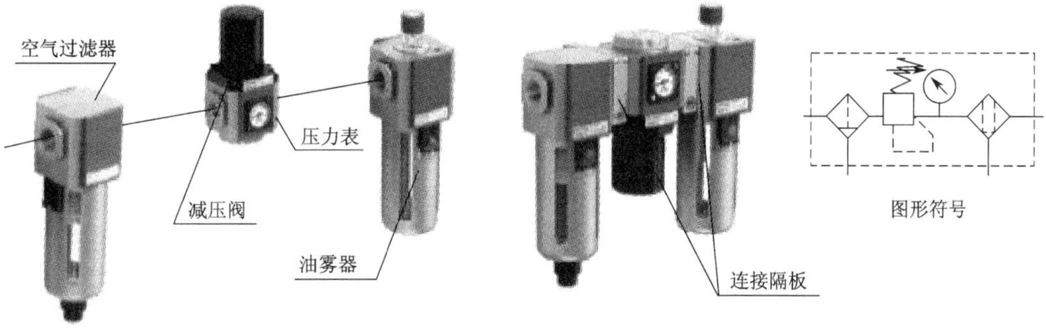

图 1.14　气源分解图

YL－335B 的气源处理组件使用空气过滤器和减压阀集装在一起的气动二联件结构，组件及其回路原理图分别如图 1.15(a)和(b)所示。图中，气源处理组件的输入气源来自空气压缩机，所提供的压力要求为 0.6～1.0 MPa。组件的气路入口处安装一个快速气路开关，用于启/闭气源。当把气路开关向左拔出时，气路接通气源，反之把气路开关向右推入时气路关闭。组件的输出压力为 0～0.8 MPa 可调。

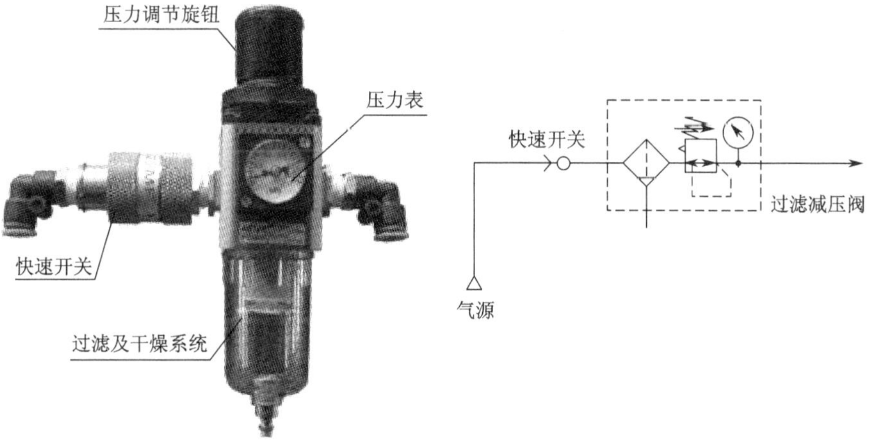

图 1.15　YL－335B 的气源处理组件

(a)气源处理组件实物图；(b)气动原理图

输出的压缩空气通过快速三通接头和气管输送到各工作单元。进行压力调节时，在转动旋钮前要先拉起再旋转，压下旋钮为定位，旋钮向右旋转为调高出口压力，向左旋转为调低出口压力。调节压力时应逐步均匀地调至所需压力值，不应一步调节到位。

本组件的空气过滤器采用手动排水方式。手动排水时当水位到达滤芯下方水平之前水必须排出。因此在使用时，应注意经常检查过滤器中凝结水的水位，在超过最高标线以前，必须将水排放，以免被重新吸入。

项目2　供料单元安装与调试

2.1　供料单元的结构和工作过程

供料单元的主要结构组成包括工件装料管、工件推出装置、支撑架、阀组、端子排组件、PLC、急停按钮和启动/停止按钮、走线槽、底板等。其中机械部分结构如图2.1所示。

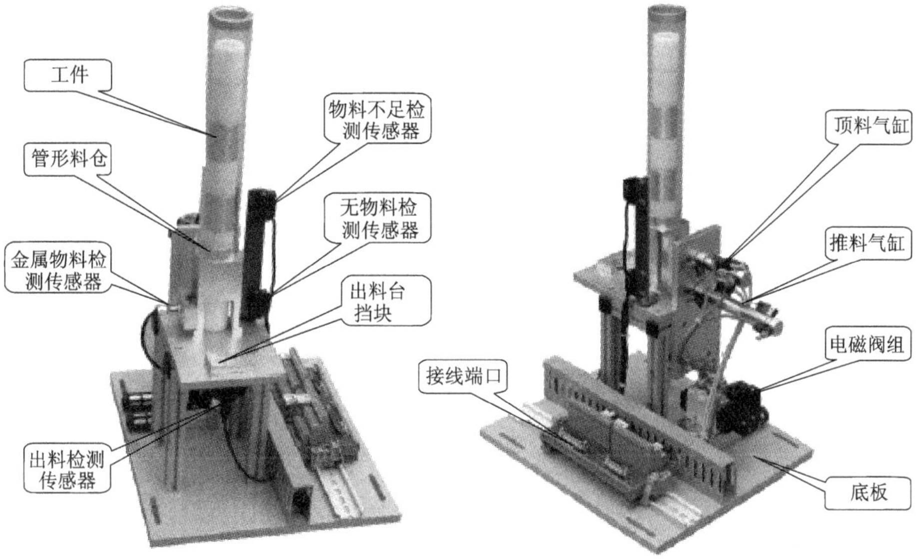

图2.1　供料单元的主要结构组成

管形料仓和工件推出装置用于储存工件原料，并在需要时将料仓中最下层的工件推出到出料台上。它主要由管形料仓、推料气缸、顶料气缸、磁感应接近开关、漫射式光电传感器组成。

该部分的工作原理是：工件垂直叠放在料仓中，推料气缸处于料仓的底层并且其活塞杆可从料仓的底部通过；当活塞杆在退回位置时，它与最下层工件处于同一水平位置，而顶料气缸则与次下层工件处于同一水平位置；在需要将工件推出到物料台上时，首先使夹紧气缸的活塞杆推出，压住次下层工件；然后使推料气缸活塞杆推出，从而把最下层工件推到物料台上，在推料气缸返回并从料仓底部抽出后，再使夹紧气缸返回，松开次下层工件。这样，料仓中的工件在重力的作用下，就自动向下移动一个工件，为下一次推出工件做好准备。

在底座和管形料仓第四层工件位置，分别安装一个漫射式光电接近开关。它们的功能是检测料仓中有无储料或储料是否充足。若该部分机构内没有工件，则处于底层和第四层位置的两个漫射式光电接近开关均处于常态；若仅在底层起有三个工件，则底层处光电接近开关动作而第四层处光电接近开关处于常态，表明工件已经快用完了。这样，料仓中有无储料或储料是否充足，就可用这两个光电接近开关的信号状态反映出来。供料操作示意如图2.2所示。

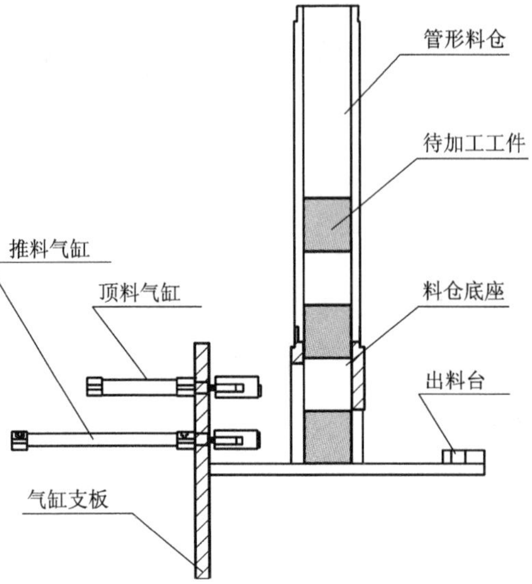

图 2.2 供料操作示意图

推料气缸把工件推出到出料台上。出料台面开有小孔,出料台下面设有一个圆柱形漫射式光电接近开关,工作时向上发出光线,从而透过小孔检测是否有工件存在,以便向系统提供本单元出料台有无工件的信号。在输送单元的控制程序中,就可以利用该信号状态来判断是否需要驱动机械手装置来抓取此工件。

2.2 供料单元的相关知识点

2.2.1 供料单元的气动元件

1. 标准双作用直线气缸

在气缸运动的两个方向上,根据受气压控制的方向个数的不同,可分为单作用气缸和双作用气缸。只有一个方向受气压控制而另一个方向依靠复位弹簧实现复位的气缸称为单作用气缸,两个方向都受气压控制的气缸称为双作用气缸。

在双作用气缸中,活塞的往复运动均由压缩空气来推动。图 2.3 是标准双作用直线气缸的半剖面图。图 2.3 中,气缸的两个端盖上都设有进排气通口,从无杆侧端盖气口进气时,推动活塞向前运动;反之,从有杆侧端盖气口进气时,推动活塞向后运动。

双作用气缸具有结构简单、输出力稳定、行程可根据需要选择的优点,但由于是利用压缩空气交替作用于活塞上实现伸缩运动的,回缩时压缩空气的有效作用面积较小,所以产生的力要小于伸出时产生的推力。

单向节流阀是由单向阀和节流阀并联而成的流量控制阀,常用于控制气缸的运动速度,所以也称为速度控制阀。单向阀的功能是靠单向型密封圈来实现的。图 2.4 是一种单向节流阀剖面图,当空气从气缸排气口排出时,单向型密封圈在封堵状态,单向阀关闭,这时只能通过调节手轮使节流阀杆上下移动，改变节流阀开度，从而达到节流作用；反之，在进气时，单向型密封圈被气流冲开，单向阀开启，压缩空气直接进入气缸进气口，节流阀不起作用。因此，这种节流方式称为排气节流方式。

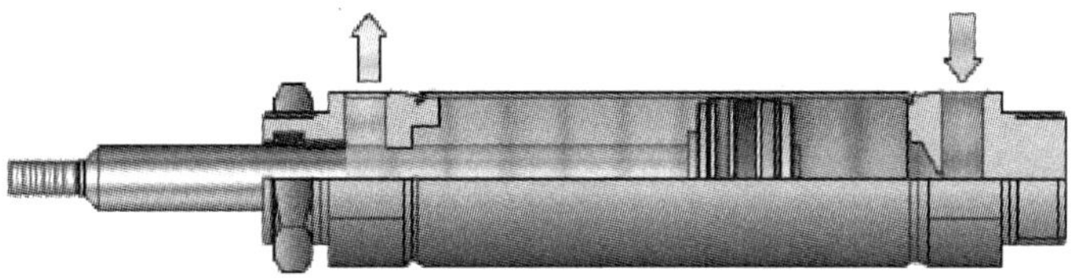

图2.3　双作用气缸工作示意图

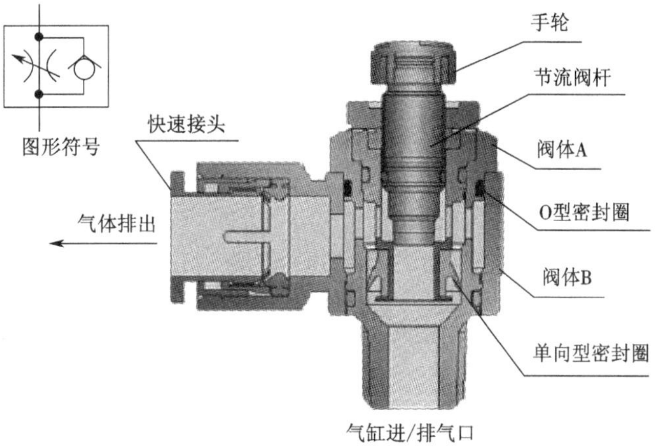

图2.4　排气节流方式的单向节流阀剖面图

图2.5是在双作用气缸上装两个排气型单向节流阀的连接示意图，当压缩空气从*A*端进气、从*B*端排气时，单向节流阀*A*的单向阀开启，向气缸无杆腔快速充气；由于单向节流阀*B*的单向阀关闭，有杆腔的气体只能经节流阀排气，调节节流阀*B*的开度，便可改变气缸伸出时的运动速度；反之，调节节流阀*A*的开度，则可改变气缸缩回时的运动速度。这种控制方式，活塞运行稳定，是最常用的方式。

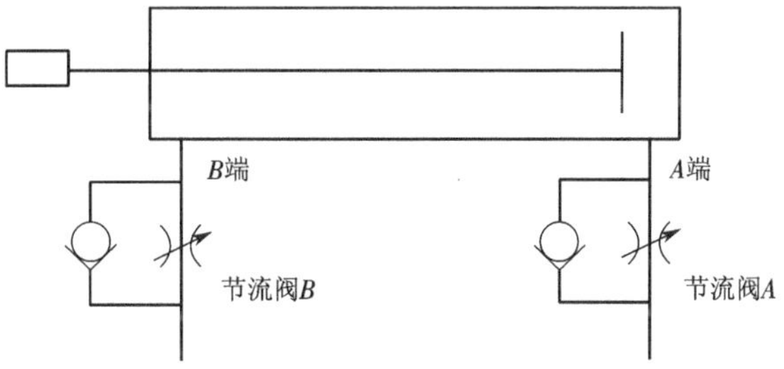

图2.5　节流阀连接和调整原理示意图

节流阀上带有气管的快速接头，只要将合适外径的气管往快速接头上一插就可以将管连接好了,使用时十分方便。图 2.6 是安装了快速接头的限出型气缸节流阀的气缸外观。

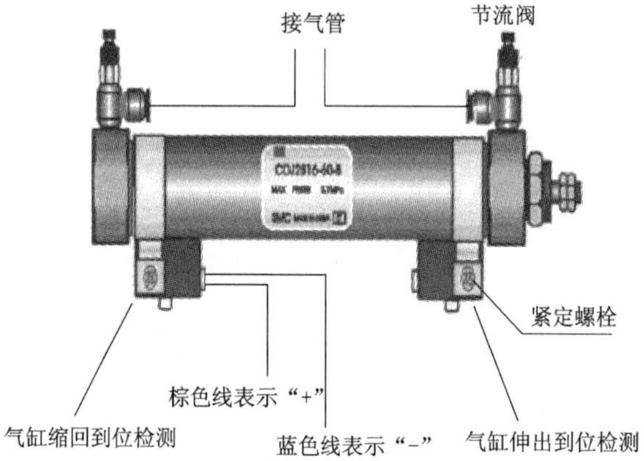

图 2.6 安装了节流阀的气缸

2. 单电控电磁换向阀、电磁阀组

如前所述,顶料或推料气缸活塞的运动是依靠向气缸一端进气、从另一端排气,再反过来,从另一端进气、一端排气来实现的。气体流动方向的改变则由能改变气体流动方向或通断的控制阀即方向控制阀加以控制。在自动控制中,方向控制阀常采用电磁控制方式实现方向控制,称为电磁换向阀。电磁换向阀是利用其电磁线圈通电时,静铁芯对动铁芯产生电磁吸力使阀芯切换,达到改变气流方向的目的。图 2.7 所示是一个单电控二位三通电磁换向阀的工作原理示意图。

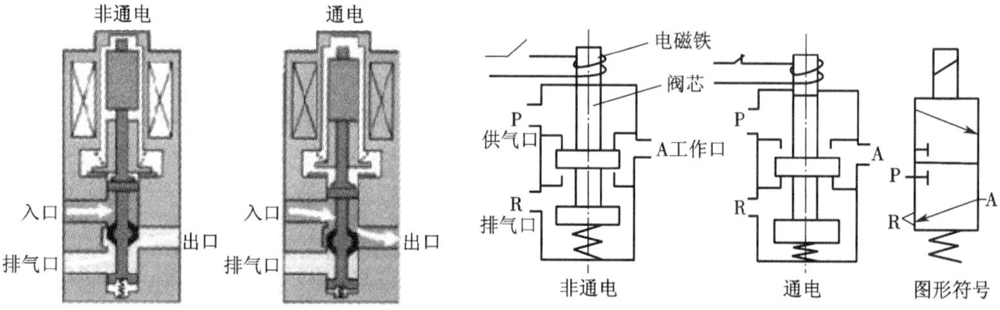

图 2.7 单电控二位三通电磁换向阀的工作原理示意图

图 2.8 分别给出二位三通、二位四通和二位五通单电控电磁换向阀的图形符号,图形中有几个方格就是几位,方格中的“┬”和“┴”符号表示各接口互不相通。

YL－335B 所有工作单元的执行气缸都是双作用气缸,因此控制它们工作的电磁阀需要有两个工作口和两个排气口以及一个供气口,故使用的电磁阀均为二位五通电磁阀。

两个电磁阀是集中安装在汇流板上的。汇流板中两个排气口末端均连接了消声器,消声器的作用是减少压缩空气在向大气排放时的噪声。这种将多个阀与消声器、汇流板等集中在一起构成的一组控制阀的集成称为阀组,而每个阀的功能是彼此独立的。阀组的结构如图 2.9 所示。

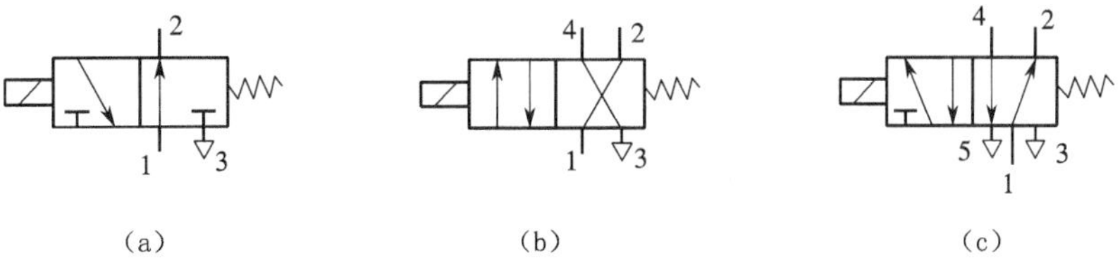

图 2.8　部分单电控电磁换向阀的图形符号

(a)二位三通阀；(b)二位四通阀；(c)二位五通阀

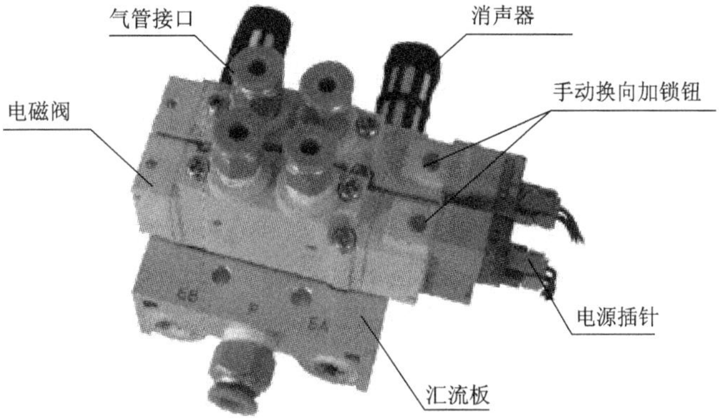

图 2.9　电磁阀组

气动控制回路的工作原理如图 2.10 所示。图中 1A 和 2A 分别为推料气缸和顶料气缸，1B1 和 1B2 为安装在推料气缸两个极限工作位置的磁感应接近开关，2B1 和 2B2 为安装在顶料气缸两个极限工作位置的磁感应接近开关，1Y 和 2Y 分别为控制推料气缸和顶料气缸的电磁阀的电磁控制端，通常这两个气缸的初始位置均设定在缩回状态。

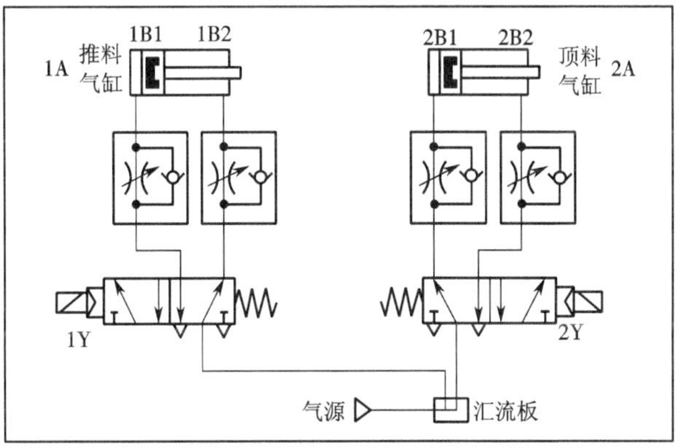

图 2.10　供料单元气动控制回路的工作原理图

2.2.2　认知有关传感器(接近开关)

YL－335B 各工作单元所使用的传感器都是接近传感器，它利用传感器对所接近的物体具有的敏感特性来识别物体的接近，并输出相应开关信号，因此接近传感器通常也称为接近开关。

接近传感器有多种检测方式，包括利用电磁感应引起检测对象的金属体中产生涡电流的方式、捕捉检测体接近引起电气信号的容量变化的方式、利用磁石和引导开关的方式、利用光电效应和光电转换器件作为检测元件等。YL－335B 所使用的是磁感应式接近开关（或称磁性开关）、电感式接近开关、漫反射光电开关和光纤型光电传感器等。这里只介绍磁性开关、电感式接近开关和漫反射光电开关，光纤型光电传感器在装配单元实训项目中介绍。

1. 磁性开关

YL－335B 所使用的气缸都是带磁性开关的气缸。这些气缸的缸筒采用导磁性弱、隔磁性强的材料，如硬铝、不锈钢等。在非磁性体的活塞上安装一个永久磁铁的磁环，这样就提供了一个反映气缸活塞位置的磁场。而安装在气缸外侧的磁性开关则是用来检测气缸活塞位置，即检测活塞的运动行程的。

有触点式的磁性开关用舌簧开关作磁场检测元件。舌簧开关成型于合成树脂块内，并且一般还有动作指示灯、过电压保护电路塑封在内。图 2.11 是带磁性开关气缸的工作原理图。当气缸中随活塞移动的磁环靠近开关时，舌簧开关的两根簧片被磁化而相互吸引，触点闭合；当磁环移开开关后，簧片失磁，触点断开。触点闭合或断开时发出电控信号，在 PLC 的自动控制中，可以利用该信号判断推料及顶料气缸的运动状态或所处的位置，以确定工件是否被推出或气缸是否返回。

在磁性开关上设置的 LED 显示用于显示其信号状态，供调试时使用。磁性开关动作时，输出信号“1”，LED 亮；磁性开关不动作时，输出信号“0”，LED 不亮。

磁性开关的安装位置可以调整，调整方法是松开它的紧定螺栓，让磁性开关顺着气缸滑动，到达指定位置后，再旋紧紧定螺栓。

磁性开关有蓝色和棕色两根引出线，使用时蓝色引出线应连接到 PLC 输入公共端，棕色引出线应连接到 PLC 输入 I/O 端。磁性开关的内部电路如图 2.12 中虚线框内所示。

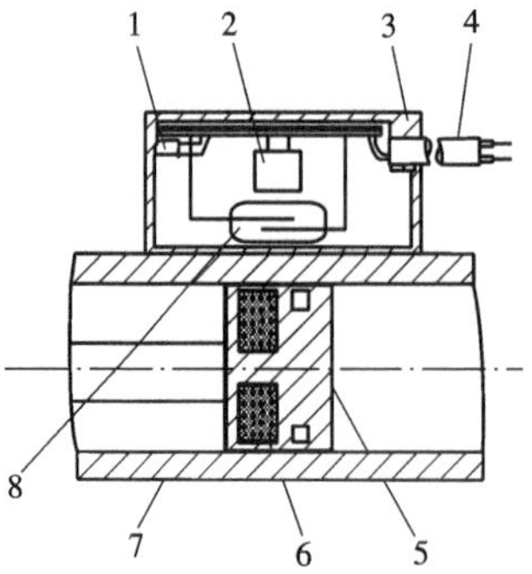

图 2.11　带磁性开关气缸的工作原理图

1—动作指示灯；2—保护电路；3—开关外壳；4—导线；
5—活塞；6—磁环（永久磁铁）；7—缸筒；8—舌簧开关

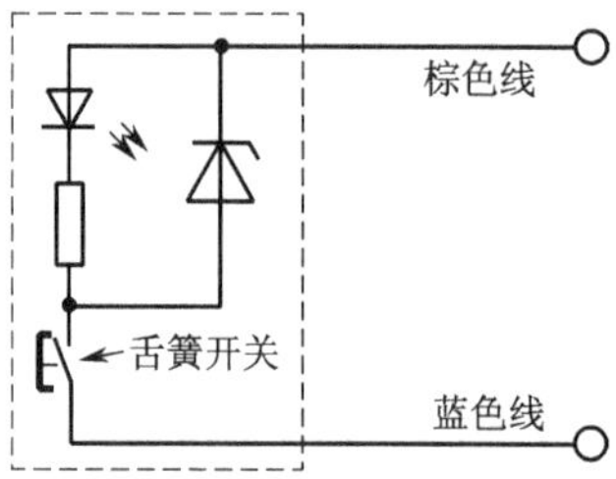

图 2.12　磁性开关内部电路

2. 电感式接近开关

电感式接近开关是利用电涡流效应制造的传感器。电涡流效应是指当金属物体处于一个交变的磁场中,在金属内部会产生交变的电涡流,该涡流又会反作用于产生它的磁场这样一种物理效应。如果这个交变的磁场是由一个电感线圈产生的,则这个电感线圈中的电流就会发生变化,用于平衡涡流产生的磁场。

利用这一原理,以高频振荡器(LC 振荡器)中的电感线圈作为检测元件,当被测金属物体接近电感线圈时产生了涡流效应,引起振荡器振幅或频率的变化,由传感器的信号调理电路(包括检波、放大、整形、输出等电路)将该变化转换成开关量输出,从而达到检测目的。电感式接近传感器工作原理如图 2.13 所示。在供料单元中,为了检测待加工工件是否为金属材料,在供料管底座侧面安装了一个电感式传感器,如图 2.14 所示。

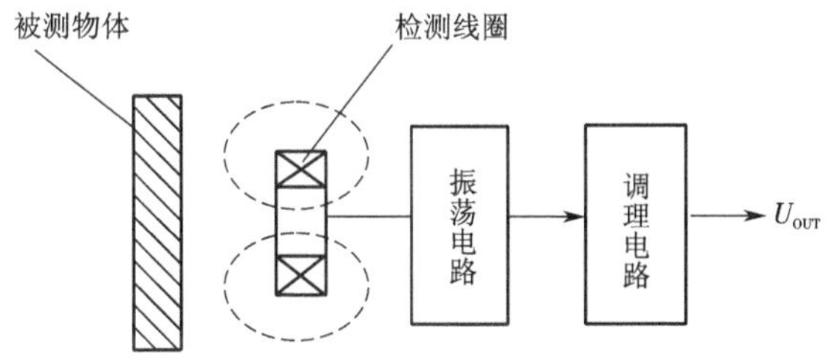

图 2.13 电感式传感器工作原理

图 2.14 供料单元上的电感式传感器

在接近开关的选用和安装中,必须认真考虑检测距离、设定距离,保证生产线上的传感器动作可靠。安装距离注意说明如图 2.15 所示。

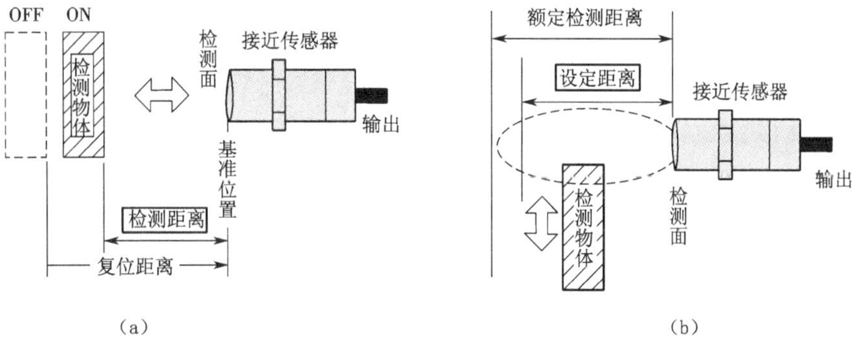

图 2.15 安装距离注意说明

(a)检测距离;(b)设定距离

3. 漫射式光电接近开关

1)光电式接近开关

光电传感器是利用光的各种性质,检测物体的有无和表面状态的变化等的传感器。其中输出形式为开关量的传感器为光电式接近开关。

光电式接近开关主要由光发射器和光接收器构成。如果光发射器发射的光线因检测物体不同而被遮掩或反射,到达光接收器的量将会发生变化。光接收器的敏感元件将检测出这种变化，并转换为电气信号进行输出。大多使用可视光（主要为红色，也用绿色、蓝色来判断颜色）和红外光。按照光接收器接收光方式的不同，光电式接近开关可分为对射式、反射式和漫射式三种，如图2.16所示。

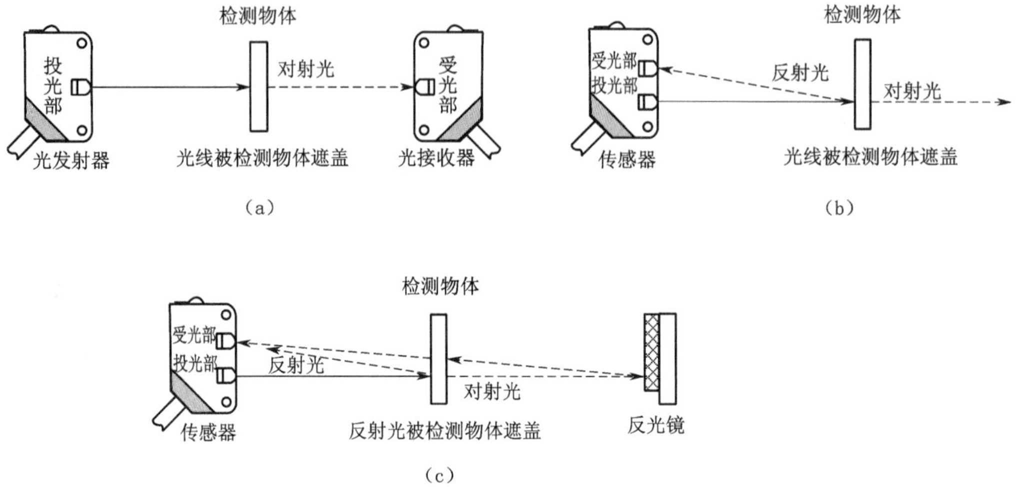

图2.16　光电式接近开关

(a)对射式光电接近开关；(b)漫射式(漫反射式)光电接近开关；(c)反射式光电接近开关

2)漫射式光电开关

漫射式光电开关是利用光照射到被检测物体上后反射回来的光线而工作的，由于物体反射的光线为漫射光，故称为漫射式光电开关。它的光发射器与光接收器处于同一侧，且为一体化结构。在工作时，光发射器始终发射检测光，若接近开关前方一定距离内没有物体，则没有光被反射到接收器，接近开关处于常态而不动作；反之，若接近开关的前方一定距离内出现物体，只要反射回来的光强度足够，则接收器接收到足够的漫射光就会使接近开关动作而改变输出的状态。图2.16(b)为漫射式光电接近开关的工作原理示意图。

供料单元中，用来检测工件不足或工件有无的漫射式光电接近开关选用神视或OMRON公司的CX－441或E3Z－L61型放大器内置型光电开关（细小光束型，NPN型三极管集电极开路输出）。E3Z－L61光电开关的外形和顶端面上的调节旋钮和显示灯如图2.17所示。图中，动作选择开关的功能是选择受光动作（Light）或遮光动作（Drag）模式，即当此开关按顺时针方向充分旋转时（L侧），则进入检测“ON”模式；当此开关按逆时针方向充分旋转时（D侧），则进入检测“OFF”模式。距离设定旋钮可用来调节检测距离，调节距离时逐步轻微旋转，否则若充分旋转距离，调节器会空转。调节的方法是，首先按逆时针方向将距离调节器充分旋到最小检测距离（E3Z－L61约20 mm），然后根据要求距离放置检测物体，按顺时针方向逐步旋转距离调节器，找到传感器进入检测条件的点；拉开检测物体距离，按顺时针方向进一步旋转调节器，找到传感器再次进入检测状态，一旦进入，向后旋转距离调节器直到传感器回到非检测状态的点。两点之间的中点为稳定检测物体的最佳位置。图2.18为该光电开关的内部电路原理框图。

用来检测物料台上有无物料的光电开关是一个圆柱形漫射式光电接近开关，工作时向上发出光线，从而透过小孔检测是否有工件存在，该光电开关选用SICK公司产品MHT15－

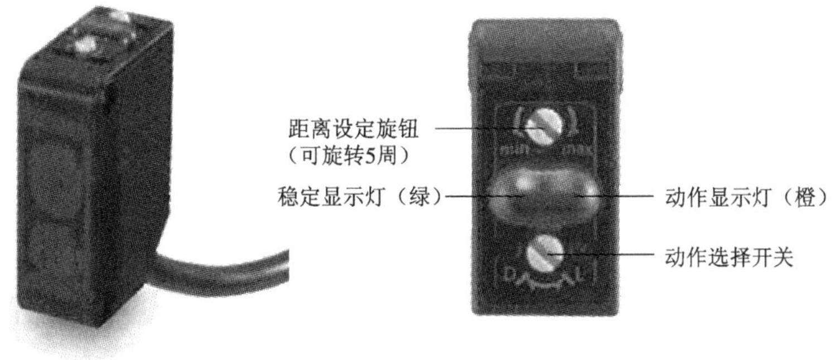

(a)　　(b)

图 2.17　E3Z－L61 型光电开关的外形和调节旋钮、显示灯

(a)光电开关外形;(b)调节旋钮和显示灯

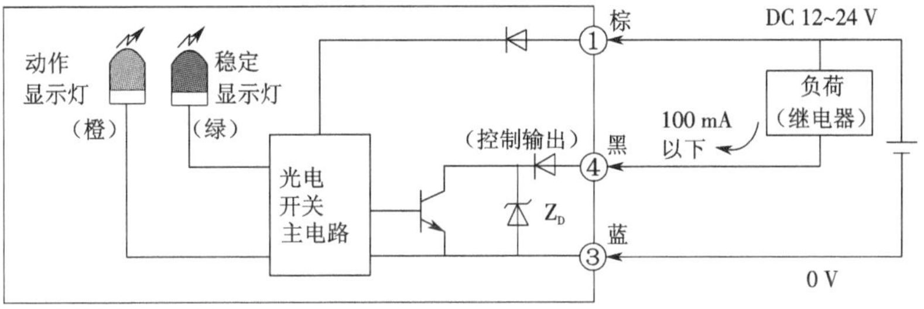

图 2.18　E3Z－L61 光电开关电路原理图

N2317 型,外形如图 2.19 所示。

图 2.19　MHT15－N2317 光电开关外形

4. 接近开关的图形符号

部分接近开关的图形符号如图 2.20 所示。图中(a)、(b)、(c)三种情况均使用 NPN 型三极管集电极开路输出。如果是使用 PNP 型,正负极性应反过来。

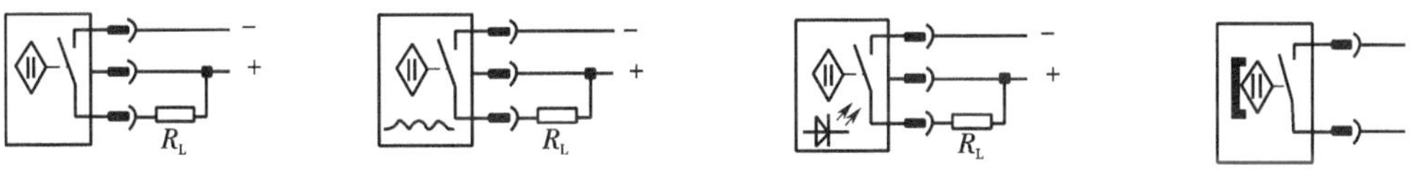

(a)　　(b)　　(c)　　(d)

图 2.20　接近开关的图形符号

(a)通用图形符号;(b)电感式接近开关;(c)光电式接近开关;(d)磁性开关

2.3 供料单元安装技能训练

1. 机械部分安装

首先把供料站各零件组合成整体安装时的组件，然后把组件进行组装。所组合成的组件包括铝合金型材支撑架组件、出料台及料仓底座组件、推料机构组件，如图 2.21 所示。

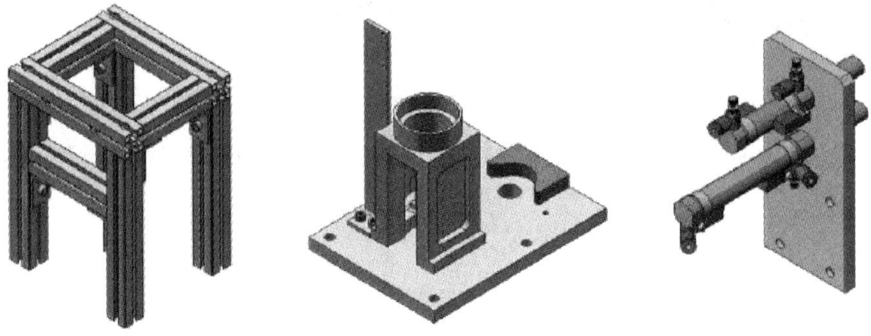

(a) (b) (c)

图 2.21 供料单元组件

(a)铝合金型材支撑架；(b)出料台及料仓底座；(c)推料机构

各组件装配好后，用螺栓把它们连接为一体，再用橡皮锤把装料管敲入料仓底座，然后将连接好的供料站机械部分以及电磁阀组、PLC 和接线端子排固定在底板上，最后固定底板，从而完成供料站的安装。

安装过程中应注意以下几点。

(1)装配铝合金型材支撑架时，注意调整好各条边的平行度及垂直度，锁紧螺栓。

(2)气缸安装板和铝合金型材支撑架的连接，是靠预先在特定位置的铝合金型材 T 型槽中放置预留的与之相配的螺母，因此在对该部分的铝合金型材进行连接时，一定要在相应的位置放置相应的螺母。如果没有放置螺母或没有放置足够多的螺母，将造成无法安装或安装不可靠。

(3)机械机构固定在底板上的时候，需要将底板移动到操作台的边缘，螺栓从底板的反面拧入，将底板和机械机构部分的支撑型材连接起来。

2. 气路连接与调试

气路连接步骤：从汇流排开始，按图 2.10 所示的气动控制回路原理图连接电磁阀、气缸。连接时注意气管走向应按序排布，均匀美观，不能交叉、打折；气管要在快速接头中插紧，不能有漏气现象。

气路调试包括：用电磁阀上的手动换向加锁钮验证顶料气缸和推料气缸的初始位置和动作位置是否正确；调整气缸节流阀以控制活塞杆的往复运动速度，伸出速度以不推倒工件为准。

3. 电气接线

电气接线包括：在工作单元装置侧完成各传感器、电磁阀、电源端子等引线到装置侧接线端口之间的接线；在 PLC 侧进行电源连接、I/O 点接线等。

供料单元装置侧的接线端口上各电磁阀和传感器的引线安排如表2.1所示。

表2.1　供料单元装置侧的接线端口信号端子的分配

输入端口中间层			输出端口中间层		
端子号	设备符号	信号线	端子号	设备符号	信号线
2	1B1	顶料到位	2	1Y	顶料电磁阀
3	1B2	顶料复位	3	2Y	推料电磁阀
4	2B1	推料到位			
5	2B2	推料复位			
6	SC1	出料台物料检测			
7	SC2	物料不足检测			
8	SC3	物料有无检测			
9	SC4	金属材料检测			
10#～17#端子没有连接			4#～14#端子没有连接		

接线时应注意，装置侧接线端口中，输入信号端子的上层端子（+24 V）只能作为传感器的正电源端，切勿用于电磁阀等执行元件的负载。电磁阀等执行元件的正电源端和0 V端应连接到输出信号端子的下层端子的相应位置上。装置侧接线完成后，应用扎带绑扎，力求整齐美观。

PLC侧的接线包括：电源接线，PLC的I/O点和PLC侧接线端口之间的连线，PLC的I/O点与按钮指示灯模块的端子之间的连线。具体接线要求与工作任务有关。电气接线的工艺应符合国家职业标准的规定，例如导线连接到端子时，采用压紧端子压接方法；连接线须有符合规定的标号；每一端子连接的导线不超过两根等。

2.4　供料单元的PLC控制系统

2.4.1　工作任务

按钮/指示灯模块上的工作方式选择开关SA应置于“单机方式”位置。具体的控制要求如下。

（1）设备上电和气源接通后，若工作单元的两个气缸均处于缩回位置，且料仓内有足够的待加工工件，则“正常工作”指示灯HL1常亮，表示设备准备好；否则，该指示灯以1 Hz频率闪烁。

（2）若设备准备好，按下启动按钮，工作单元启动，“设备运行”指示灯HL2常亮。启动后，若出料台上没有工件，则应把工件推到出料台上。出料台上的工件被人工取出后，若没有停止信号，则进行下一次推出工件操作。

（3）若在运行中按下停止按钮，则在完成本工作周期任务后，各工作单元停止工作，HL2指示灯熄灭。

(4)若在运行中料仓内工件不足,则工作单元继续工作,但“正常工作”指示灯 HL1 以 1 Hz的频率闪烁,“设备运行”指示灯 HL2 保持常亮。若料仓内没有工件,则 HL1 指示灯和 HL2 指示灯均以 2 Hz 频率闪烁。工作站在完成本周期任务后停止。除非向料仓补充足够的工件,否则工作站不能再启动。

2.4.2 PLC 的 I/O 接线

根据工作单元装置的 I/O 信号分配和工作任务的要求,供料单元 PLC 选用 FX_{2N} - 32MR 主单元,共 16 点输入和 16 点继电器输出。PLC 的 I/O 信号分配如表 2.2 所示,接线原理如图 2.22 所示。

表 2.2 供料单元 PLC 的 I/O 信号表

输入信号				输出信号			
序号	PLC 输入点	信号名称	信号来源	序号	PLC 输出点	信号名称	信号来源
1	X000	顶料气缸伸出到位	装置侧	1	Y000	顶料电磁阀	装置侧
2	X001	顶料气缸缩回到位		2	Y001	推料电磁阀	
3	X002	推料气缸伸出到位		3	Y002		
4	X003	推料气缸缩回到位		4	Y003		
5	X004	出料台物料检测		5	Y004		
6	X005	供料不足检测		6	Y005		
7	X006	缺料检测		7	Y006		
8	X007	金属工件检测		8	Y007	异常工作指示	按钮/指示灯模块
9	X010			9	Y010	正常工作指示	
10	X011			10	Y011	运行指示	
11	X012	停止按钮	按钮/指示灯模块				
12	X013	启动按钮					
13	X014	急停按钮(未用)					
14	X015	工作方式选择					

2.4.3 PLC 程序的编写与调试

PLC 上电后应首先进入初始状态检查阶段,确认系统已经准备就绪后,才允许投入运行,这样可及时发现存在的问题,避免出现事故。例如若两个气缸在上电和气源接入时不在初始位置,这是气路连接错误的缘故,显然在这种情况下不允许系统投入运行。通常的 PLC 控制系统往往有这种常规的要求。

供料单元运行的主要过程是供料控制,它是一个步进顺序控制过程,其控制流程如图 2.23 所示。图 2.23 中,初始步 S0 在主程序中,当系统准备就绪且接收到启动脉冲时被置位。

如果没有停止要求,顺控过程将周而复始地不断循环。常见的顺序控制系统正常停止

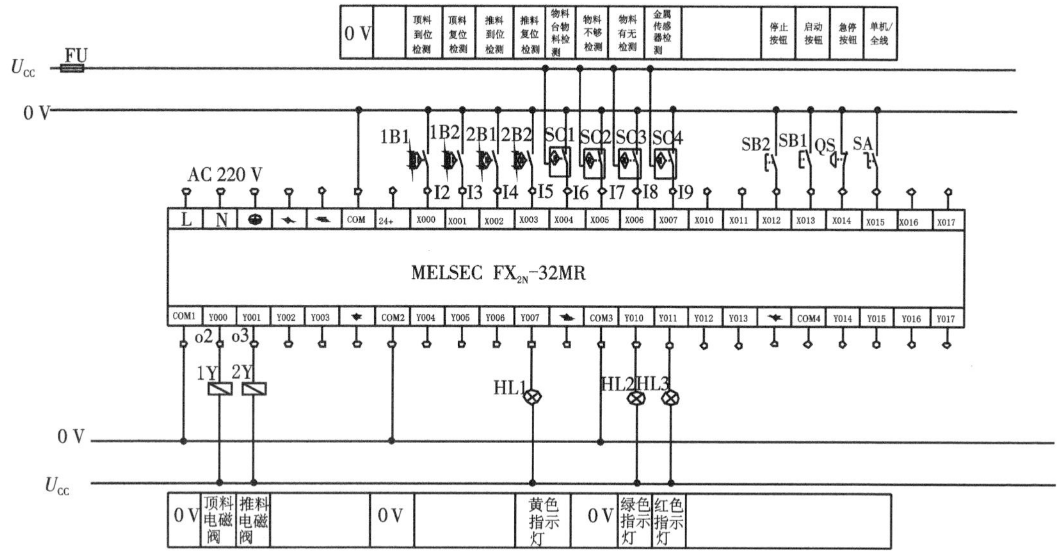

图 2.22　供料单元 PLC 的 I/O 接线原理图

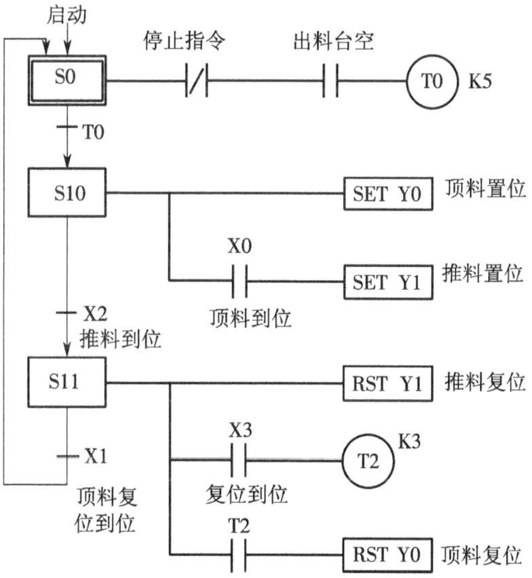

图 2.23　供料控制程序流程图

要求是，接收到停止指令后，系统在完成本工作周期任务即返回到初始步后才复位，运行状态停止下来。

当料仓中最后一个工件被推出后，将发生缺料报警。推料气缸复位到位即完成本工作周期任务返回到初始步后，也应退出运行状态而停止下来。与正常停止不同的是，发生缺料报警而退出运行状态后，必须向供料料仓加入足够的工件，才能再按启动按钮使系统重新启动。

系统的工作状态可通过在每一扫描周期调用工作状态显示子程序查看，工作状态包括是否准备就绪、运行/停止状态、工件不足预报警、缺料报警等。

图 2.24 给出了系统主程序，其中略去了工作状态显示子程序和步进顺序控制程序的梯形图，请读者继续自行完成。

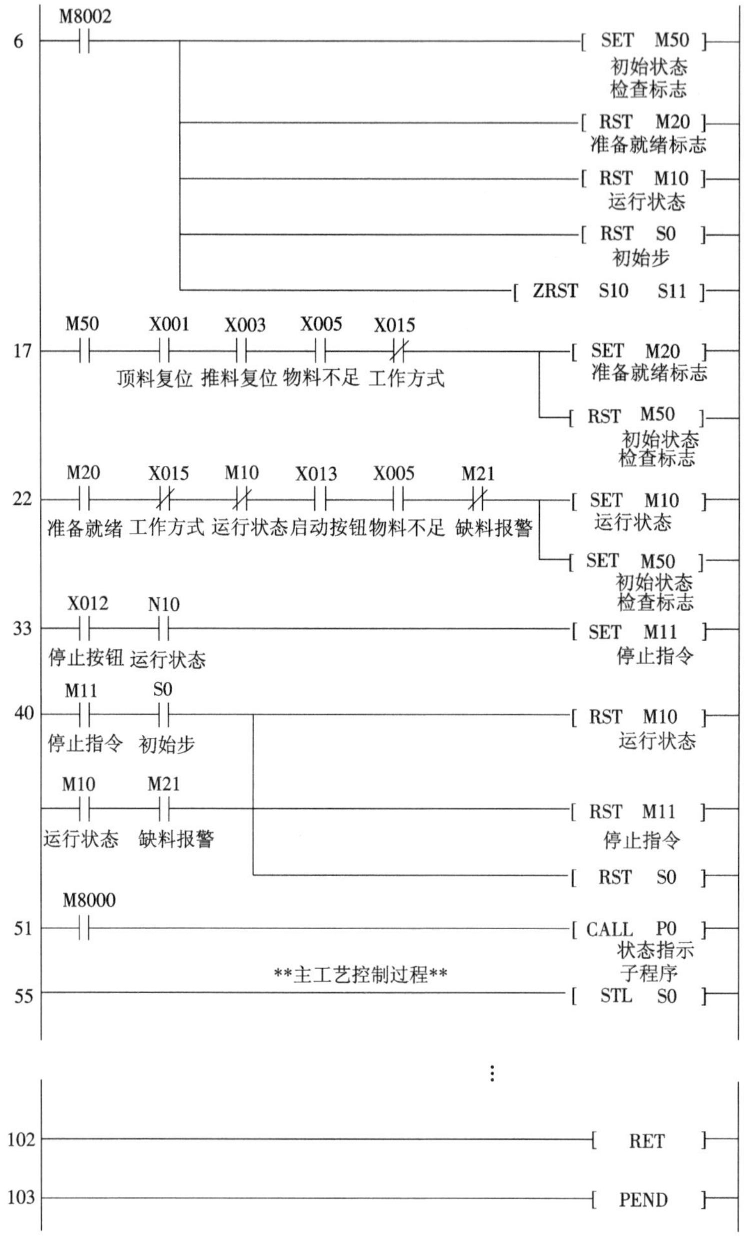

图 2.24　主程序梯形图

项目3　加工单元安装与调试

3.1　加工单元的结构和工作过程

加工单元的功能是完成把待加工工件从物料台移送到加工区域冲压气缸的正下方，从而完成对工件的冲压加工，然后把加工好的工件重新送回物料台。加工单元装置侧主要结构组成为加工台及滑动机构、加工（冲压）机构、电磁阀组、接线端口、底板等。加工单元机械结构如图3.1所示。

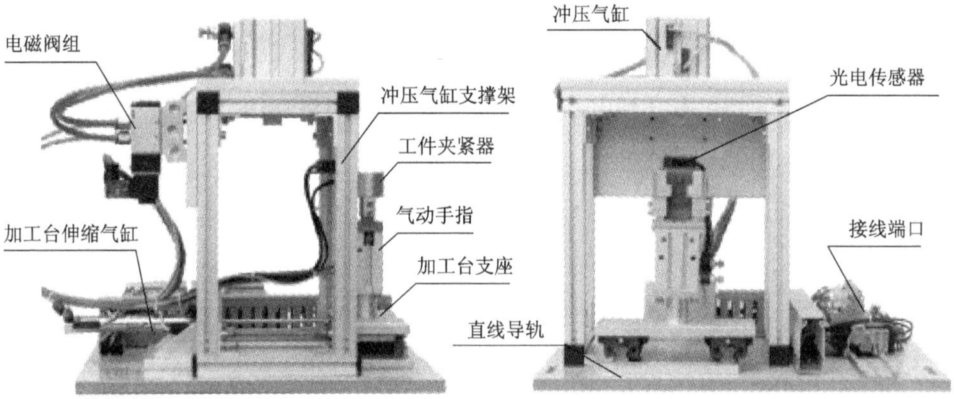

图3.1　加工单元机械结构总成

1. 加工台及滑动机构

加工台用于固定被加工件，并把工件移到加工（冲压）机构正下方进行冲压加工。它主要由手爪、气动手指、加工台伸缩气缸、线性导轨及滑块、磁感应接近开关、漫射式光电传感器组成。加工台及滑动机构如图3.2所示。

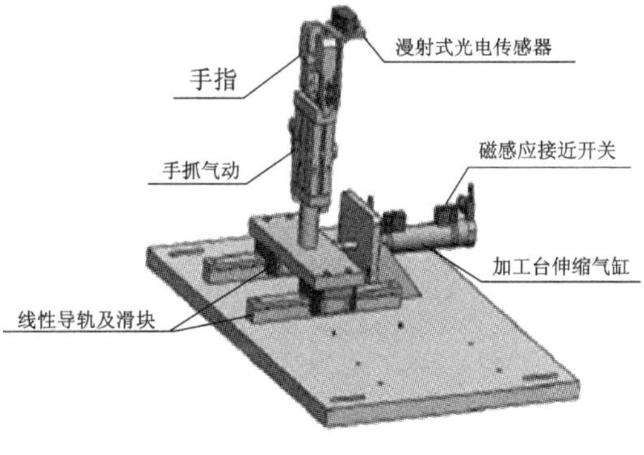

图3.2　加工台及滑动机构

滑动加工台的工作原理是：滑动加工台在系统正常工作后的初始状态为伸缩气缸伸出、加工台气动手指张开的状态，当输送机构把物料送到物料台上，物料检测传感器检测到工件后，PLC 控制程序驱动气动手指将工件夹紧→加工台回到加工区域冲压气缸下方→冲压气缸活塞杆向下伸出冲压工件→完成冲压动作后向上缩回→加工台重新伸出→到位后气动手指松开，顺序完成工件加工工序，并向系统发出加工完成信号，为下一次工件到来做加工准备。

在移动物料台上安装一个漫射式光电开关。若加工台上没有工件，则漫射式光电开关均处于常态；若加工台上有工件，则光电接近开关动作，表明加工台上已有工件。该光电传感器的输出信号送到加工单元 PLC 的输入端，用以判别加工台上是否有工件需进行加工；加工过程结束时，加工台伸出到初始位置，同时 PLC 通过通信网络，把加工完成信号回馈给系统，以协调控制。

移动物料台上安装的漫射式光电开关仍选用 E3Z - L61 放大器内置型光电开关（细小光束型），该光电开关的原理和结构以及调试方法在前面已经介绍过了。移动物料台伸出和返回到位的位置是通过调整伸缩气缸上两个磁性开关位置来定位的。要求缩回位置位于加工冲头正下方；伸出位置应与输送单元的抓取机械手装置配合，确保输送单元的抓取机械手能顺利地把待加工工件放到物料台上。

2. 加工（冲压）机构

加工（冲压）机构用于对工件进行冲压加工，它主要由冲压气缸、冲压头、安装板等组成，如图 3.3 所示。

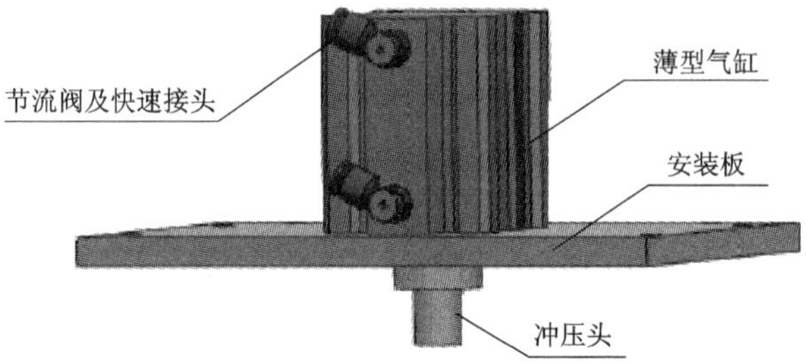

图 3.3　加工（冲压）机构

冲压台的工作原理是：当工件到达冲压位置即伸缩气缸活塞杆缩回到位，冲压气缸伸出对工件进行加工，完成加工动作后冲压气缸缩回，为下一次冲压做准备。

根据工件的要求冲压头对工件进行冲压加工，冲压头安装在冲压气缸头部。安装板用于安装冲压气缸，对冲压气缸进行固定。

3.2　加工单元的相关知识点

3.2.1　了解直线导轨

直线导轨是一种滚动导轨，它的工作原理是：钢珠在滑块与导轨之间做无限滚动循环，使得负载平台能沿着导轨以高精度做线性运动，能达到很高的定位精度。直线导轨副通常按照滚珠在导轨和滑块之间的接触牙型进行分类,主要有两列式和四列式两种。YL－335B上均选用普通级精度的两列式直线导轨副,其接触角在运动中能保持不变,刚性也比较稳定。图3.4(a)给出了导轨副的截面示意图,图(b)给出了装配好的直线导轨副。

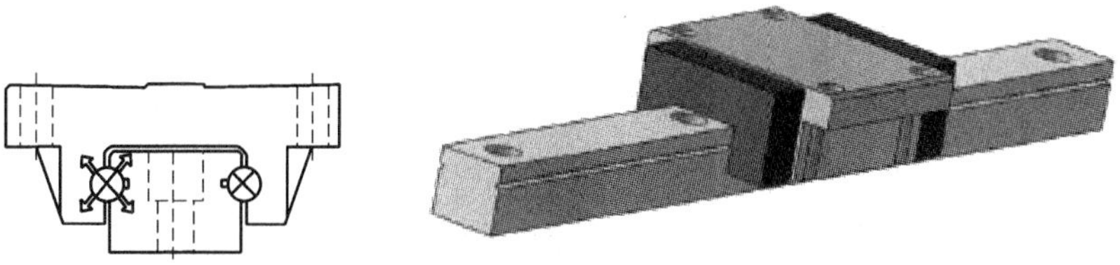

(a)　　(b)

图3.4　两列式直线导轨副

(a)直线导轨副截面图;(b)装配好的直线导轨副

安装直线导轨副时应注意:要小心轻拿轻放,避免磕碰以影响导轨副的直线精度;不要将滑块拆离导轨或超过行程又推回去;要注意调整两直线导轨保持平行。

3.2.2　加工单元的气动元件

加工单元所使用气动执行元件包括标准直线气缸、薄型气缸和气动手指,下面只介绍前面尚未提及的薄型气缸和气动手指。

1. 薄型气缸

薄型气缸属于省空间气缸类,即气缸的轴向或径向尺寸比标准气缸有较大减小,具有结构紧凑、质量轻、占用空间小等优点。实例如图3.5所示。

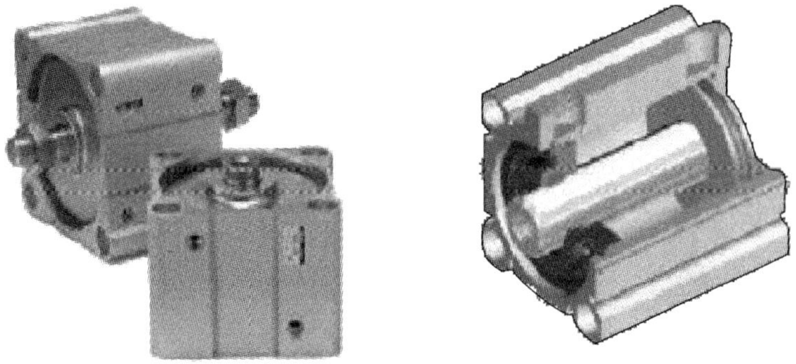

(a)　　(b)

图3.5　薄型气缸的实例图

(a)薄型气缸实例;(b)工作原理剖视图

薄型气缸的特点是:缸筒与无杆侧端盖压铸成一体,杆盖用弹性挡圈固定,缸体为方形。这种气缸通常用于固定夹具和搬运中固定工件等。在YL－335B的加工单元中,薄型气缸用于冲压,这主要是考虑其行程短的特点。

2. 气动手指

气动手指(气爪)用于抓取、夹紧工件。气动手指通常有滑动导轨型、支点开闭型和回转驱动型等工作方式。YL－335B 的加工单元所使用的是滑动导轨型气动手指，如图 3.6 所示。

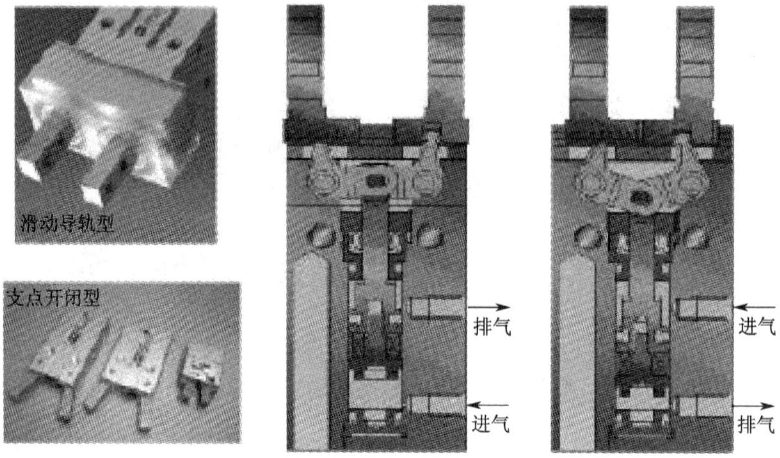

（a）　（b）　（c）

图 3.6　气动手指实物和工作原理

（a）气动手指实物；（b）气动手指松开状态；（c）气动手指夹紧状态

3. 气动控制回路

加工单元的气动控制元件均采用二位五通单电控电磁换向阀，各电磁阀均带有手动换向和加锁钮。它们集中安装成阀组固定在冲压支撑架后面。

气动控制回路的工作原理图如图 3.7 所示，1B1 和 1B2 为安装在冲压气缸的两个极限工作位置的磁感应接近开关，2B1 和 2B2 为安装在加工台伸缩气缸的两个极限工作位置的磁感应接近开关，3B1 和 3B2 为安装在手爪气缸工作位置的磁感应接近开关，1Y1、2Y1、3Y1 分别为控制冲压气缸、加工台伸缩气缸和手爪气缸的电磁阀的电磁控制端。

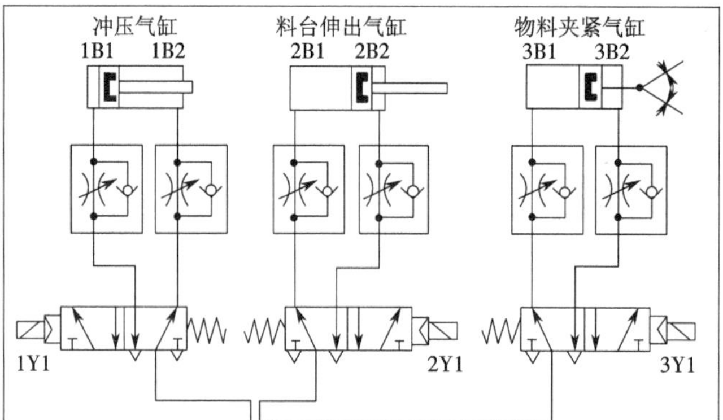

图 3.7　加工单元气动控制回路工作原理图

3.3　加工单元安装技能训练

气路和电路连接注意事项在供料单元实训项目中已经叙述，这里着重讨论加工单元机械部分安装和调整方法。

加工单元的装配过程包括两部分：一是加工机构组件装配，二是滑动加工台组件装配。装配后进行总装，图3.8是加工机构组件装配图，图3.9是滑动加工台组件装配图，图3.10是整个加工单元的组装图。

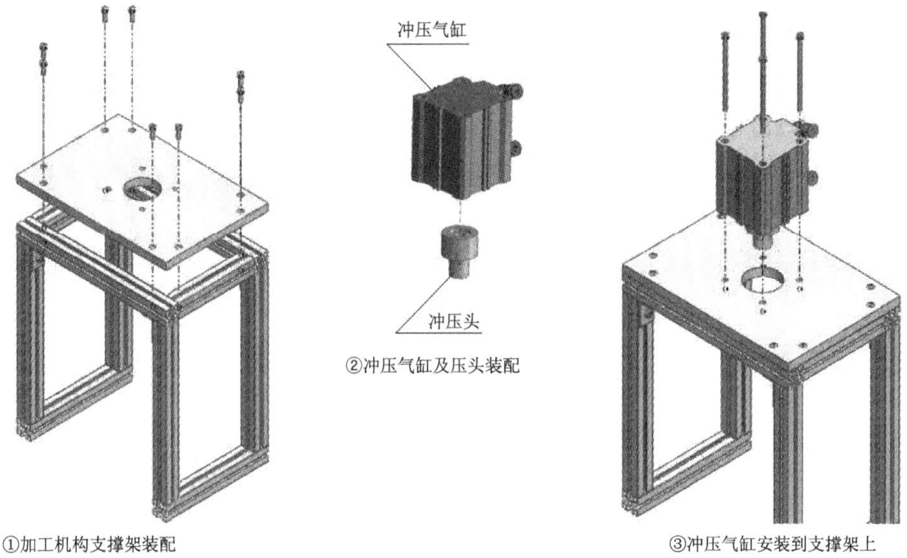

图3.8　加工机构组件装配图

在完成以上各组件的装配后，首先将物料夹紧及运动送料部分和整个安装底板连接固定，再将铝合金支撑架安装在底板上，最后将加工组件部分固定在铝合金支撑架上，完成该单元的装配。

安装时的注意事项如下。

(1)调整两直线导轨的平行时，要一边移动安装在两导轨上的安装板，一边拧紧固定导轨的螺栓。

(2)如果加工组件部分的冲压头和加工台上的工件的中心没有对正，可以通过调整推料气缸旋入两导轨连接板的深度来进行对正。

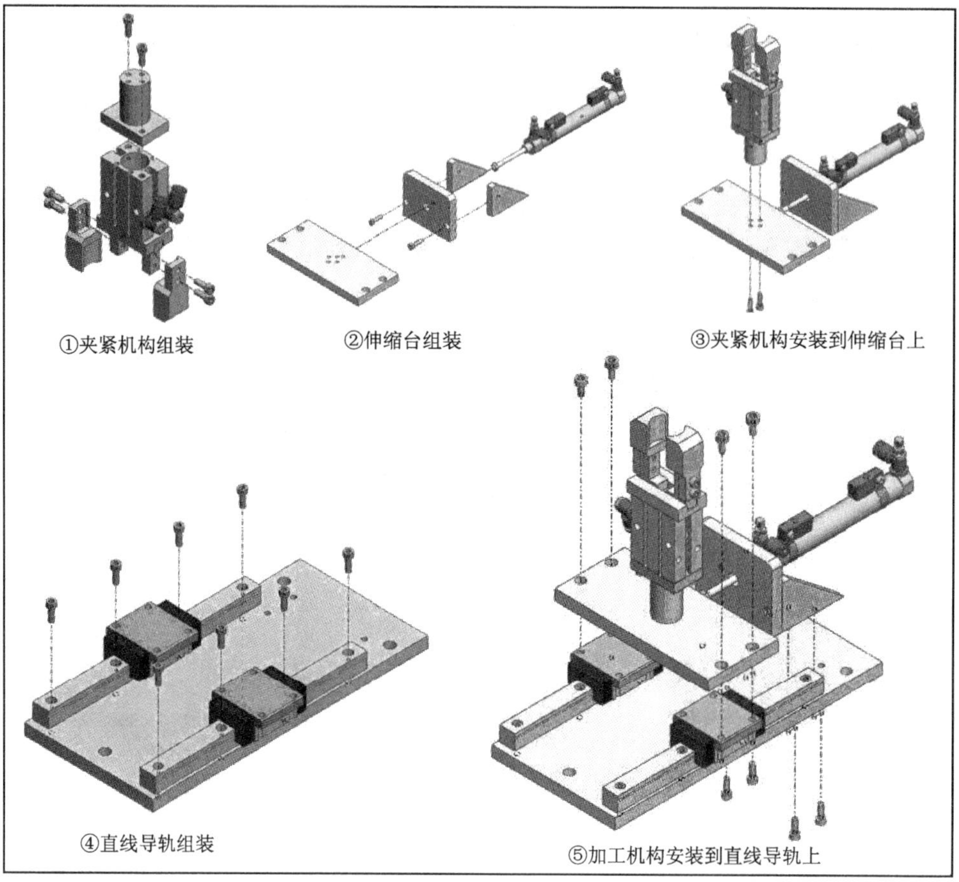

图 3.9　滑动加工台组件装配图

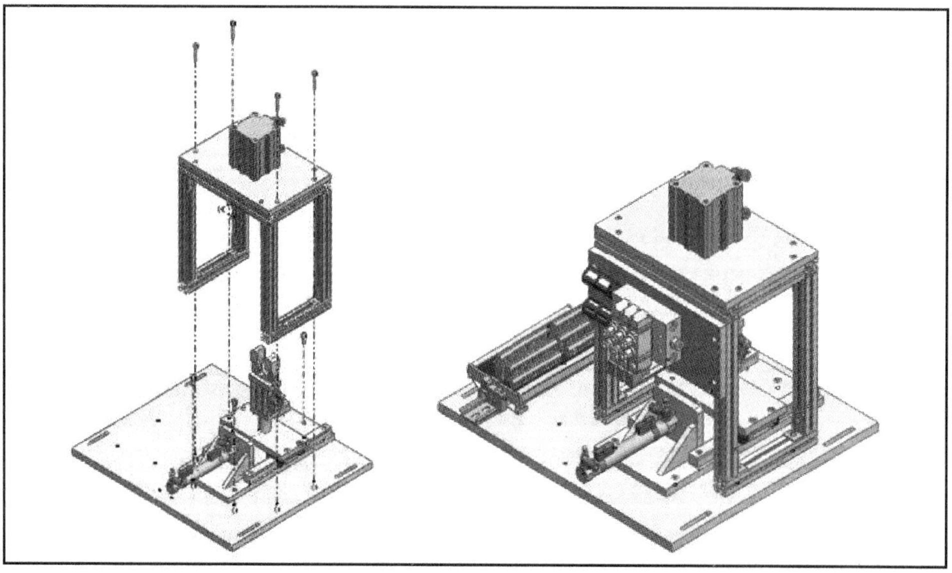

图 3.10　加工单元组装图

3.4　加工单元的 PLC 控制系统

3.4.1　工作任务

本单元按钮/指示灯模块上的工作方式选择开关置于“单机方式”位置。具体的控制要求有以下三个。

(1)初始状态:设备上电和气源接通后,滑动加工台伸缩气缸处于伸出位置,加工台气动手指处于松开的状态,冲压气缸处于缩回位置,急停按钮没有按下。

若设备在上述初始状态,则“正常工作”指示灯 HL1 常亮,表示设备准备好;否则,该指示灯以 1 Hz 频率闪烁。

(2)若设备准备好,按下启动按钮,设备启动,“设备运行”指示灯 HL2 常亮。当待加工工件送到加工台上并被检出后,设备运行将工件夹紧,送往加工区域冲压,完成冲压动作后返回待料位置的工件加工工序。如果没有停止信号输入,当再有待加工工件送到加工台上时,加工单元又开始下一周期工作。

(3)在工作过程中,按下停止按钮,加工单元在完成本周期的动作后停止工作。HL2 指示灯熄灭。

3.4.2　PLC 的 I/O 分配及系统安装接线

(1)装置侧接线端口信号分配如表 3.1 所示。

表 3.1　加工单元装置侧的接线端口信号端子的分配

输入端口中间层			输出端口中间层		
端子号	设备符号	信号线	端子号	设备符号	信号线
2	SC1	加工台物料检测	2	1Y	夹紧电磁阀
3	1B1	料台夹紧检测	3		
4	2B1	加工台伸出到位	4	2Y	伸缩电磁阀
5	2B2	加工台缩回到位	5	3Y	冲压电磁阀
6	3B1	冲压上限检测			
7	3B2	冲压下限检测			B
8#～17#端子没有连接			6#～14#端子没有连接		

(2)加工单元选用 FX_{2N}-32MR 主单元,共 16 点输入和 16 点继电器输出。PLC 的 I/O 接线如表 3.2 所示,接线原理如图 3.11 所示。

表 3.2　加工单元 PLC 的 I/O 信号表

输入信号				输出信号			
序号	PLC 输入点	信号名称	信号来源	序号	PLC 输出点	信号名称	信号来源
1	X000	加工台物料检测	装置侧	1	Y000	夹紧电磁阀	装置侧
2	X001	工件夹紧检测		2	Y001		
3	X002	加工台伸出到位		3	Y002	物料台伸缩电磁阀	
4	X003	加工台缩回到位		4	Y003	加工压头电磁阀	
5	X004	加工压头上限		5	Y004		
6	X005	加工压头下限		6	Y005		
7	X006			7	Y006		
8	X007		按钮/指示灯模块	8	Y007	异常状态指示	按钮/指示灯模块
9	X010			9	Y010	正常工作指示	
10	X011			10	Y011	运行指示	
11	X012	停止按钮					
12	X013	启动按钮					
13	X014	急停按钮					
14	X015	单机/全线					

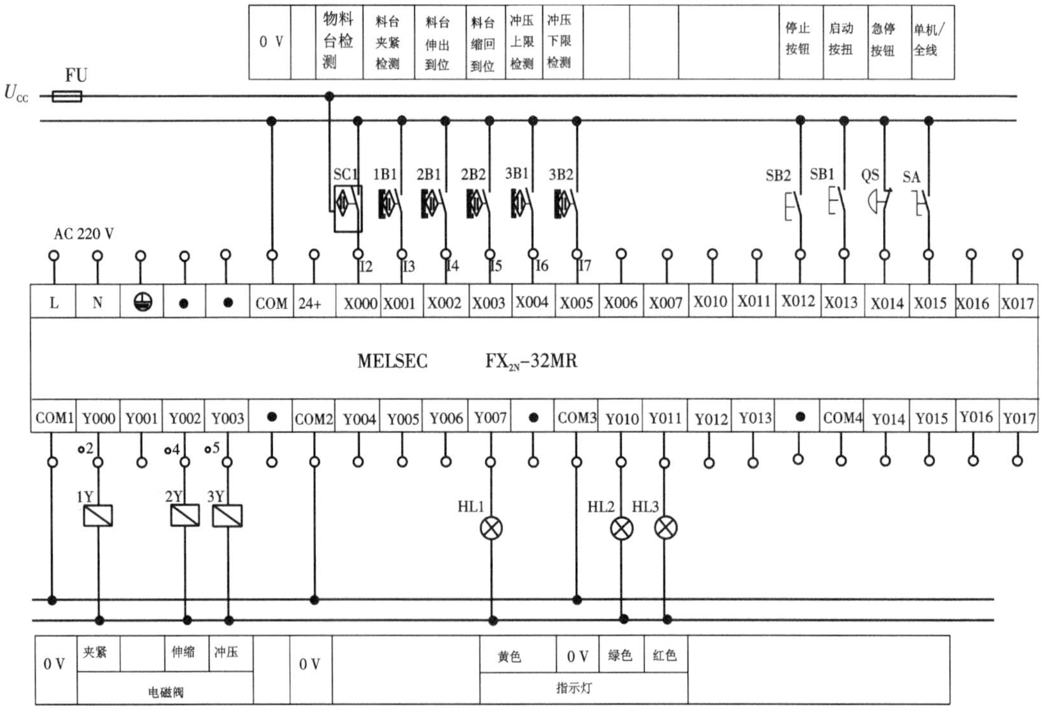

图 3.11　加工单元 PLC 的 I/O 接线原理图

3.4.3　PLC 控制程序的编写与调试

加工单元工作流程与供料单元类似，也是 PLC 上电后应首先进入初始状态检查阶段，确认系统已经准备就绪后，才允许接收启动信号投入运行。加工单元工作任务中增加了急停功能。为了使急停发生后，系统停止工作而状态保持，以便急停复位后能从急停前的断点开始继续运行，可以用两种方法，一是用条件跳转指令（CJ）实现，二是用主控指令实现。

用条件跳转指令实现急停信号的处理的程序示意图如图 3.12 所示。图中，当急停按钮按下时，X014 OFF，跳转指令执行条件满足，程序跳转到指令所指定的指针标号 P0 开始执行。安排在跳转指令后面的步进顺控程序段被跳转而不再执行。

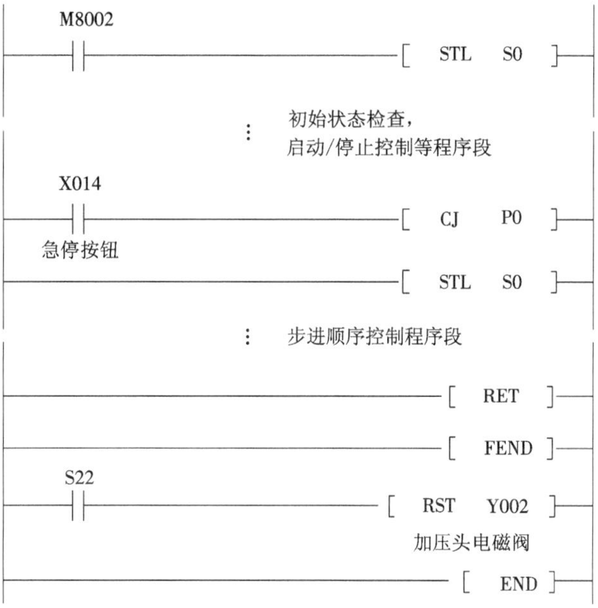

图 3.12　用条件跳转指令实现急停处理的程序示意图

由于执行条件跳转指令后，被跳转部分程序将不被扫描，这意味着跳转前的输出状态（执行结果）将被保留，步进顺控程序段的状态将被保持，直到急停按钮复位后又继续工作。但须注意的是，如果急停恰好发生在 S22 步，正值冲压头压下。程序跳转后，压下状态将会保持下来，因此需要在 FEND 指令与 END 指令之间加上复位冲压头电磁阀的程序段。

用主控指令实现急停信号处理的程序示意图如图 3.13 所示。程序主体控制部分放在主控指令中执行，即放在 MC（主控）和 MCR（主控复位）指令间。图中，当急停按钮未按下时，X014 ON（急停按钮使用常闭触点），主控块内的步进顺控程序被执行。反之，当急停按钮按下时，X014 OFF，主控块内的程序停止执行，但正在活动状态的工步，其 S 元件保持置位状态，顺控内部的元件保持现状的有累计定时器、计数器、用置位和复位指令驱动的元件，变成断开的元件有非累计定时器、用 OUT 指令驱动的元件。这样，当急停按钮复位后，设备将从急停前的断点开始继续运行。MC、MCR 指令的具体使用方法和其他注意事项请参考 FX_{2N} 编程手册。

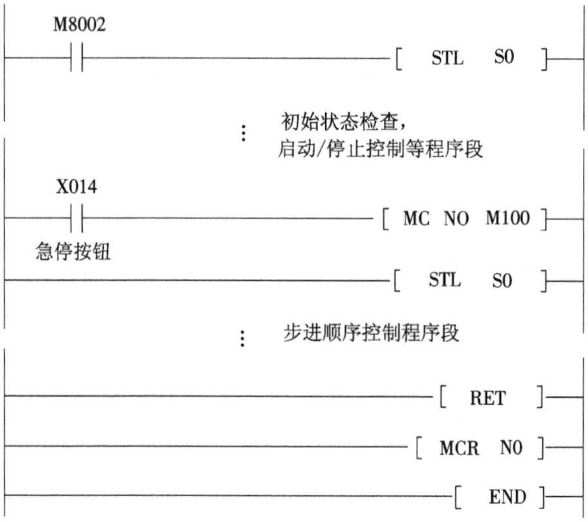

图 3.13　用主控指令实现急停处理程序示意图

项目4　装配单元安装与调试

4.1　装配单元的结构和工作过程

装配单元的功能是完成将该单元料仓内的黑色或白色小圆柱形工件嵌入放置在装配料斗的待装配工件中的装配过程。

装配单元的结构组成包括:管形料仓,落料机构,回转物料台,装配机械手,待装配工件的定位机构,气动系统及其阀组,信号采集及其自动控制系统以及用于电气连接的端子排组件,整条生产线状态指示的信号灯和用于其他机构安装的铝型材支架及底板,传感器安装支架等其他附件。其机械装配图如图4.1所示。

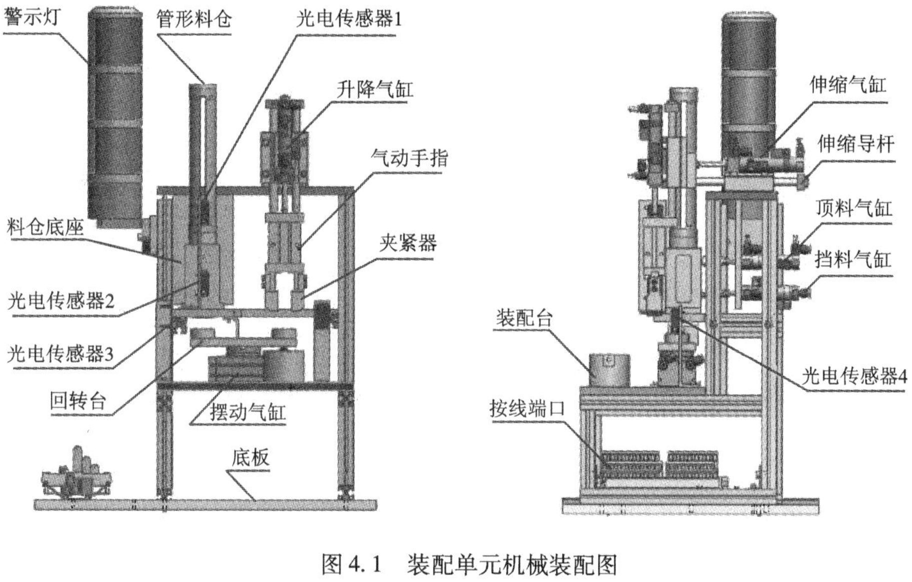

图4.1　装配单元机械装配图

1. 管形料仓

管形料仓用来存储装配用的金属、黑色和白色小圆柱零件。它由塑料圆管和中空底座构成。塑料圆管顶端放置加强金属环,以防止破损。工件竖直放入料仓的空心圆管内,由于二者之间有一定的间隙,使其能在重力作用下自由下落。为了能对料仓供料不足和缺料时报警,在塑料圆管底部和底座处分别安装了两个漫反射光电传感器(E3Z－L型),并在料仓塑料圆柱上纵向铣槽,以使光电传感器的红外光斑能可靠照射到被检测的物料上。光电传感器的灵敏度调整应以能检测到黑色物料为准则。

2. 落料机构

料仓底座的背面安装了两个直线气缸,上面的气缸称为顶料气缸,下面的气缸称为挡料气缸。

系统气源接通后,顶料气缸的初始位置在缩回状态,挡料气缸的初始位置在伸出状态。

这样，当从料仓上面放下工件时，工件将被挡料气缸活塞杆终端的挡块阻挡而不能落下。需要进行落料操作时，首先使顶料气缸伸出，把次下层的工件夹紧，然后挡料气缸缩回，工件掉入回转物料台的料盘中，之后挡料气缸复位伸出，顶料气缸缩回，次下层工件跌落到挡料气缸终端挡块上，为再一次供料做准备。落料机构结构图如图4.2所示。

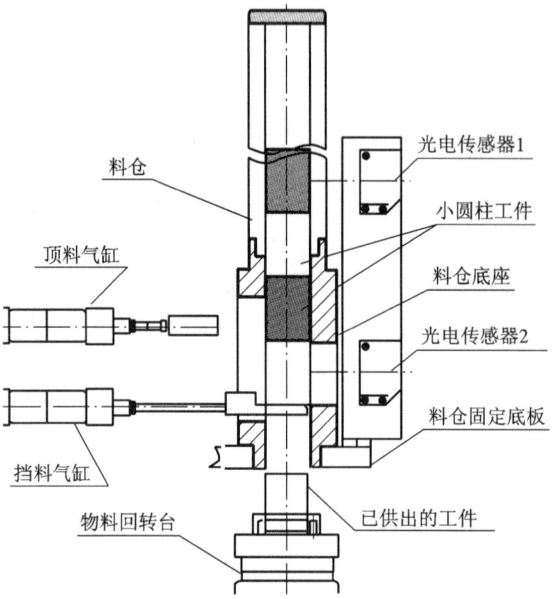

图4.2　落料机构示意图

3. 回转物料台

回转物料台由气动摆台和两个料盘组成，气动摆台能驱动料盘旋转180°，从而实现把从落料机构落下到料盘的工件移动到装配机械手正下方的功能，如图4.3所示。图中的光电传感器1和光电传感器2分别用来检测左面和右面料盘是否有零件，两个光电传感器均选用CX－441型。

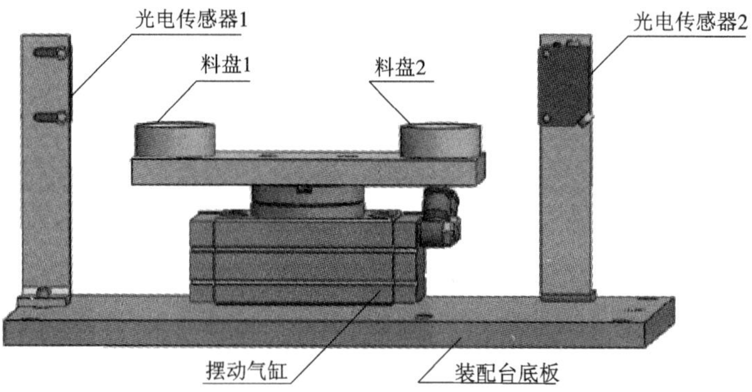

图4.3　回转物料台的结构

4. 装配机械手

装配机械手是整个装配单元的核心。在装配机械手正下方的回转物料台料盘上有小圆柱零件，且装配台侧面的光纤传感器检测到装配台上有待装配工件的情况下，机械手从初始状态开始执行装配操作过程。装配机械手整体外形如图 4.4 所示。

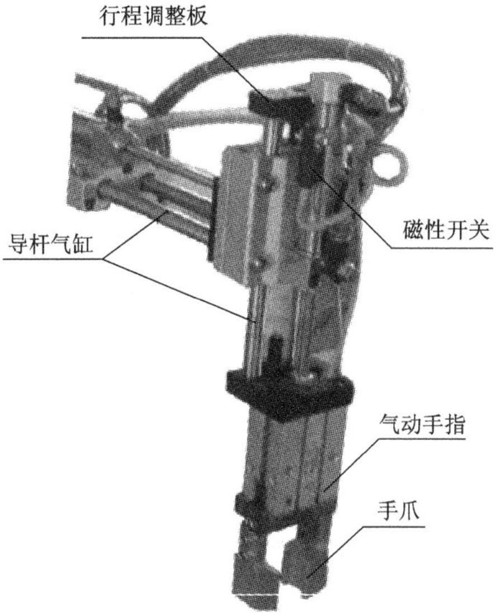

图 4.4　装配机械手外形

装配机械手装置是一个三维运动的机构，它由水平方向移动和竖直方向移动的两个导向气缸和气动手指组成。

装配机械手的运行过程如下：PLC 驱动与竖直移动气缸相连的电磁换向阀动作，由竖直移动带导杆气缸驱动气动手指向下移动，到位后气动手指驱动手爪夹紧物料，并将夹紧信号通过磁性开关传送给 PLC，在 PLC 控制下，竖直移动气缸复位，被夹紧的物料随气动手指一并提起，当离开回转物料台的料盘，提升到最高位后，水平移动气缸在与之对应的换向阀的驱动下，活塞杆伸出，移动到气缸前端位置后，竖直移动气缸再次被驱动下移，移动到最下端位置，气动手指松开，经短暂延时，竖直移动气缸和水平移动气缸缩回，机械手恢复初始状态。

在整个机械手动作过程中，除气动手指松开到位无传感器检测外，其余动作的到位信号检测均采用与气缸配套的磁性开关，将采集到的信号输入 PLC，由 PLC 输出信号驱动电磁阀换向，使由气缸及气动手指组成的机械手按程序自动运行。

5. 装配台料斗

输送单元运送来的待装配工件直接放置在该机构的料斗定位孔中，由定位孔与工件之间的较小的间隙配合实现定位，从而完成准确的装配动作和定位精度，如图 4.5 所示。

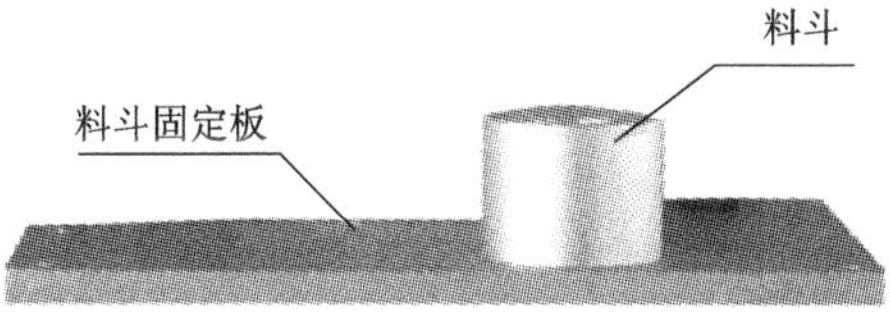

图 4.5　装配台料斗

为了确定装配台料斗内是否放置了待装配工件，使用光纤传感器进行检测。料斗的侧面开了一个 M6 的螺孔，光纤传感器的光纤探头就固定在螺孔内。

6. 警示灯

本工作单元上安装有红、橙、绿三色警示灯，它是作为整个系统警示用的。警示灯有五根引出线，其中黄绿交叉线为"地线"，红色线为红色灯控制线，黄色线为橙色灯控制线，绿色线为绿色灯控制线，黑色线为信号灯公共控制线。接线如图 4.6 所示。

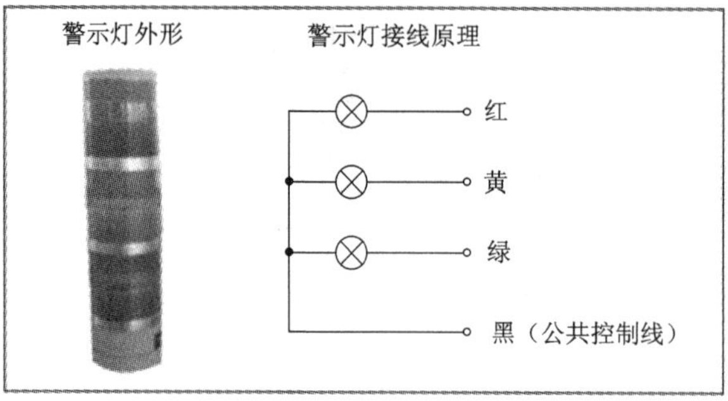

图 4.6　警示灯及其接线

4.2　装配单元的相关知识点

1. 气动摆台

回转物料台的主要器件是气动摆台，它是由直线气缸驱动齿轮齿条实现回转运动，回转角度能在 0°~90°和 0°~180°范围任意可调，而且可以安装磁性开关检测旋转到位信号，气动摆台多用在方向和位置需要变换的机构，如图 4.7 所示。

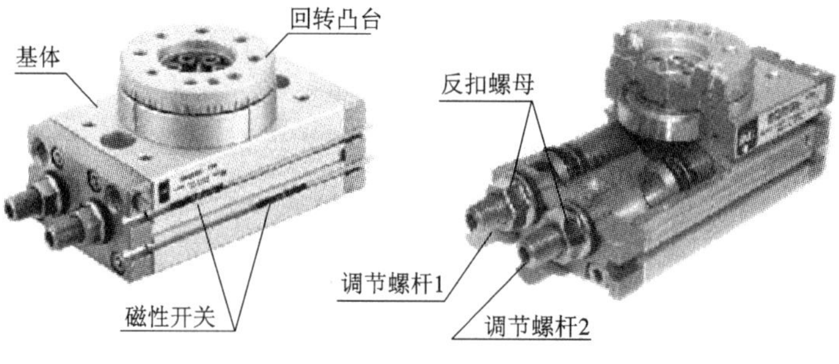

（a）　　（b）

图 4.7　气动摆台

（a）实物图；（b）剖视图

气动摆台的摆动回转角度能在 0°~180°范围任意可调。当需要调节回转角度或调整摆动位置精度时，应首先松开调节螺杆上的反扣螺母，通过旋入和旋出调节螺杆，改变回转凸台的回转角度，调节螺杆 1 和调节螺杆 2 分别用于左旋和右旋角度的调整。当调整好摆动角度后，应将反扣螺母与基体反扣锁紧，防止调节螺杆松动，造成回转精度降低。

回转到位的信号是通过调整气动摆台滑轨内的两个磁性开关的位置实现的，图4.8是调整磁性开关位置的示意图。磁性开关安装在气缸体的滑轨内，松开磁性开关的紧定螺母，磁性开关就可以沿着滑轨左右移动。确定开关位置后，旋紧紧定螺丝，即可完成位置的调整。

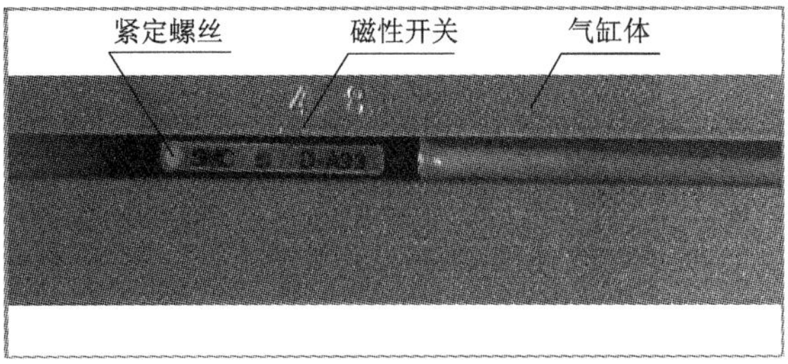

图4.8　磁性开关位置调整示意图

2. 导向气缸

导向气缸是指具有导向功能的气缸。一般为标准气缸和导向装置的集合体。导向气缸具有导向精度高，抗扭转力矩、承载能力强，工作平稳等特点。

装配单元中用于驱动装配机械手水平方向移动的导向气缸外形如图4.9所示。该气缸由直线运动气缸带双导杆和其他附件组成。

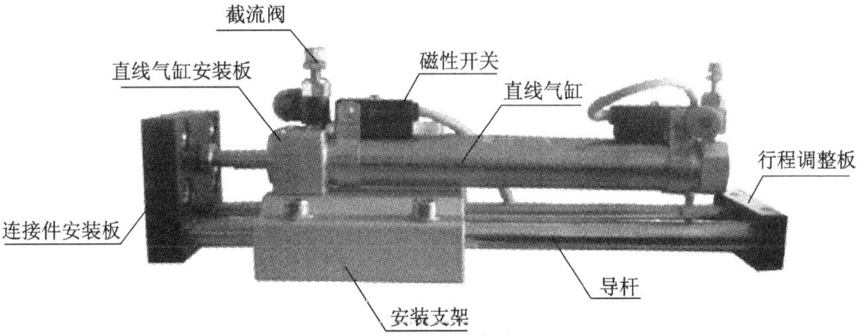

图4.9　导向气缸

安装支架用于导杆导向件的安装和导向气缸整体的固定，连接件安装板用于固定其他需要连接到该导向气缸上的物件，并将两导杆和直线气缸活塞杆的相对位置固定，当直线气缸的一端接通压缩空气后，活塞被驱动做直线运动，活塞杆也一起移动，被连接件安装板固定到一起的两导杆也随活塞杆伸出或缩回，从而实现导向气缸的整体功能。安装在导杆末端的行程调整板用于调整该导杆气缸的伸出行程。具体调整方法是，松开行程调整板上的紧定螺钉，让行程调整板在导杆上移动，当达到理想的伸出距离以后，再完全锁紧紧定螺钉，完成行程的调节。

3. 气动控制回路

装配单元的阀组由六个二位五通单电控电磁换向阀组成。这些阀分别对供料、位置变换和装配动作气路进行控制，以改变各自的动作状态。气动控制回路如图4.10所示。

在进行气动控制回路连接时，请注意各气缸的初始位置，其中挡料气缸在伸出位置，手爪提升气缸在提起位置。

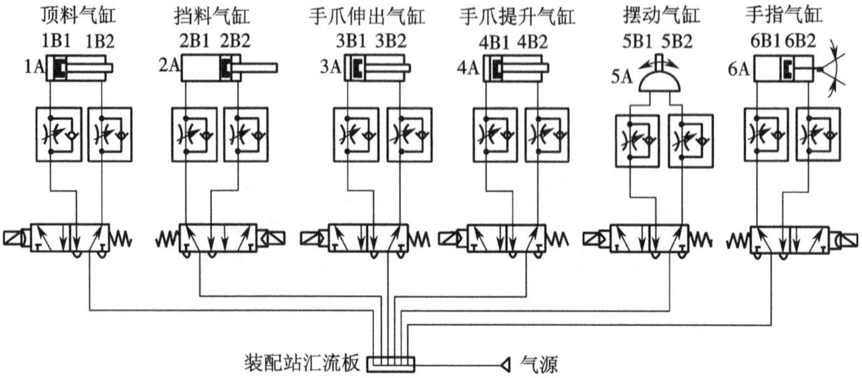

图 4.10　装配单元气动控制回路

4. 光纤传感器

光纤传感器由光纤检测头、光纤放大器两部分组成，放大器和光纤检测头是分离的两个部分，光纤检测头的尾端部分分成两条光纤，使用时分别插入放大器的两个光纤孔。图 4.11 是放大器的安装示意图。

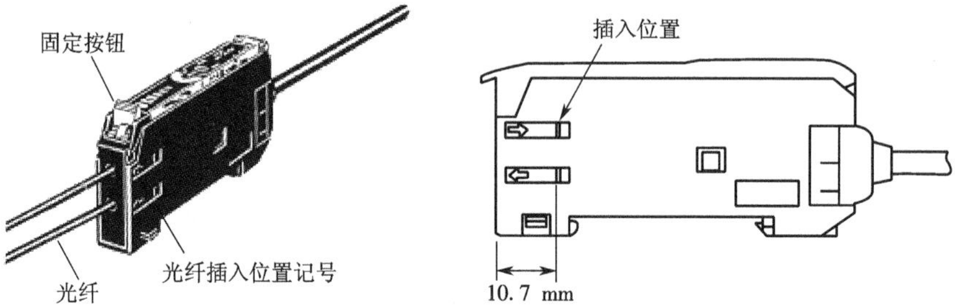

图 4.11　光纤传感器组件外形及放大器的安装示意图

光纤传感器也是光电传感器的一种。光纤传感器具有下述优点：抗电磁干扰、可工作于恶劣环境、传输距离远、使用寿命长，此外由于光纤头具有较小的体积，所以可安装在很小空间的地方。

光纤传感器的灵敏度调节范围较大。当光纤传感器灵敏度调得较低时，对反射性较差的黑色物体，光电探测器无法接收到反射信号；而对反射性较好的白色物体，光电探测器就可以接收到反射信号。反之，若调高光纤传感器灵敏度，则即使对反射性较差的黑色物体，光电探测器也可以接收到反射信号。

调节其中部的 8 旋转灵敏度高速旋钮就能进行放大器灵敏度调节（顺时针旋转灵敏度增大）。调节时，会看到“入光量显示灯”发光的变化。当探测器检测到物料时，“动作显示灯”会亮，提示检测到物料。放大器单元的俯视图如图 4.12 所示。

E3Z－NA11 型光纤传感器电路如图 4.13 所示，接线时请注意根据导线颜色判断电源

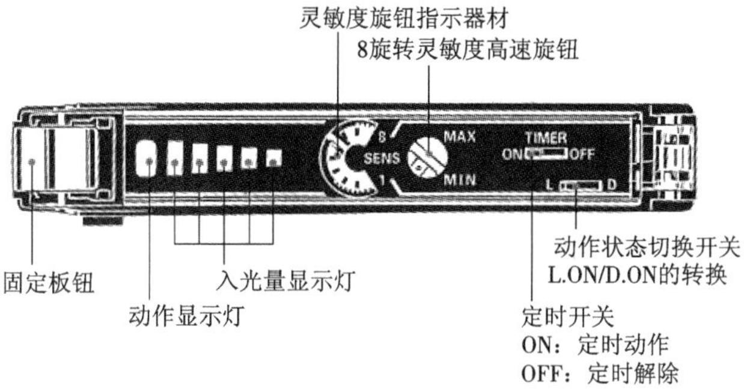

图 4.12　光纤传感器放大器单元的俯视图

极性和信号输出线，切勿把信号输出线直接连接到电源 +24 V 端。

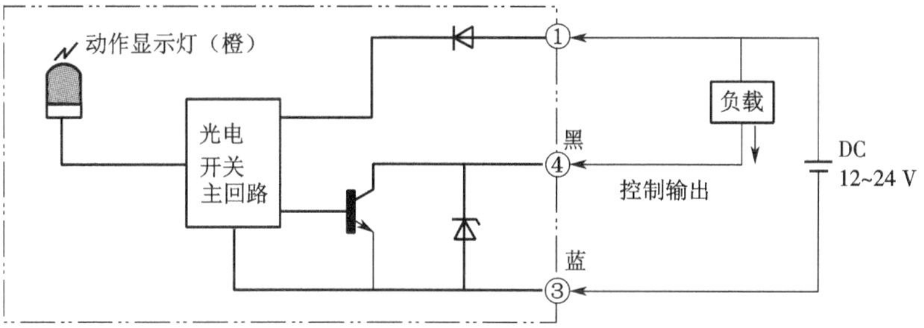

图 4.13　E3X - NA11 型光纤传感器电路框图

4.3　装配单元安装技能训练

装配单元是整个 YL - 335B 中包含气动元器件较多、结构较为复杂的单元，为了减小安装的难度并提高安装时的效率，在装配前，应认真分析该结构组成，认真观看装配录像，参考别人的装配工艺，认真思考，做好记录。遵循先前的思路，先成组件，再进行总装，装配成的组件如图 4.14 所示。

在完成以上组件的装配后，将与底板接触的型材放置在底板的连接螺栓之上，使用 L 型材的连接件和连接螺栓，固定装配站的型材支撑架，如图 4.15 所示。

然后把图 4.14 中的组件逐个安装上去，顺序为装配回转台组件→小工件料仓组件→小工件供料组件→装配机械手组件，最后安装警示灯及其各传感器，从而完成机械部分装配。

装配注意事项：

(1) 装配时要注意摆台的初始位置，以免装配完后摆动角度不到位；

(2) 预留螺栓的放置一定要足够，以免造成组件之间不能完成安装；

(3) 建议先进行装配，但不要一次拧紧各固定螺栓，待相互位置基本确定后，再依次进行调整固定。

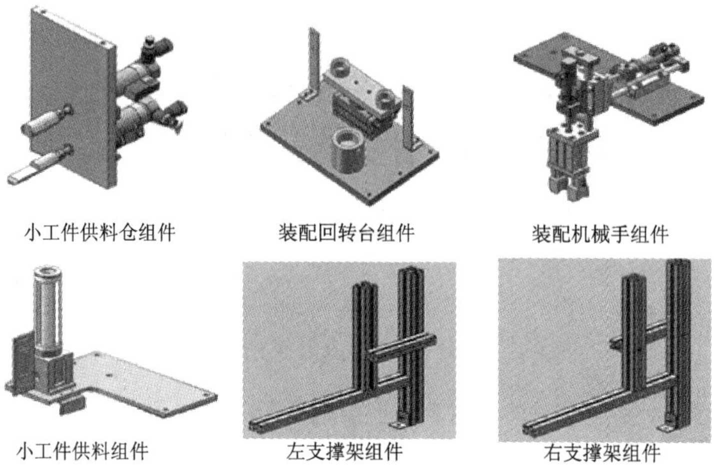

图 4.14　装配单元装配过程的组件

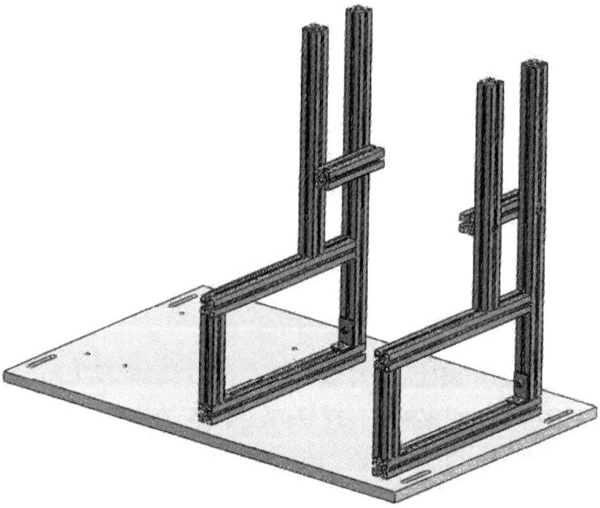

图 4.15　框架组件在底板上的安装

4.4　装配单元的 PLC 控制系统

4.4.1　工作任务

（1）装配单元各气缸的初始位置为：挡料气缸处于伸出状态，顶料气缸处于缩回状态，料仓上已经有足够的小圆柱零件；装配机械手的升降气缸处于提升状态，伸缩气缸处于缩回状态，气爪处于松开状态。设备上电和气源接通后，若各气缸满足初始位置要求，且料仓上已经有足够的小圆柱零件，工件装配台上没有待装配工件，则“正常工作”指示灯 HL1 常亮，表示设备准备好。否则该指示灯以 1 Hz 频率闪烁。

(2)若设备准备好,按下启动按钮,装配单元启动,“设备运行”指示灯 HL2 常亮。如果回转台上的左料盘内没有小圆柱零件,就执行下料操作;如果左料盘内有零件,而右料盘内没有零件,执行回转台回转操作。

(3)如果回转台上的右料盘内有小圆柱零件且装配台上有待装配工件,执行装配机械手抓取小圆柱零件,放入待装配工件中的操作。

(4)完成装配任务后,装配机械手应返回初始位置,等待下一次装配。

(5)若在运行过程中按下停止按钮,则供料机构应立即停止供料,在装配条件满足的情况下,装配单元在完成本次装配后停止工作。

(6)在运行中发生“零件不足”报警时,指示灯 HL3 以 1 Hz 的频率闪烁,HL1 和 HL2 灯常亮;在运行中发生“零件没有”报警时,指示灯 HL3 以亮 1 s 灭 0.5 s 的方式闪烁,HL2 熄灭,HL1 常亮。

装配单元装置侧的接线端口信号端子的分配如表 4.1 所示。

表 4.1　装配单元装置侧的接线端口信号端子的分配

输入端口中间层			输出端口中间层		
端子号	设备符号	信号线	端子号	设备符号	信号线
2	SC1	零件不足检测	2	1Y	挡料电磁阀
3	SC2	零件有无检测	3	2Y	顶料电磁阀
4	SC3	左料盘零件检测	4	3Y	回转电磁阀
5	SC4	右料盘零件检测	5	4Y	手爪夹紧电磁阀
6	SC5	装配台工件检测	6	5Y	手爪下降电磁阀
7	1B1	顶料到位检测	7	6Y	手臂伸出电磁阀
8	1B2	顶料复位检测	8	AL1	红色警示灯
9	2B1	挡料状态检测	9	AL2	橙色警示灯
10	2B2	落料状态检测	10	AL3	绿色警示灯
11	5B1	摆动气缸左限检测	11		
12	5B2	摆动气缸右限检测	12		
13	6B2	手爪夹紧检测	13		
14	4B2	手爪下降到位检测	14		
15	4B1	手爪上升到位检测			
16	3B1	手臂缩回到位检测			
17	3B2	手臂伸出到位检测			

装配单元的 I/O 点较多,选用三菱 FX_{2N} -48MR 主单元,共 24 点输入和 24 点继电器输出。PLC 的 I/O 分配如表 4.2 所示。

表 4.2 装配单元 PLC 的 I/O 信号表

输入信号				输出信号			
序号	PLC 输入点	信号名称	信号来源	序号	PLC 输出点	信号名称	信号来源
1	X000	零件不足检测	装置侧	1	Y000	挡料电磁阀	装置侧
2	X001	零件有无检测		2	Y001	顶料电磁阀	
3	X002	左料盘零件检测		3	Y002	回转电磁阀	
4	X003	右料盘零件检测		4	Y003	手爪夹紧电磁阀	
5	X004	装配台工件检测		5	Y004	手爪下降电磁阀	
6	X005	顶料到位检测		6	Y005	手臂伸出电磁阀	
7	X006	顶料复位检测		7	Y006	红色警示灯	
8	X007	挡料状态检测		8	Y007	橙色警示灯	
9	X010	落料状态检测		9	Y010	绿色警示灯	
10	X011	摆动气缸左限检测		10	Y011		
11	X012	摆动气缸右限检测		11	Y012		
12	X013	手爪夹紧检测		12	Y013		
13	X014	手爪下降到位检测		13	Y014		
14	X015	手爪上升到位检测		14	Y015	HL1	按钮/指示灯模块
15	X016	手臂缩回到位检测		15	Y016	HL2	
16	X017	手臂伸出到位检测		16	Y017	HL3	
17	X020						
18	X021						
19	X022						
20	X023						
21	X024	停止按钮	按钮/指示灯模块				
22	X025	启动按钮					
23	X026	急停按钮					
24	X027	单机/联机					

注：警示灯用来指示 YL－335B 整体运行时的工作状态，工作任务是装配单元单独运行，没有要求使用警示灯，可以不连接到 PLC 上。

4.4.2 编写与调试 PLC 控制程序

（1）进入运行状态后，装配单元的工作过程包括两个相互独立的子过程，一个是供料过程，另一个是装配过程。

供料过程就是通过供料机构的操作，使料仓中的小圆柱零件下落到摆台左边料盘上；然后摆台转动，使装有零件的料盘转移到右边，以便装配机械手抓取零件。装配过程是当装配台上有待装配工件，且装配机械手下方有小圆柱零件时，进行装配操作。

在主程序中，当初始状态检查结束，确认单元准备就绪，按下启动按钮进入运行状态后，

应同时调用供料控制和装配控制两个程序。梯形图如图4.16所示

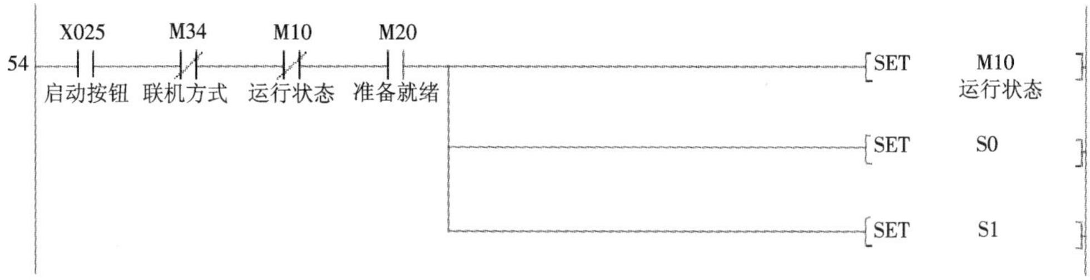

图4.16　装配单元单机运行的启动程序

(2)供料控制过程包含两个互相连锁的过程,即落料过程和摆台转动、料盘转移的过程。在小圆柱零件从料仓下落到左料盘的过程中,禁止摆台转动;反之,在摆台转动过程中,禁止打开料仓(挡料气缸缩回)落料。

实现连锁的方法是:

①当摆台的左限位或右限位磁性开关动作并且左料盘没有料,经定时确认后,开始落料过程;

②当挡料气缸伸出到位使料仓关闭、左料盘有物料而右料盘为空,经定时确认后,开始摆台转动,直到达到限位位置。

(3)供料过程的落料控制和装配控制过程都是单序列步进顺序控制,具体编程步骤这里不再赘述,读者可自行编制。

(4)停止运行,有两种情况。一是在运行中按下停止按钮,停止指令被置位;另一种情况是当料仓中最后一个零件落下时,检测物料有无的传感器动作(X001 OFF),将发出缺料报警。

对于供料过程的落料控制,上述两种情况均应在料仓关闭、顶料气缸复位到位即返回到初始步后停止下次落料,并复位落料初始步。但对于摆台转动控制,一旦停止指令发出,则应立即停止摆台转动。

对于装配控制,上述两种情况也应在一次装配完成,装配机械手返回到初始位置后停止。仅当落料机构和装配机械手均返回到初始位置,才能复位运行状态标志和停止指令。停止运行的操作应在主程序中编制,其梯形图如图4.17所示。

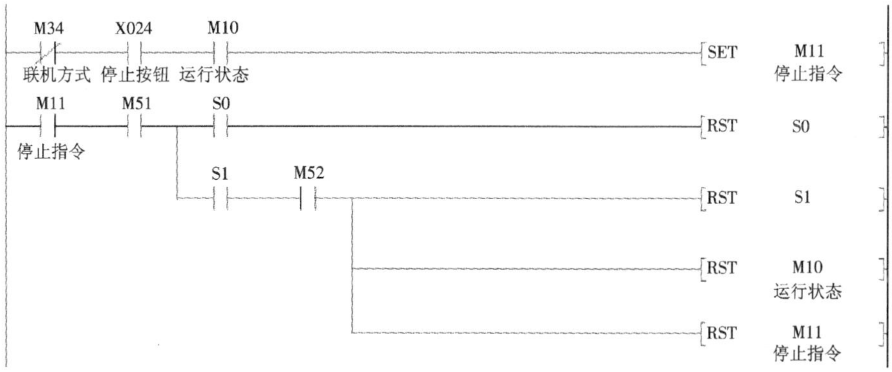

图4.17　停止运行的操作

项目5　分拣单元安装与调试

5.1　分拣单元的结构和工作过程

分拣单元是 YL－335B 中的最末单元,完成对上一单元送来的已加工、装配的工件进行分拣,实现使不同颜色的工件从不同的料槽分流的功能。当输送站送来的工件被放到传送带上并被入料口光电传感器检测到时,即启动变频器,工件开始送入分拣区进行分拣。分拣单元装置侧结构如图 5.1 所示。

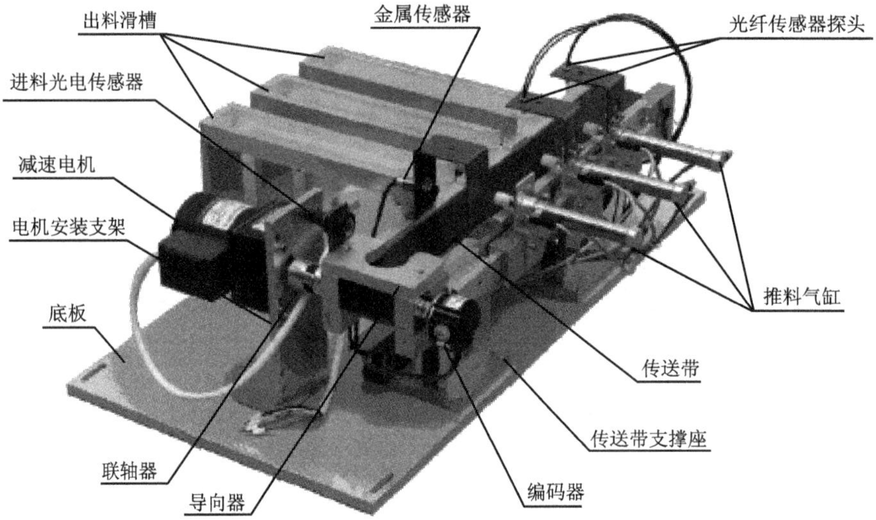

图 5.1　分拣单元的装置侧结构图

1. 传送和分拣机构

传送和分拣机构主要由传送带、出料滑槽、推料(分拣)气缸、漫射式光电传感器、光纤传感器、磁感应接近式传感器组成。传送已经加工、装配好的工件,在光纤传感器检测到并进行分拣。为了准确确定工件在传送带上的位置,在传送带进料口安装了定位 U 形板,用来纠偏机械手输送过来的工件并确定其初始位置。传送过程中工件移动的距离则通过对旋转编码器产生的脉冲进行高速计数确定。

2. 传送带驱动机构

传送带的功能是把机械手输送过来的加工好的工件进行传输,并输送至分拣区。导向器是用纠偏机械手输送过来的工件。两条物料槽分别用于存放加工好的黑色、白色工件或金属工件。传动机构如图 5.2 所示。

三相异步电动机是传动驱动机构的主要部分,电动机转速的快慢由变频器来控制,其作用是驱动传送带从而输送物料。电机支架用于固定电机。联轴器由于把电机的轴和输送带

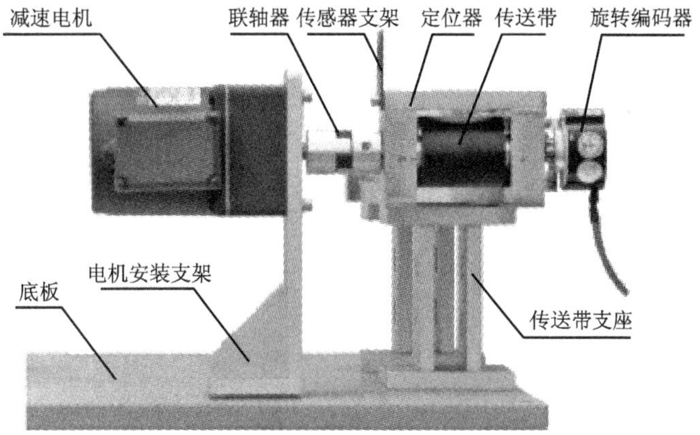

图5.2　传动机构

主动轮的轴连接起来,从而组成一个传动机构。

传送和分拣的工作原理:当输送站送来工件放到传送带上并被入料口漫射式光电传感器检测到时,将信号传输给 PLC,通过 PLC 的程序启动变频器,电机运转驱动传送带工作,把工件带进分拣区,如果进入分拣区工件为白色,则检测白色物料的光纤传感器动作,作为 1 号槽推料气缸启动信号,将白色物料推到 1 号槽里;如果进入分拣区工件为黑色,则检测黑色物料的光纤传感器动作,作为 2 号槽推料气缸启动信号,将黑色物料推到 2 号槽里。自动化生产线的加工结束。

3. 电磁阀组和气动控制回路

分拣单元的电磁阀组使用了三个由二位五通的带手控开关的单电控电磁阀,它们安装在汇流板上。这三个阀分别对三个出料槽的推动气缸的气路进行控制,以改变各自的动作状态。气动控制回路的工作原理如图 5.3 所示。

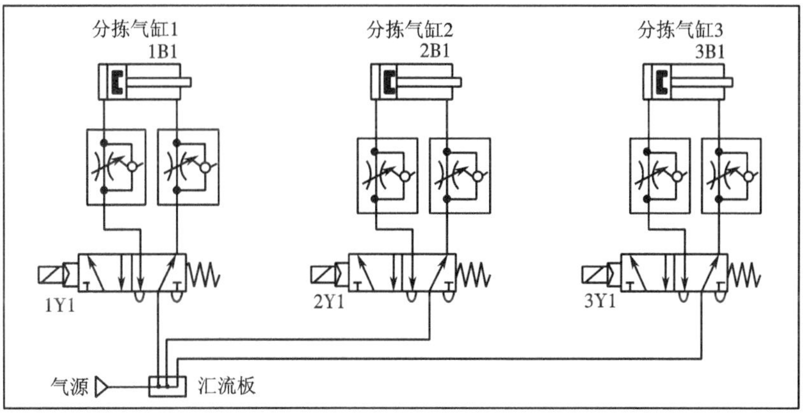

图5.3　分拣单元气动控制回路的工作原理图

5.2 分拣单元的相关知识点

5.2.1 旋转编码器概述

旋转编码器是通过光电转换，将输出至轴上的机械、几何位移量转换成脉冲或数字信号的传感器，主要用于速度或位置（角度）的检测。典型的旋转编码器是由光栅盘和光电检测装置组成。光栅盘是在一定直径的圆板上等分地开通若干个长方形狭缝。由于光电码盘与电机同轴，电机旋转时，光栅盘与电机同速旋转，经发光二极管等电子元件组成的检测装置检测输出若干脉冲信号；通过计算每秒旋转编码器输出脉冲的个数就能反映当前电机的转速。其原理示意图如图 5.4 所示。

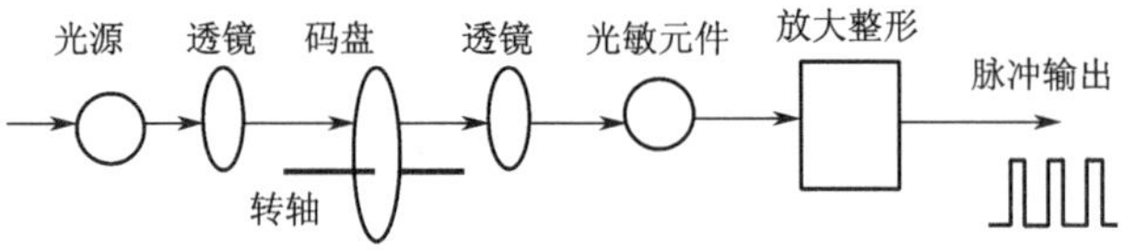

图 5.4　旋转编码器原理示意图

一般来说，根据旋转编码器产生脉冲的方式不同，可以分为增量式、绝对式以及复合式三大类。自动线上常采用的是增量式旋转编码器，如图 5.5 所示。

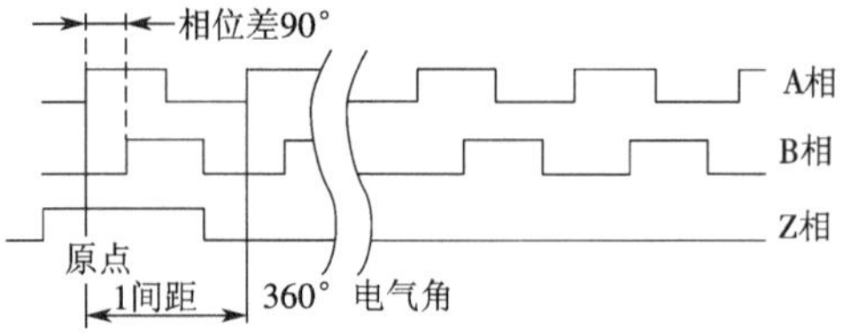

图 5.5　增量式编码器输出的三组方波脉冲

增量式编码器是直接利用光电转换原理输出三组方波脉冲 A、B 和 Z 相；A、B 两组脉冲相位差 90°，用于辨向，当 A 相脉冲超前 B 相时为正转方向，而当 B 相脉冲超前 A 相时则为反转方向。Z 相脉冲为每转一个脉冲，用于基准点定位。

YL－335B 分拣单元使用了这种具有 A、B 两相 90°相位差的通用型旋转编码器，用于计算工件在传送带上的位置，编码器直接连接到传送带主动轴上。该旋转编码器的三相脉冲采用 NPN 型集电极开路输出，分辨率为 500 线，工作电源 DC 12～24 V。本工作单元没有使用 Z 相脉冲，A、B 两相输出端直接连接到 PLC（FX_{2N}－32MR）的高速计数器输入端。

计算工件在传送带上的位置时，需确定每两个脉冲之间的距离即脉冲当量。分拣单元主动轴的直径 $d=43$ mm，则减速电机每旋转一周，皮带上工件移动距离 $L=\pi\cdot d=3.14\times43=135.02$ mm，故脉冲当量 $\mu=L/500\approx0.270$ mm。按如图 5.6 所示的安装尺寸，当工件从下料口中心线移至传感器中心时，旋转编码器约发出 430 个脉冲；移至第一个推杆中心点时，约发出 614 个脉冲；移至第二个推杆中心点时，约发出 963 个脉冲；移至第三个推杆中心点时，约发出 1 284 个脉冲。

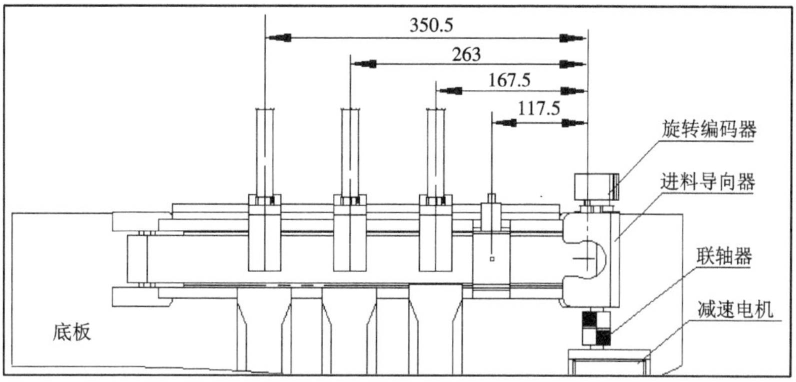

图5.6　传送带位置计算用图

应该指出的是，上述脉冲当量的计算只是理论上的。实际上各种误差因素不可避免，例如传送带主动轴直径（包括皮带厚度）的测量误差，传送带的安装偏差、张紧度，分拣单元整体在工作台面上的定位偏差等，都将影响理论计算值。因此，理论计算值只能作为估算值。脉冲当量的误差所引起的累积误差会随着工件在传送带上运动距离的增大而迅速增加，甚至达到不可容忍的地步。因而在分拣单元安装调试时，除了要仔细调整尽量减少安装偏差外，尚须现场测试脉冲当量值。

现场测试脉冲当量的方法，如何对输入到PLC的脉冲进行高速计数以计算工件在传送带上的位置，将结合本项目的工作任务，在PLC编程思路中介绍。

5.2.2　三菱FR－E740变频器简介

5.2.2.1　变频器的安装与接线

在使用三菱PLC的YL－335B设备中，变频器选用三菱FR－E700系列中的FR－E740－0.75K－CHT型变频器，该变频器额定电压等级为三相400 V，适用电机容量0.75 kW及以下的电机。FR－E700系列变频器的外观和型号的定义如图5.7所示。

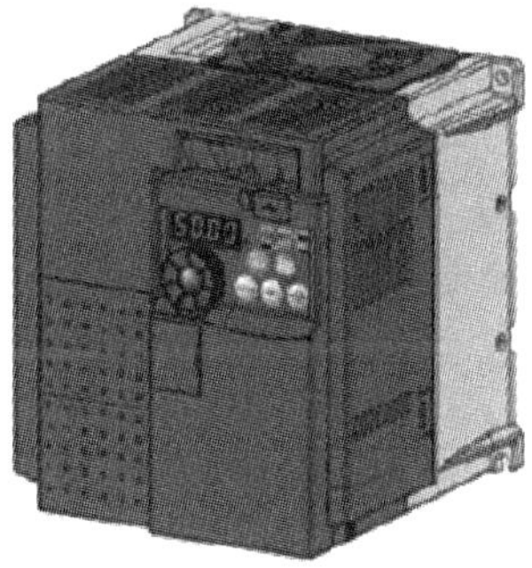

(a)

FR － E740 － 0.75 K-CHT

记号	电压级数
E740	3相400 V级

变频器容量
显示变频器
容量“kW”

(b)

图5.7　FR－E700系列变频器

(a)FR－E700变频器外观；(b)变频器型号定义

FR－E700系列变频器是FR－E500系列变频器的升级产品，是一种小型、高性能变频器。在 Y－335B 设备上进行的实训，所涉及的是使用通用变频器所具备的基本知识和技能，着重于变频器的接线、常用参数的设置等方面。

FR－E740 系列变频器主电路的通用接线如图 5.8 所示。

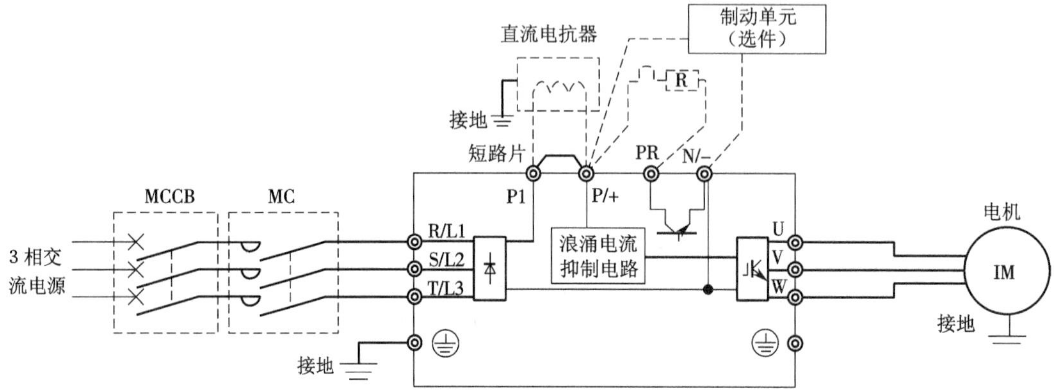

图 5.8　FR－E740 系列变频器主电路的通用接线

图中有关说明如下。

（1）端子 P1、P/＋之间用以连接直流电抗器，不需连接时，两端子间短路。

（2）P/＋与 PR 之间用以连接制动电阻器，P/＋与 N/－之间用以连接制动单元选件。YL－335B 设备均未使用，故用虚线画出。

（3）交流接触器 MC 用作变频器安全保护，注意不要通过此交流接触器来启动或停止变频器，否则可能降低变频器寿命。在 YL－335B 系统中，没有使用这个交流接触器。

（4）进行主电路接线时，应确保输入、输出端不能接错，即电源线必须连接至 R/L1、S/L2、T/L3，绝对不能接 U、V、W，否则会损坏变频器。

FR－E700 系列变频器控制电路的接线如图 5.9 所示。

控制电路端子分为控制输入、频率设定（模拟量输入）、继电器输出（异常输出）、集电极开路输出（状态检测）和模拟电压输出等五部分区域，各端子的功能可通过调整相关参数的值进行变更。各控制电路端子的功能说明如表 5.1、表 5.2 和表 5.3 所示。

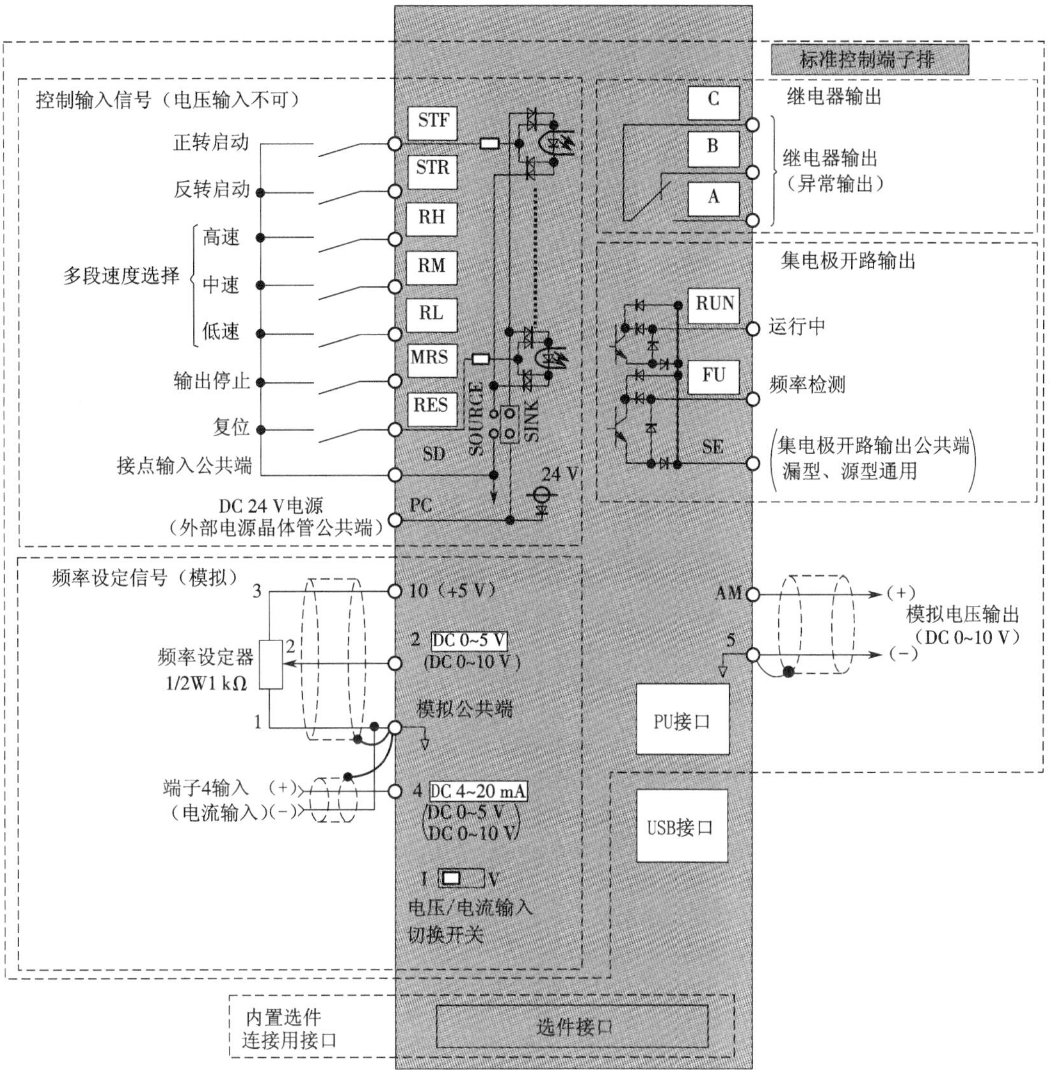

图5.9　FR－E700变频器控制电路接线图

表 5.1　控制电路输入端子的功能说明

<table>
<tr><th>种类</th><th>端子编号</th><th>端子名称</th><th colspan="2">端子功能说明</th></tr>
<tr><td rowspan="13">接点输入</td><td>STF</td><td>正转启动</td><td>STF 信号为 ON 时正转、为 OFF 时停止</td><td rowspan="2">STF、STR 信号同时为 ON 时变成停止指令</td></tr>
<tr><td>STR</td><td>反转启动</td><td>STR 信号为 ON 时反转、为 OFF 时停止</td></tr>
<tr><td>RH
RM
RL</td><td>多段速度选择</td><td colspan="2">用 RH、RM 和 RL 信号的组合可以选择多段速度</td></tr>
<tr><td>MRS</td><td>输出停止</td><td colspan="2">MRS 信号 ON (20 ms 或以上)时,变频器输出停止
用电磁制动器停止电机时用于断开变频器的输出</td></tr>
<tr><td>RES</td><td>复位</td><td colspan="2">用于解除保护电路动作时的报警输出,请使 RES 信号处于 ON 状态 0.1 s 或以上,然后断开
初始设定为始终可进行复位,但进行了 Pr.75 的设定后,仅在变频器报警发生时可进行复位,复位时间约为 1 s</td></tr>
<tr><td rowspan="3">SD</td><td>接点输入公共端(漏型)(初始设定)</td><td colspan="2">接点输入端子(漏型逻辑)的公共端子</td></tr>
<tr><td>外部晶体管公共端(源型)</td><td colspan="2">源型逻辑时当连接晶体管输出(即集电极开路输出)、PLC 时,将晶体管输出用的外部电源公共端接到该端子时,可以防止因漏电引起的误动作</td></tr>
<tr><td>DC 24 V 电源公共端</td><td colspan="2">DC 24 V/0.1 A 电源(端子 PC)的公共输出端子
与端子 5 及端子 SE 绝缘</td></tr>
<tr><td rowspan="3">PC</td><td>外部晶体管公共端(漏型)(初始设定)</td><td colspan="2">漏型逻辑时当连接晶体管输出(即集电极开路输出)、PLC 时,将晶体管输出用的外部电源公共端接到该端子时,可以防止因漏电引起的误动作</td></tr>
<tr><td>接点输入公共端(源型)</td><td colspan="2">接点输入端子(源型逻辑)的公共端子</td></tr>
<tr><td>DC 24 V 电源</td><td colspan="2">可作为 DC 24 V、0.1 A 的电源使用</td></tr>
<tr><td rowspan="4">频率设定</td><td>10</td><td>频率设定用电源</td><td colspan="2">作为外接频率设定(速度设定)用电位器时的电源使用(按照 Pr.73 模拟量输入选择)</td></tr>
<tr><td>2</td><td>频率设定(电压)</td><td colspan="2">如果输入 DC 0 ~ 5 V (或 0 ~ 10 V),在 5 V (10 V)时为最大输出频率,输入、输出成正比,通过 Pr.73 进行 DC 0 ~ 5 V(初始设定)和 DC 0 ~ 10 V 输入的切换操作</td></tr>
<tr><td>4</td><td>频率设定(电流)</td><td colspan="2">若输入 DC 4 ~ 20 mA (或 0 ~ 5 V,0 ~ 10 V),在 20 mA 时为最大输出频率,输入、输出成正比,只有 AU 信号为 ON 时端子 4 的输入信号才会有效(端子 2 的输入将无效),通过 Pr.267 进行 4 ~ 20 mA (初始设定)和 DC 0 ~ 5 V、DC 0 ~ 10 V 输入的切换操作
电压输入 0 ~ 5 V/0 ~ 10 V 时,请将电压/电流输入切换开关切换至“V”</td></tr>
<tr><td>5</td><td>频率设定公共端</td><td colspan="2">频率设定信号(端子 2 或 4)及端子 AM 的公共端子,请勿接大地</td></tr>
</table>

表5.2　控制电路接点输出端子的功能说明

种类	端子记号	端子名称	端子功能说明	
继电器	A、B、C	继电器输出(异常输出)	指示变频器因保护功能动作时输出停止的1c接点输出。异常时,B-C间不导通(A-C间导通);正常时,B-C间导通(A-C间不导通)	
集电极开路	RUN	变频器正在运行	变频器输出频率大于或等于启动频率(初始值0.5 Hz)时为低电平,已停止或正在直流制动时为高电平	
	FU	频率检测	输出频率大于或等于任意设定的检测频率时为低电平,未达到时为高电平	
	SE	集电极开路输出公共端	端子RUN、FU的公共端子	
模拟	AM	模拟电压输出	可以从多种监示项目中选一种作为输出,变频器复位中不被输出,输出信号与监示项目的大小成比例	输出项目: 输出频率(初始设定)

表5.3　控制电路网络接口的功能说明

种类	端子记号	端子名称	端子功能说明
RS485	—	PU接口	通过PU接口,可进行RS485通信 •标准规格:EIA－485(RS485) •传输方式:多站点通信 •通信速率:4 800～38 400 bps •总长距离:500 m
USB	—	USB接口	与个人电脑通过USB连接后,可以实现FR Configurator的操作 •接口:USB1.1标准 •传输速度:12 Mbps •连接器:USB迷你－B连接器(插座:迷你－B型)

如果分拣单元的机械部分已经装配好,在完成主电路接线后,就可以用变频器驱动电机试运行。若变频器的运行模式参数Pr.79为出厂设置值,把调速电位器的三个引出端1、2、3端分别连接到变频器的端子10、2、5,并向左旋动电位器到底;接通电源后,拨通STF端子左边的旋钮开关,慢慢向右旋动电位器,可以看到电机正向转动,变频器输出频率逐渐增大,电机转速逐渐升高。

5.2.2.2　变频器面板的操作

1. FR－E700系列的操作面板

使用变频器之前,首先要熟悉它的面板显示和键盘操作单元(或称控制单元),并且按使用现场的要求合理设置参数。FR－E700系列变频器的参数设置,通常利用固定在其上的操作面板(不能拆下)实现,也可以使用连接到变频器PU接口的参数单元(FR－PU07)实现。使用操作面板可以进行运行方式、频率的设定,运行指令监视,参数设定,错误表示等。操作面板如图5.10所示,其上半部分为面板显示器,下半部分为M旋钮和各种按键。它们的具体功能分别如表5.4和表5.5所示。

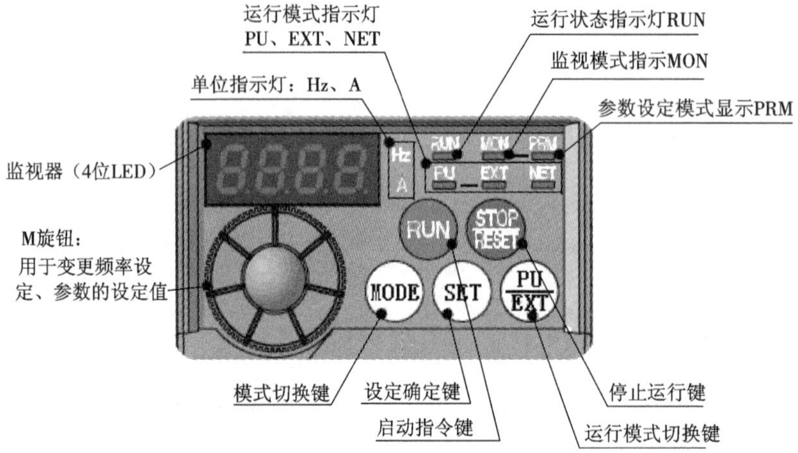

图 5.10　FR－E700 的操作面板

表 5.4　旋钮、按键功能一览表

旋钮和按键	功　能
M 旋钮(三菱变频器旋钮)	旋动该旋钮用于变更频率设定、参数的设定值。按下该旋钮可显示以下内容: •监视模式时的设定频率 •校正时的当前设定值 •报警历史模式时的顺序
模式切换键(MODE)	用于切换各设定模式,和运行模式切换键同时按下也可以用来切换运行模式,长按此键(2 s)可以锁定操作
设定确定键(SET)	各设定的确定按键 此外,当运行中按此键则监视器出现以下显示: 运行频率→输出电流→输出电压→(返回运行频率)
运行模式切换键(PU/EXT)	用于切换 PU 和外部运行模式 使用外部运行模式(通过另接的频率设定电位器和启动信号启动的运行)时请按此键,使表示运行模式的 EXT 处于亮灯状态 切换至组合模式时,可同时按 MODE 键 0.5 s,或者变更参数 Pr.79
启动指令键(RUN)	在 PU 模式下,按此键启动运行 通过 Pr.40 的设定,可以选择旋转方向
停止运行键(STOP/RESET)	在 PU 模式下,按此键停止运转 保护功能(严重故障)生效时,也可以进行报警复位

表 5.5　运行状态显示

显　示	功　能
运行模式显示	PU:PU 运行模式时亮灯 EXT:外部运行模式时亮灯 NET:网络运行模式时亮灯
监视器(4 位 LED)	显示频率、参数编号等

续表

显　示	功　能
监视数据单位显示	Hz:显示频率时亮灯 A:显示电流时亮灯 (显示电压时熄灯,显示设定频率监视时闪烁)
运行状态显示 RUN	在变频器动作中亮灯或者闪烁,其中: 亮灯——正转运行中 缓慢闪烁(1.4 s 循环)——反转运行中 下列情况下出现快速闪烁(0.2 s 循环): 按键或输入启动指令都无法运行时 有启动指令,但频率指令在启动频率以下时 输入了 MRS 信号时
参数设定模式显示 PRM	参数设定模式时亮灯
监视器显示 MON	监视模式时亮灯

2. 变频器的运行模式

一般来说,使用控制电路端子、在外部设置电位器和开关来进行操作的是“外部运行模式”,使用操作面板或参数单元输入启动指令、设定频率的是“PU 运行模式”,通过 PU 接口进行 RS485 通信或使用通信选件的是“网络运行模式(NET 运行模式)”。在进行变频器操作以前,必须了解其各种运行模式,才能进行各项操作。

FR－E700 系列变频器通过参数 Pr. 79 的值来指定变频器的运行模式,设定值范围为 0,1,2,3,4,6,7;这七种运行模式的内容以及相关 LED 指示灯的状态如表 5.6 所示。

表 5.6　运行模式选择(Pr. 79)

设定值	内　　容	LED 显示状态(:灭灯　:亮灯)
0	外部/PU 切换模式,通过 PU/EXT 键可切换 PU 与外部运行模式 注意:接通电源时为外部运行模式	外部运行模式: PU 运行模式:
1	固定为 PU 运行模式	
2	固定为外部运行模式 可以在外部、网络运行模式间切换运行	外部运行模式: 网络运行模式:

续表

<table>
<tr><th>设定值</th><th colspan="2">内　容</th><th>LED 显示状态（ :灭灯 :亮灯）</th></tr>
<tr><td rowspan="3">3</td><td colspan="2">外部/PU 组合运行模式 1</td><td rowspan="6"></td></tr>
<tr><td>频率指令</td><td>启动指令</td></tr>
<tr><td>用操作面板设定或用参数单元设定，或外部信号输入（多段速设定，端子 4、5 间（AU 信号 ON 时有效））</td><td>外部信号输入（端子 STF、STR）</td></tr>
<tr><td rowspan="3">4</td><td colspan="2">外部/PU 组合运行模式 2</td></tr>
<tr><td>频率指令</td><td>启动指令</td></tr>
<tr><td>外部信号输入（端子 2、4、JOG、多段速选择等）</td><td>通过操作面板的 RUN 键或通过参数单元的 FWD、REV 键来输入</td></tr>
<tr><td>6</td><td colspan="2">切换模式
可以在保持运行状态的同时，进行 PU 运行、外部运行、网络运行的切换</td><td>PU 运行模式：
外部运行模式：
网络运行模式：</td></tr>
<tr><td>7</td><td colspan="2">外部运行模式（PU 运行互锁）
X12 信号 ON 时，可切换到 PU 运行模式
（外部运行中输出停止）
X12 信号 OFF 时，禁止切换到 PU 运行模式</td><td>PU 运行模式：
外部运行模式：</td></tr>
</table>

变频器出厂时，参数 Pr. 79 设定值为 0。当停止运行时用户可以根据实际需要修改其设定值。

修改 Pr. 79 设定值的一种方法是：按 MODE 键使变频器进入参数设定模式；旋动 M 旋钮，选择参数 Pr. 79，用 SET 键确定；然后再旋动 M 旋钮选择合适的设定值，用 SET 键确定；两次按 MODE 键后，变频器的运行模式将变更为设定的模式。图 5. 11 是设定参数 Pr. 79 的一个例子。该例子把变频器从固定外部运行模式变更为组合运行模式 1。

3. 参数的设定

变频器参数的出厂设定值被设置为完成简单的变速运行。如需按照负载和操作要求设定参数，则应进入参数设定模式，先选定参数号，然后设置其参数值。设定参数分两种情况，一种是停机 STOP 方式下重新设定参数，这时可设定所有参数；另一种是在运行时设定，这时只允许设定部分参数，但是可以核对所有参数号及参数。图 5. 12 是参数设定过程的一个例子，所完成的操作是把参数 Pr. 1（上限频率）从出厂设定值 120. 0 Hz 变更为 50. 0 Hz，假定当前运行模式为外部/PU 切换模式（Pr. 79 = 0）。

图 5. 12 的参数设定过程，需要先切换到 PU 模式下，再进入参数设定模式。

5. 2. 2. 3　常用参数设置训练

FR - E700 变频器有几百个参数，实际使用时，只需根据使用现场的要求设定部分参数，其余按出厂设定即可。一些常用参数，则是应该熟悉的。

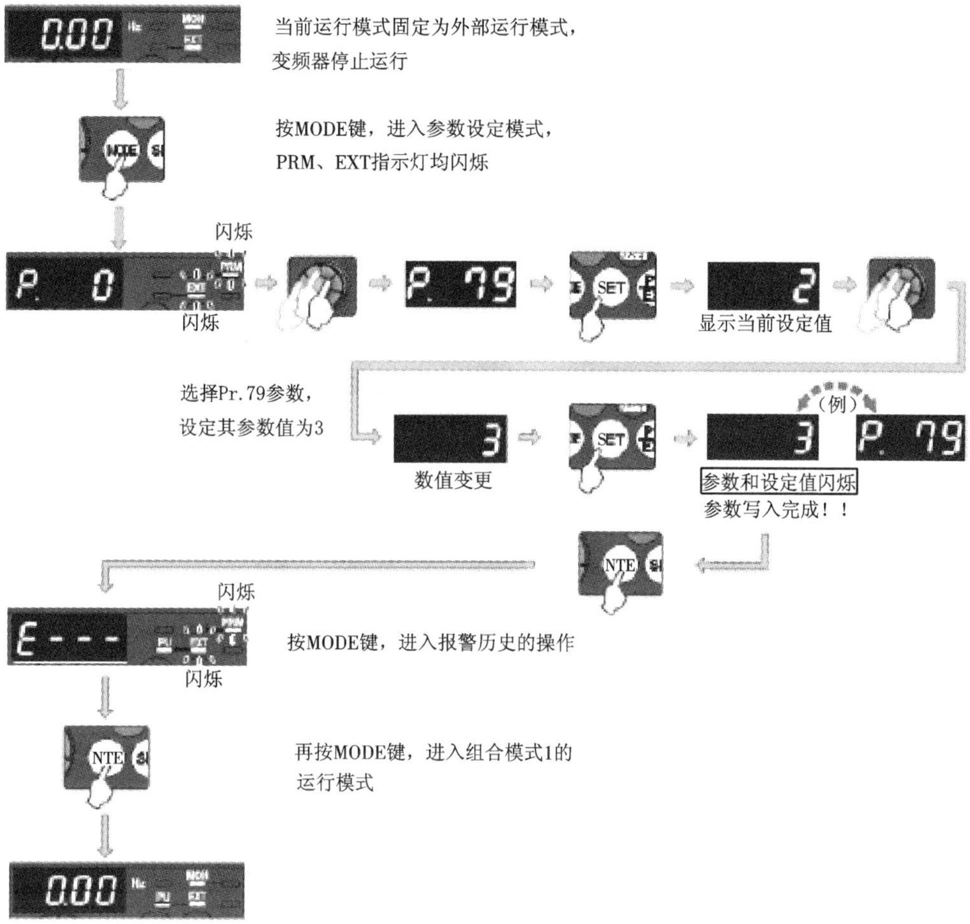

图5.11　变频器的运行模式变更例子

下面根据分拣单元工艺过程对变频器的要求，介绍一些常用参数的设定，包括变频器的运行环境，驱动电机的规格、运行的限制，参数的初始化，电机的启动、运行和调速、制动等命令的来源、频率的设置等方面。关于参数设定更详细的说明请参阅 FR－E700 使用手册。

1. 输出频率的限制（Pr. 1、Pr. 2、Pr. 18）

为了限制电机的速度，应对变频器的输出频率加以限制。用 Pr. 1“上限频率”和 Pr. 2“下限频率”来设定，可设定输出频率的上、下限。

当在 120 Hz 以上运行时，用参数 Pr. 18“高速上限频率”设定高速输出频率的上限。

Pr. 1 与 Pr. 2 出厂设定范围为 0～120 Hz，出厂设定值分别为 120 Hz 和 0 Hz。Pr. 18 出厂设定范围为 120～400 Hz。输出频率和设定值的关系如图 5. 13 所示。

2. 加减速时间（Pr. 7、Pr. 8、Pr. 20、Pr. 21）

各参数的意义及设定范围如表 5. 7 所示。

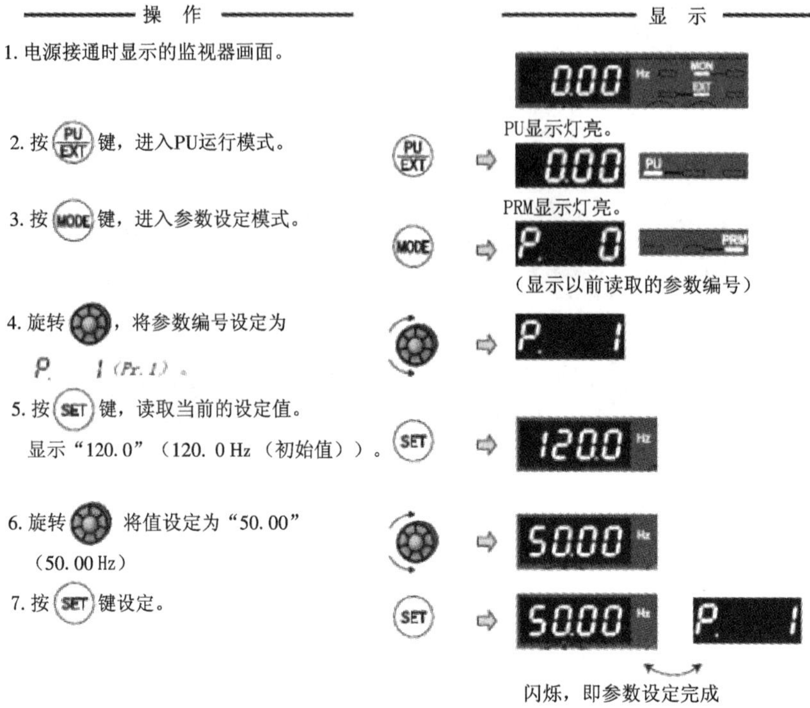

图 5.12　变更参数的设定值示例

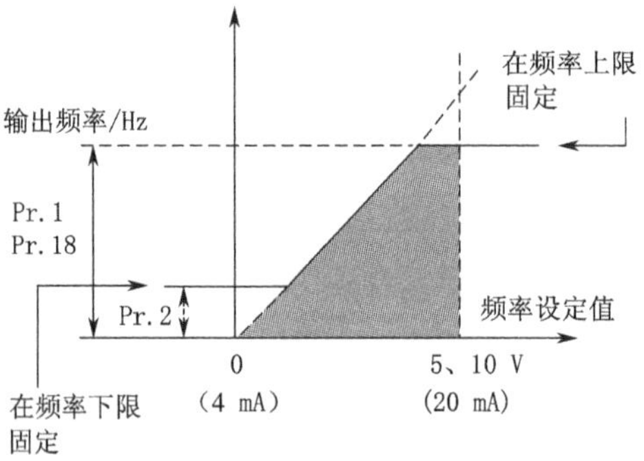

图 5.13　输出频率与设定频率关系

表 5.7　加减速时间相关参数的意义及设定范围

参数号	参数意义	出厂设定	设定范围	备　　注
Pr. 7	加速时间	5 s	0 ~ 3 600/360 s	根据 Pr. 21 加减速时间单位的设定值进行设定。初始值的设定范围为 0 ~ 3 600 s，设定单位为 0. 1 s
Pr. 8	减速时间	5 s	0 ~ 3 600/360 s	
Pr. 20	加/减速基准频率	50 Hz	1 ~ 400 Hz	
Pr. 21	加/减速时间单位	0	0/1	0：设定范围为 0 ~ 3 600 s；设定单位为 0. 1 s 1：设定范围为 0 ~ 360 s；设定单位为 0. 01 s

设定说明如下：

(1)用 Pr.20 为加/减速的基准频率,在我国选为 50 Hz；

(2)Pr.7 加速时间用于设定从停止到 Pr.20 加减速基准频率的加速时间；

(3)Pr.8 减速时间用于设定从 Pr.20 加减速基准频率到停止的减速时间。

3. 多段速运行模式的操作

变频器在外部操作模式下，可以通过外接开关器件的组合通断改变输入端子的状态来实现变频。这种控制频率的方式称为多段速控制功能。

FR－E740 变频器的速度控制端子是 RH、RM 和 RL。通过这些开关的组合可以实现 3 段、7 段的控制。

转速的切换:由于转速的挡次是按二进制的顺序排列的,故三个输入端可以组合成 3 挡至 7 挡(0 状态不计)转速。其中,3 段速由 RH、RM、RL 单个通断来实现,7 段速由 RH、RM、RL 通断的组合来实现。

7 段速的各自运行频率则由参数 Pr.4 ~ Pr.6(设置前 3 段速的频率)、Pr.24 ~ Pr.27(设置第 4 段速至第 7 段速的频率)。对应的控制端状态及参数关系如图 5.14 所示。

参数号	出厂设定	设定范围	备注
4	50 Hz	0~400 Hz	
5	30 Hz	0~400 Hz	
6	10 Hz	0~400 Hz	
24~27	9999	0~400 Hz，9999	9999：未选择

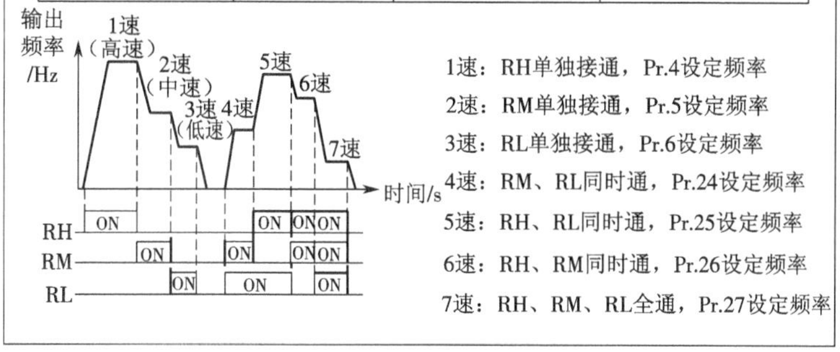

图 5.14 多段速控制对应的控制端状态及参数关系

多段速度设定在 PU 运行和外部运行中都可以设定,运行期间参数值也能被改变。

3 速设定的场合(Pr.24 ~ Pr.27 设定为 9999),2 速以上同时被选择时,低速信号的设定频率优先。

最后指出,如果把参数 Pr.183 设置为 8,将 RMS 端子的功能转换成多速段控制端 REX,就可以用 RH、RM、RL 和 REX 通断的组合来实现 15 段速。

4. 通过模拟量输入(端子 2、4)设定频率

分拣单元变频器的频率设定,除了用 PLC 输出端子控制多段速度设定外,也有连续设定频率的需求。例如在变频器安装和接线完成进行运行试验时,常常用调速电位器连接到变频器的模拟量输入信号端,进行连续调速试验。此外,在触摸屏上指定变频器的频率,则此频率也应该是连续可调的。需要注意的是,如果要用模拟量输入(端子 2、4)设定频率,则 RH、RM、RL 端子应断开,否则多段速度设定优先。

1)模拟量输入信号端子的选择

FR－E700 系列变频器提供两个模拟量输入信号端子(端子 2、4)用作连续变化的频率设定。在出厂设定情况下,只能使用端子 2,端子 4 无效。

要使端子 4 有效,需要在各接点输入端子 STF,STR,…,RES 之中选择一个,将其功能定义为 AU 信号输入。则当这个端子与 SD 端短接时,AU 信号为“ON”,端子 4 变为有效,端子 2 变为无效。

例如:选择 RES 端子用作 AU 信号输入,则设置参数 Pr. 184 =“4”,在 RES 端子与 SD 端之间连接一个开关,当此开关断开时,AU 信号为“OFF”,端子 2 有效;反之,当此开关接通时,AU 信号为“ON”,端子 4 有效。

2)模拟量信号的输入规格

如果使用端子 2,模拟量信号可为 0~5 V 或 0~10 V 的电压信号,用参数 Pr. 73 指定,其出厂设定值为 1,指定为 0~5 V 的输入规格,并且不能可逆运行。参数 Pr. 73 的取值范围为 0,1,10,11。

如果使用端子 4,模拟量信号可为电压输入(0~5 V、0~10 V)或电流输入(4~20 mA 初始值),用参数 Pr. 267 和电压/电流输入切换开关设定,并且要输入与设定相符的模拟量信号。Pr. 267 取值范围为 0,1,2,具体内容见表 5. 8。

表 5. 8　模拟量输入选择(Pr. 73、Pr. 267)

<table>
<tr><th>参数编号</th><th>名称</th><th>初始值</th><th>设定范围</th><th colspan="2">内容</th></tr>
<tr><td rowspan="4">73</td><td rowspan="4">模拟量输入选择</td><td rowspan="4">1</td><td>0</td><td>端子 2 输入 0~10 V</td><td rowspan="2">无可逆运行</td></tr>
<tr><td>1</td><td>端子 2 输入 0~5 V</td></tr>
<tr><td>10</td><td>端子 2 输入 0~10 V</td><td rowspan="2">有可逆运行</td></tr>
<tr><td>11</td><td>端子 2 输入 0~5 V</td></tr>
<tr><td rowspan="4">267</td><td rowspan="4">端子 4 输入选择</td><td rowspan="4">0</td><td rowspan="2">0</td><td>电压/电流输入
切换开关</td><td>内容</td></tr>
<tr><td></td><td>端子 4 输入 4~20 mA</td></tr>
<tr><td>1</td><td rowspan="2"></td><td>端子 4 输入 0~5 V</td></tr>
<tr><td>2</td><td>端子 4 输入 0~10 V</td></tr>
</table>

注:电压输入时,输入电阻(10 ±1)kΩ、最大容许电压 DC 20 V;
　电流输入时,输入电阻(233 ±5)Ω、最大容许电流 30 mA。

必须注意的是,若发生切换开关与输入信号不匹配的错误(例如开关设定为电流输入 I,但端子输入却为电压信号;或反之)时,会导致外部输入设备或变频器故障。

对于频率设定信号(DC 0~5 V、0~10 V 或 4~20 mA)的相应输出频率的大小可用参数 Pr. 125(对端子 2)或 Pr. 126(对端子 4)设定,用于确定输入增益(最大)的频率。它们的出厂设定值均为 50 Hz,设定范围为 0~400 Hz。

5. 参数清除

如果用户在参数调试过程中遇到问题,并且希望重新开始调试,可用参数清除操作方法实现。即在 PU 运行模式下,设定 Pr. CL 参数清除、ALLC 参数全部清除均为“1”,可使参数恢复为初始值。(但如果设定 Pr. 77 参数写入选择为“1”,则无法清除。)

参数清除操作,需要在参数设定模式下,用 M 旋钮选择参数编号为 Pr. CL 和 ALLC,把它们的值均置为 1,操作步骤如图 5.15 所示。

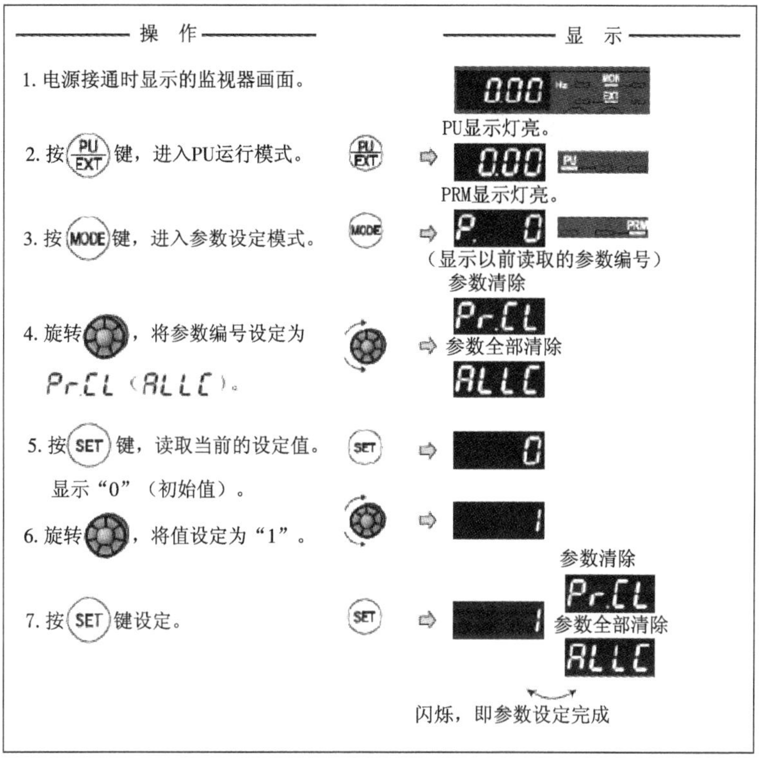

图 5.15 参数全部清除的操作示意图

5.3 分拣单元安装技能训练

分拣单元机械装配可按如下四个阶段进行。

(1)完成传送机构的组装,装配传送带装置及其支座,然后将其安装到底板上,如图 5.16 所示。

(2)完成驱动电机组件装配,进一步装配联轴器,把驱动电机组件与传送机构相连接并固定在底板上,如图 5.17 所示.

(3)继续完成推料气缸支架、推料气缸、传感器支架、出料槽及支撑板等装配,如图 5.18 所示。

(4)最后完成各传感器、电磁阀组件、装置侧接线端口等装配。

安装注意事项如下。

(1)皮带托板与传送带两侧板的固定位置应调整好,以免皮带安装后凹入侧板表面,造成推料被卡住的现象。

(2)主动轴和从动轴的安装位置不能错,主动轴和从动轴的安装板的位置不能相互调换。

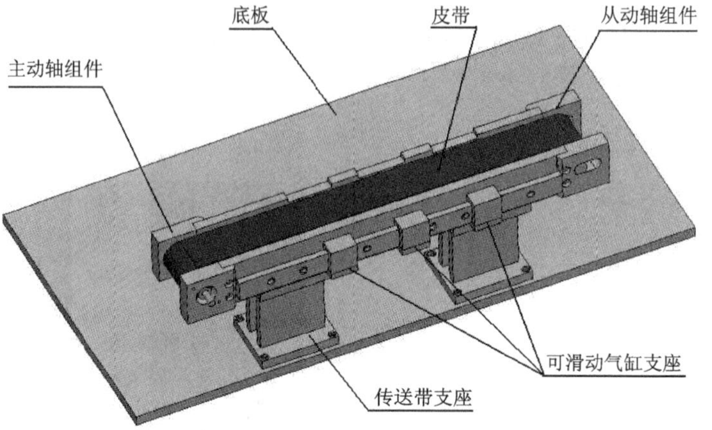

图 5.16　传送机构组装效果图

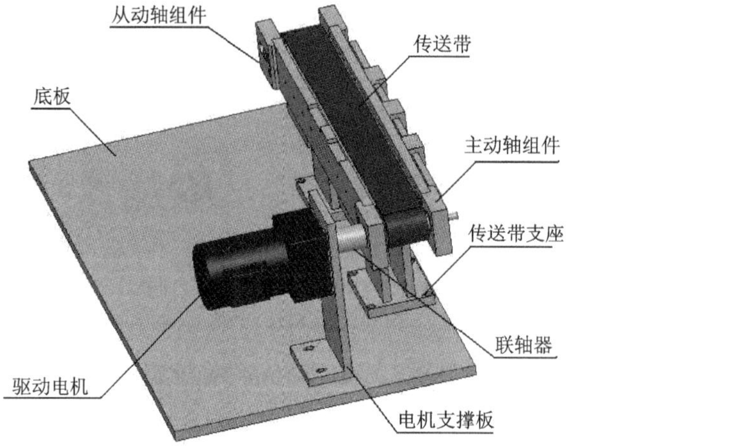

图 5.17　分拣单元机械安装效果图

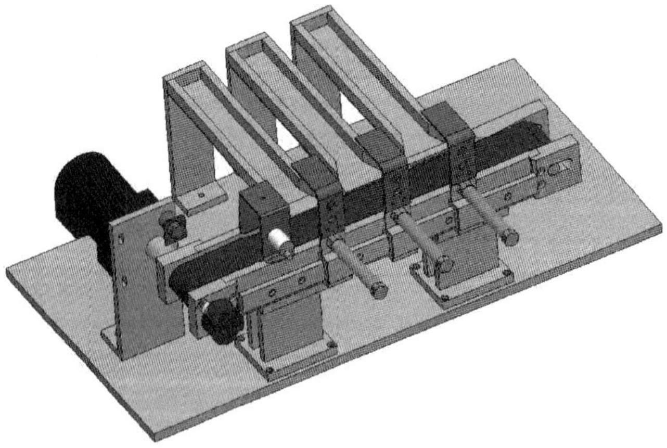

图 5.18　分拣单元安装完成效果图

(3)皮带的张紧度应调整适中。

(4)要保证主动轴和从动轴的平行。

(5)为了使传动部分平稳可靠,噪声小,使用了滚动轴承作为动力回转件,但滚动轴承及其安装配合零件均为精密结构件,对其拆装需一定的技能和专用的工具,建议不要自行拆卸。

5.4　分拣单元的PLC控制系统

5.4.1　工作任务

(1)设备的工作目标是完成对白色芯金属工件、白色芯塑料工件和黑色芯金属或塑料工件进行分拣。为了在分拣时准确推出工件,要求使用旋转编码器作定位检测,并且工件材料和芯体颜色属性应在推料气缸前的适应位置被检测出来。

(2)设备上电和气源接通后,若工作单元的三个气缸均处于缩回位置,则"正常工作"指示灯HL1常亮,表示设备准备好。否则,该指示灯以1 Hz频率闪烁。

(3)若设备准备好,按下启动按钮,系统启动,"设备运行"指示灯HL2常亮。当传送带入料口人工放下已装配的工件时,变频器即启动,驱动传动电机以频率固定为30 Hz的速度,把工件带往分拣区。

如果工件为白色芯金属件,则该工件对到达1号滑槽中间,传送带停止,工件对被推到1号槽中;如果工件为白色芯塑料,则该工件对到达2号滑槽中间,传送带停止,工件对被推到2号槽中;如果工件为黑色芯,则该工件对到达3号滑槽中间,传送带停止,工件对被推到3号槽中。工件被推出滑槽后,该工作单元的一个工作周期结束。仅当工件被推出滑槽后,才能再次向传送带下料。

如果在运行期间按下停止按钮,该工作单元在本工作周期结束后停止运行。分拣单元装置侧的接线端口信号端子的分配如表5.9所示。

表5.9　分拣单元装置侧的接线端口信号端子的分配

输入端口中间层			输出端口中间层		
端子号	设备符号	信号线	端子号	设备符号	信号线
2	DECODE	旋转编码器B相	2	1Y	推杆1电磁阀
3		旋转编码器A相	3	2Y	推杆2电磁阀
4	SC1	光纤传感器1	4	3Y	推杆3电磁阀
5	SC2	光纤传感器2			
6	SC3	进料口工件检测			
7	SC4	电感式传感器			
8					
9	1B	推杆1推出到位			

续表

输入端口中间层			输出端口中间层		
10	2B	推杆 2 推出到位			
11	3B	推杆 3 推出到位			
12#～17#端子没有连接			5#～14#端子没有连接		

分拣单元 PLC 选用三菱 FX_{2N}－32MR 主单元，共 16 点输入和 16 点继电器输出。由于工作任务中规定电机的运行频率固定为 30 Hz，可以只连接一个变频器的速度控制端子，例如 RH 端，设定参数 Pr. 79＝2（固定为外部运行模式），同时须设定 Pr. 4＝30 Hz。这样，当 FR－E740 的端子 STF 和 RH 为 ON 时，电机启动并以固定频率为 30 Hz 的速度正向运转。

PLC 的 I/O 信号见表 5. 10，I/O 接线原理如图 5. 19 所示。

表 5. 10　分拣单元 PLC 的 I/O 信号

输入信号				输出信号			
序号	PLC 输入点	信号名称	信号来源	序号	PLC 输出点	信号名称	信号输出目标
1	X000	光电编码器 B 相		1	Y000	STF	变频器
2	X001	光电编码器 A 相		2	Y001	RH	变频器
3	X002	光电编码器 Z 相		3			
4	X003	进料口工件检测	装置侧	4			
5	X004	电感式传感器		5			
6	X005	光纤传感器		6	Y004	推杆 1 电磁阀	
7	X006			7	Y005	推杆 2 电磁阀	
8	X007	推杆 1 推出到位		8	Y006	推杆 3 电磁阀	
9	X010	推杆 2 推出到位		9	Y007	HL1	
10	X011	推杆 3 推出到位		10	Y010	HL2	按钮/指示灯模块
11	X012	停止按钮	按钮/指示灯模块	11	Y011	HL3	
12	X013	启动按钮					
13	X014	急停按钮					
14	X015	单机/全线					

5. 4. 2　编程要点

1. 高速计数器的编程

高速计数器是 PLC 的编程软元件，相对于普通计数器，高速计数器用于频率高于机内扫描频率的机外脉冲计数，由于计数信号频率高，计数以中断方式进行，所以计数器的当前值等于设定值时，计数器的输出接点立即工作。

FX_{2N}型 PLC 内置有 21 点高速计数器 C235～C255，每一个高速计数器都规定了其功能和占用的输入点。

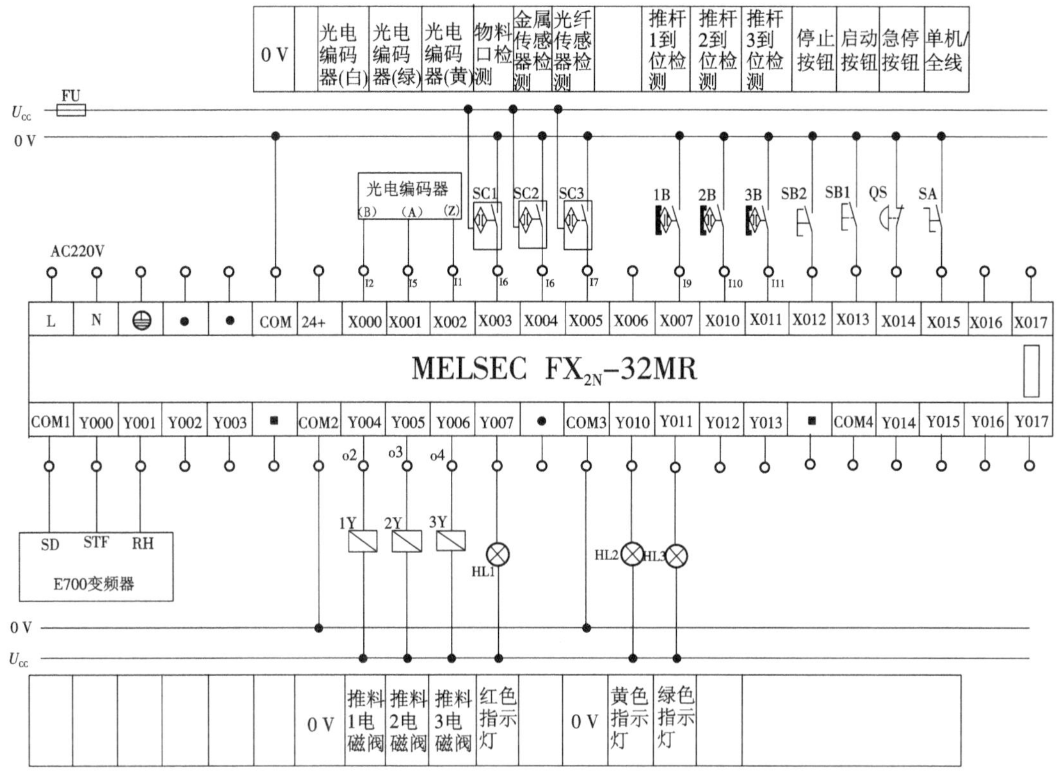

图5.19　分拣单元PLC的I/O接线原理图

(1)C235～C245共11个高速计数器，用作一相一计数输入的高速计数，即每一计数器占用1点高速计数输入点，计数方向可以是增序或者减序计数，取决于对应的特殊辅助继电器M8□□□的状态。例如C245占用X002作为高速计数输入点，当对应的特殊辅助继电器M8245被置位时，作增序计数。C245还占用X003和X007分别作为该计数器的外部复位和置位输入端。

(2)C246～C250共5个高速计数器，用作一相二计数输入的高速计数，即每一计数器占用2点高速计数输入，其中一点为增计数输入，另一点为减计数输入。例如C250占用X003作为增计数输入，占用X004作为减计数输入，另外占用X005作为外部复位输入端，占用X007作为外部置位输入端。同样，计数器的计数方向也可以通过编程对应的特殊辅助继电器M8□□□状态指定。

(3)C251～C255共5个高速计数器，用作二相二计数输入的高速计数，即每一计数器占用2点高速计数输入，其中一点为A相计数输入，另一点为与A相相位差为90°的B相计数输入。C251～C255的功能和占用的输入点如表5.11所示。

表 5.11　高速计数器 C251 ~ C255 的功能和占用的输入点

	X000	X001	X002	X003	X004	X005	X006	X007
C251	A	B						
C252	A	B	R					
C253				A	B	R		
C254	A	B	R				S	
C255				A	B	R		S

如前所述，分拣单元所使用的是具有 A、B 两相 90°相位差的通用型旋转编码器，且 Z 相脉冲信号没有使用。由表 5.11 可以看出，可选用高速计数器 C251。这时编码器的 A、B 两相脉冲输出应连接到 X000 和 X001 点。

每一个高速计数器都规定了不同的输入点，但所有的高速计数器的输入点都在 X000 ~ X007 范围内，并且这些输入点不能重复使用。例如，使用了 C251，因为 X000、X001 被占用，所以规定为占用这两个输入点的其他高速计数器，例如 C252、C254 等都不能使用。

如果外部高速计数源(旋转编码器输出)已经连接到 PLC 的输入端，那么在程序中就可直接使用相对应的高速计数器进行计数。例如，在图 5.20 中，设定 C255 的设置值为 100，当 C255 的当前值等于 100 时，计数器的输出接点立即工作，从而控制相应的输出 Y010 为 ON。

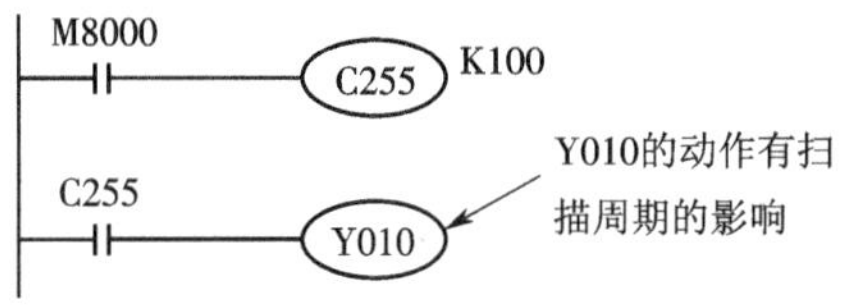

图 5.20　高速计数器的编程示例

用中断方式计数，当前值 = 预置值时，计数器会及时动作，但实际输出信号却依赖于扫描周期。下面以现场测试旋转编码器的脉冲当量为例子说明高速计数器的一般使用方法。

例　旋转编码器脉冲当量的现场测试。

前面已经指出，根据传送带主动轴直径计算旋转编码器的脉冲当量，其结果只是一个估算值。在分拣单元安装调试时，除了要仔细调整尽量减少安装偏差外，尚须现场测试脉冲当量值。一种测试方法的步骤如下。

(1)分拣单元安装调试时，必须仔细调整电机与主动轴联轴的同心度和传送皮带的张紧度。调节张紧度的两个调节螺栓应平衡调节，避免皮带运行时跑偏。传送带张紧度以电机在输入频率为 1 Hz 时能顺利启动、低于 1 Hz 时难以启动为宜。测试时可把变频器设置为 Pr.79 = 1，Pr.3 = 0，Pr.161 = 1，这样就能在操作机面板进行启动/停止操作，并且把 M 旋钮作为电位器使用进行频率调节。

(2)安装调整结束后，变频器参数设置为 Pr.79 = 2(固定的外部运行模式)，Pr.4 = 25 Hz(高速段运行频率设定值)。

(3)编写图 5.21 所示的程序，编译后传送到 PLC。

(4)运行 PLC 程序，并置于监控方式。在传送带进料口中心处放下工件后，按启动按钮启动运行。工件被传送到一段较长的距离后，按下停止按钮停止运行。观察监控界面上

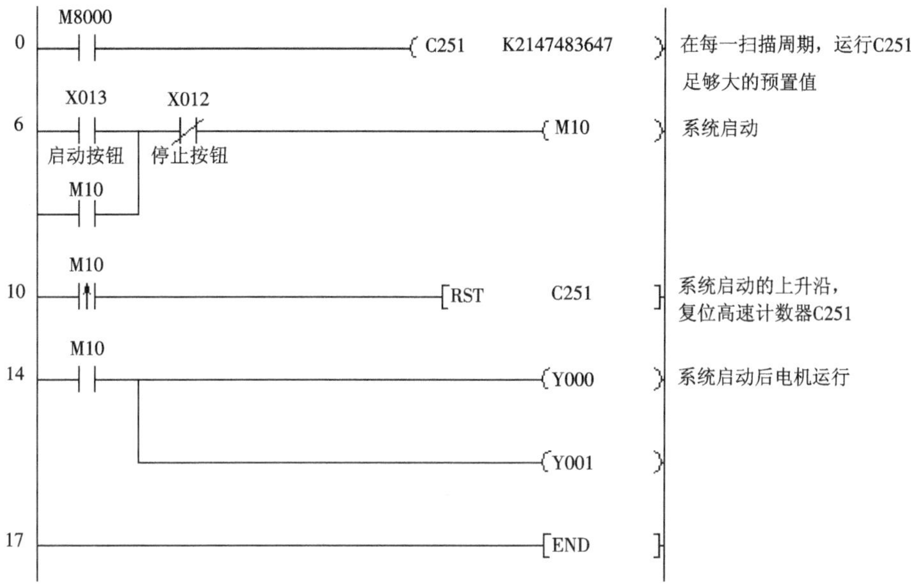

图 5.21　脉冲当量现场测试程序

C251 的读数,将此值填写到表 5.12 的“高速计数脉冲数(测试值)”一栏中。然后在传送带上测量工件移动的距离,把测量值填写到表 5.12 中“工件移动距离(测量值)”一栏中;把监控界面上观察到的高速计数脉冲值,填写到表 5.12 中“高速计数脉冲数(测试值)”一栏中,则脉冲当量 μ 计算值 = 工件移动距离/高速计数脉冲数,填写到相应栏目中。

表 5.12　脉冲当量现场测试数据

内容 序号	工件移动距离(测量值)	高速计数脉冲数(测试值)	脉冲当量 μ(计算值)
第一次	357.8	1 391	0.257 1
第二次	358	1 392	0.257 1
第三次	360.5	1 394	0.258 6

(5)重新把工件放到进料口中心处,按下启动按钮即进行第二次测试。进行三次测试后,求出脉冲当量平均值 $\mu = (\mu_1 + \mu_2 + \mu_3)/3 = 0.257\ 6$。

在本项工作任务中,编程高速计数器的目的是根据 C251 当前值确定工件位置,与存储到指定的变量存储器的特定位置数据进行比较,以确定程序的流向。特定位置考虑如下:

(1)工件属性判别位置应稍后于进料口到传感器中心位置,故取脉冲数为 470,存储在 D110 单元中(双整数);

(2)从位置 1 推出的工件,停车位置应稍前于进料口到推杆 1 位置,取脉冲数为 600,存储在 D114 单元中;

(3)从位置 2 推出的工件,停车位置应稍前于进料口到推杆 2 位置,取脉冲数为 970,存储在 D118 单元中;

(4)从位置 3 推出的工件,停车位置应稍前于进料口到推杆 3 位置,取脉冲数为 1 325,存储在 D122 单元中。

注意:特定位置数据均从进料口开始计算,因此每当待分拣工件下料到进料口,电机开始启动时,必须对 C251 的当前值进行一次复位(清零)操作。

2. 程序结构

分拣过程是一个步进顺控程序,编程思路如下。

(1)当检测到待分拣工件下料到进料口后,复位高速计数器 C251,并以固定频率启动变频器驱动电机运转。

(2)当工件经过安装传感器支架上的光纤探头和电感式传感器时,根据两个传感器动作与否,判别工件的属性,决定程序的流向。C251 当前值与传感器位置值的比较可采用触点比较指令实现。完成上述功能的梯形图程度如图 5.22 和图 5.23 所示。

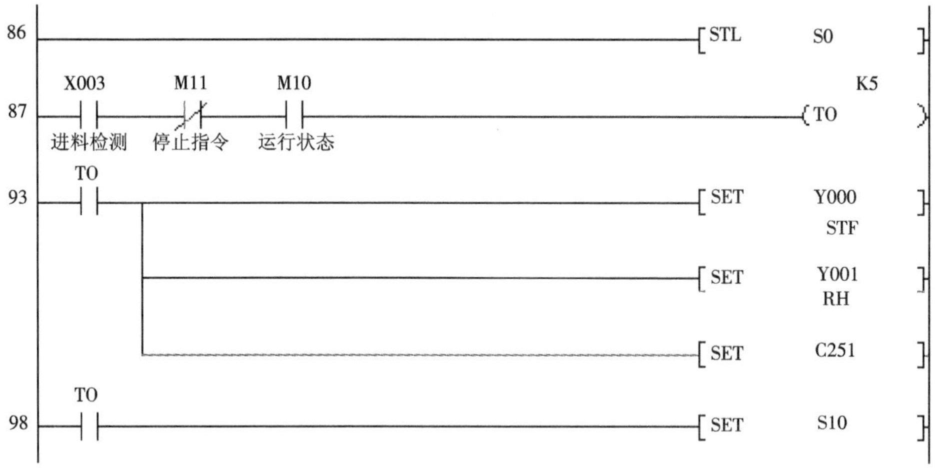

图 5.22　分拣控制的初始步

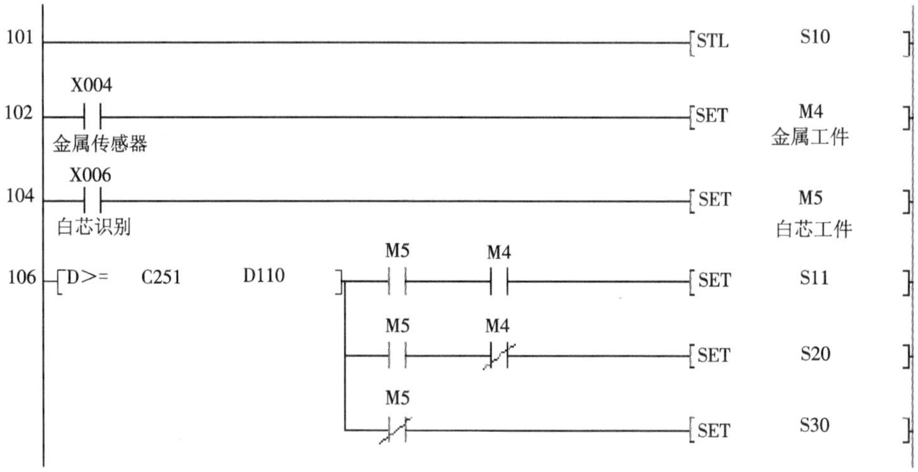

图 5.23　在传感器位置判别工件属性

(3)根据工件属性和分拣任务要求,在相应的推料气缸位置把工件推出。推料气缸返回后,步进顺控子程序返回初始步。这部分程序的编制,请读者自行完成。

项目6　用人机界面控制分拣单元的运行

6.1　认知 TPC7062KS 人机界面

YL－335B 采用了昆仑通态研发的人机界面（HMI）TPC7062KS，它是一款在实时多任务嵌入式操作系统 Windows CE 环境中运行，MCGS 嵌入式组态软件组态。

该产品设计采用了 7 in 高亮度 TFT 液晶显示屏（分辨率 800 ×480），四线电阻式触摸屏（分辨率 4 096 ×4 096），色彩达 64 K 彩色。

CPU 主板以 ARM 结构嵌入式低功耗 CPU 为核心，主频 400 MHz，64 MB 存储空间。

6.1.1　TPC7062KS 人机界面的硬件连接

TPC7062KS 人机界面的电源进线、各种通信接口均在其背面，如图 6.1 所示。其中 USB1 口用来连接鼠标和 U 盘等，USB2 口用作工程项目下载，COM（RS232）用来连接 PLC。下载线和通信线如图 6.2 所示。

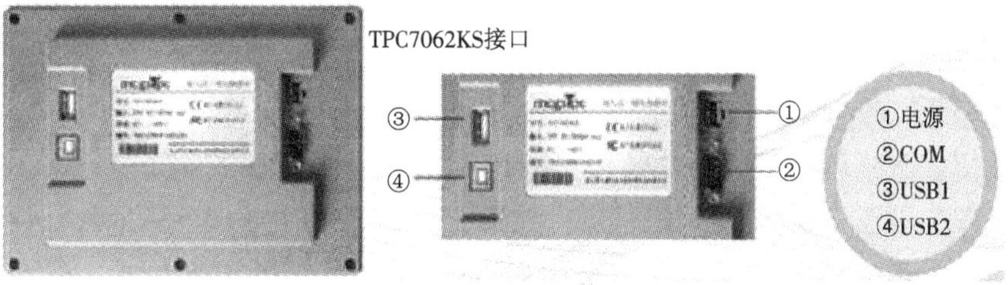

图 6.1　TPC7062KS 接口

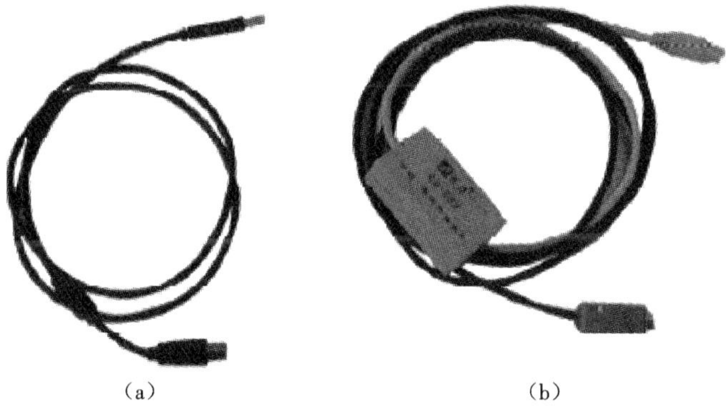

图 6.2　下载线和通信线

（a）下载线；（b）通信线

1. TPC7062KS 触摸屏与个人计算机的连接

在 YL－335B 上，TPC7062KS 触摸屏是通过 USB2 口与个人计算机连接的，连接之前，个人计算机应先安装 MCGS 组态软件。

当需要在 MCGS 组态软件上把资料下载到人机界面时，只要在下载配置里，选择“连机运行”，单击“工程下载”即可进行下载，如图 6.3 所示

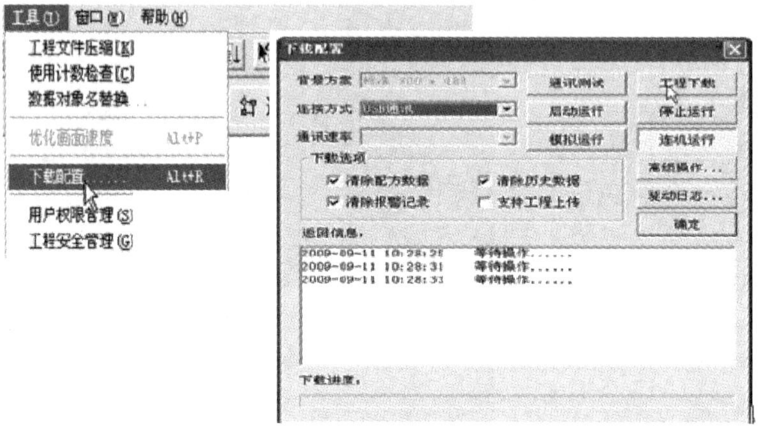

图 6.3　工程下载方法

2. TPC7062KS 触摸屏与 FX 系列 PLC 的连接

在 YL－335B 的出厂配置中，触摸屏通过 COM 口直接与输送站的 PLC（FX_{1N}－40MT）的编程口连接。所使用的通信线带有 RS232/RS422 转换器，如图 6.2（b）所示。

为了实现正常通信，除了正确进行硬件连接，尚须对触摸屏的串行口属性进行设置，这将在设备窗口组态中实现，设置方法将在后面的工作任务中详细说明。

6.1.2　触摸屏设备组态

为了通过触摸屏设备操作机器或系统，必须给触摸屏设备组态用户界面，该过程称为“组态阶段”。系统组态就是通过 PLC 以“变量”方式进行操作单元与机械设备或过程之间的通信。变量值写入 PLC 中的存储区域（地址），由操作单元从该区域读取。

运行 MCGS 嵌入版组态环境软件，在出现的界面上，点击菜单中“文件”→“新建工程”，弹出如图 6.4 所示界面。MCGS 嵌入版用“工作台”窗口来管理构成用户应用系统的五个部分，即工作台上的五个标签：主控窗口、设备窗口、用户窗口、实时数据库和运行策略，对应于五个不同的窗口页面，每一个页面负责管理用户应用系统的一个部分，用鼠标单击不同的标签可选取不同窗口页面，对应用系统的相应部分进行组态操作。

1. 主控窗口

MCGS 嵌入版的主控窗口是组态工程的主窗口，是所有设备窗口和用户窗口的父窗口，它相当于一个大的容器，可以放置一个设备窗口和多个用户窗口，且负责这些窗口的管理和调度，并调度用户策略的运行。同时，主控窗口又是组态工程结构的主框架，可在主控窗口内设置系统运行流程及特征参数，方便用户的操作。

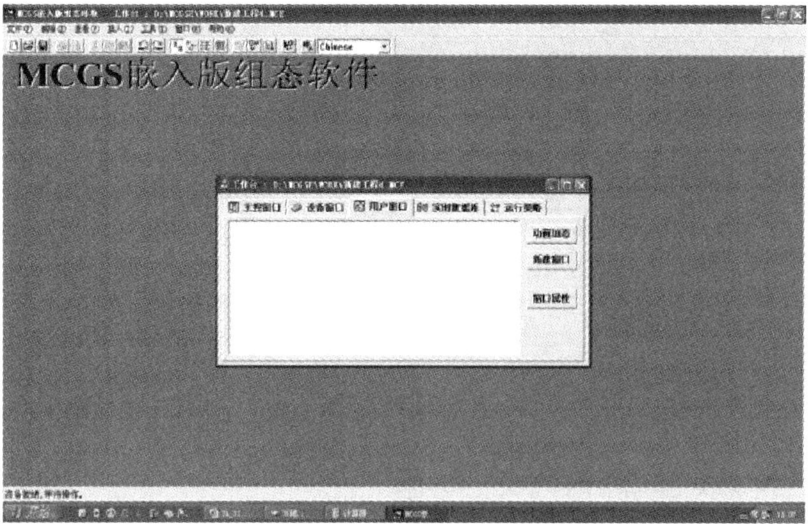

图6.4 “工作台”窗口

2. 设备窗口

设备窗口是MCGS嵌入式系统与作为测控对象的外部设备建立联系的后台作业环境，负责驱动外部设备，控制外部设备的工作状态。系统通过设备与数据之间的通道，把外部设备的运行数据采集进来，送入实时数据库，供系统其他部分调用，并且把实时数据库中的数据输出到外部设备，实现对外部设备的操作与控制。

3. 用户窗口

用户窗口本身是一个“容器”，用来放置各种图形对象(图元、图符和动画构件)，不同的图形对象对应不同的功能。通过对用户窗口内多个图形对象的组态，生成漂亮的图形界面，为实现动画显示效果做准备。

4. 实时数据库

在MCGS嵌入式系统中，用数据对象来描述系统中的实时数据，用对象变量代替传统意义上的值变量，把数据库技术管理的所有数据对象的集合称为实时数据库。

实时数据库是MCGS嵌入式系统的核心，是应用系统的数据处理中心。系统各个部分均以实时数据库为公用区交换数据，实现各个部分协调动作。

设备窗口通过设备构件驱动外部设备，将采集的数据送入实时数据库；由用户窗口组成图形对象，与实时数据库中的数据对象建立连接关系，以动画形式实现数据的可视化；运行策略通过策略构件对数据进行操作和处理，如图6.5所示。

5. 运行策略

对于复杂的工程，监控系统通常设计成多分支、多层循环的嵌套式结构，按照预定的条件，对系统的运行流程及设备的运行状态进行有针对性的选择和精确的控制。为此，把MCGS嵌入式系统引入运行策略的概念，用以解决上述问题。

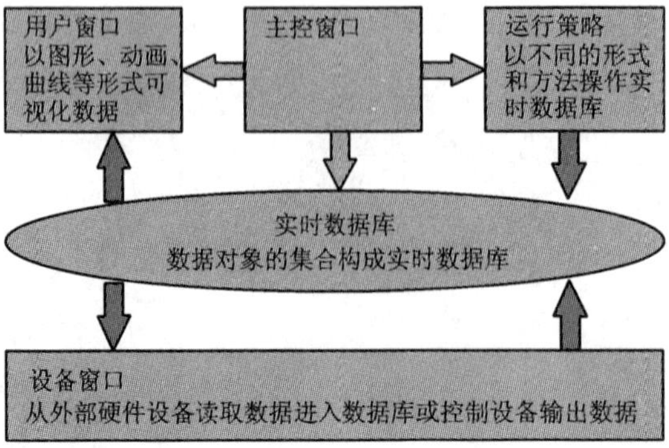

图 6.5　实时数据库数据流图

6.2　采用人机界面的工作任务

为了进一步说明人机界面组态的具体方法和步骤，下面给出一个在项目 5 的实训工作任务的基础上稍作修改的，由人机界面提供主令信号并显示系统工作状态的工作任务。

设备的工作目标、上电和气源接通后的初始位置、具体的分拣要求，均与原工作任务相同，启停操作和工作状态指示不通过按钮指示灯盒操作指示，而是在触摸屏上实现。这时，分拣站的 I/O 接线原理如图 6.6 所示。

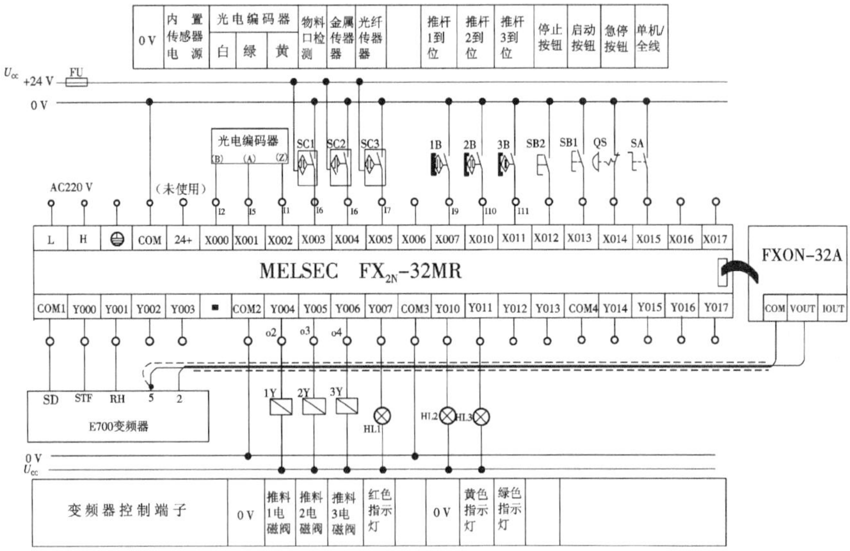

图 6.6　分拣站原理图

当传送带入料口人工放下已装配的工件时，变频器即启动，驱动传动电机以触摸屏给定的速度，把工件带往分拣区。频率范围内 40～50 Hz 可调节。

各料槽工件累计数据在触摸屏上显示，且数据在触摸屏上可以清零。分拣站画面效果图如图 6.7 所示。画面中包含了如下几方面的内容。

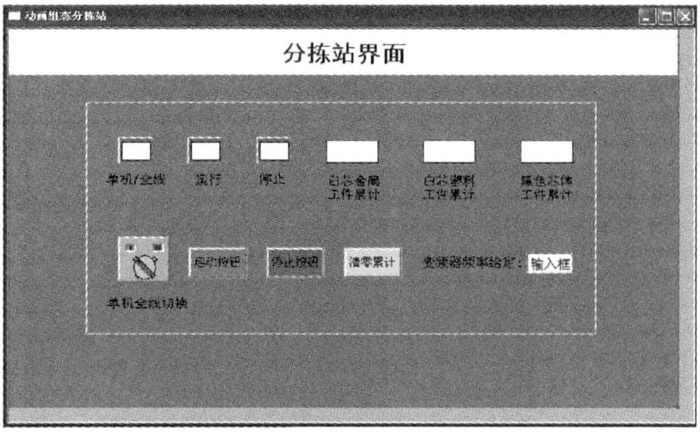

图 6.7 分拣站界面

(1)状态指示:单机/全线、运行、停止。
(2)切换旋钮:单机全线切换。
(3)按钮:启动、停止、清零累计按钮。
(4)数据输入:变频器输入频率设置。
(5)数据输出显示:白芯金属工件累计、白芯塑料工件累计、黑色芯体工件累计。
(6)矩形框。

表 6.1 列出了触摸屏组态画面各元件对应的 PLC 地址。

表 6.1 触摸屏组态画面各元件对应的 PLC 地址

元件类别	名称	输入地址	输出地址	备注
位状态切换开关	单机/全线切换	M0001	M0001	
位状态开关	启动按钮		M0002	
	停止按钮		M0003	
	清零累计按钮		M0004	
位状态指示灯	单机/全线指示灯	M0001	M0001	
	运行指示灯		M0000	
	停止指示灯		M0000	
数值输入元件	变频器频率给定	D0000	D0000	最小值 40,最大值 50
数值输出元件	白芯金属工件累计	D0130		
	白芯塑料工件累计	D0131		
	黑色芯体工件累计	D0132		

接下来给出人机界面的组态步骤和方法。

1. 创建工程

运行“MCGS 嵌入式组态环境”软件,点击“新建工程”,在“新建工程设置”界面中选择触摸屏型号,TPC 类型中如果找不到“TPC7062KS”的话,则选择“TPC7062K”。

工程名称为“335B－分拣站”。

2. 定义数据对象

根据前面给出的表6.1定义数据对象，所有的数据对象见表6.2。

表6.2 数据对象

数据名称	数据类型	注释
运行状态	开关型	状态指示灯
单机全线切换	开关型	
启动按钮	开关型	
停止按钮	开关型	
累计清零按钮	开关型	
变频器频率给定	数值型	
白芯金属工件累计	数值型	
白芯塑料工件累计	数值型	
黑色芯体工件累计	数值型	

下面以数据对象“运行状态”为例，介绍定义数据对象的步骤。

(1)单击工作台中的“实时数据库”窗口标签，进入实时数据库窗口页。

(2)单击“新增对象” 按钮，在窗口的数据对象列表中，增加新的数据对象，系统缺省定义的名称为“Data1”、“Data2”、“Data3”等(多次点击该按钮，则可增加多个数据对象)。

(3)选中对象，按“对象属性”按钮，或双击选中对象，则打开“数据对象属性设置”窗口。

(4)将对象名称改为“运行状态”，对象类型选择“开关型”，单击“确认”。

按照此步骤，根据上面列表，设置其他各数据对象。

3. 设备连接

为了能够使触摸屏和PLC实现，须把定义好的数据对象和PLC内部变量进行连接，具体操作步骤如下。

(1)在“设备窗口”中双击“设备窗口”图标进入。

(2)点击工具条中的“工具箱” 图标，打开“设备工具箱”。

(3)在可选设备列表中，双击“通用串口父设备”，然后双击“三菱_ FX 系列编程口”，如图6.8所示。

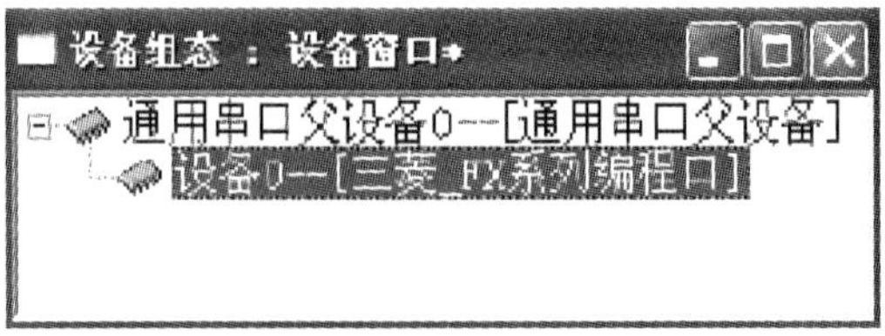

图6.8 设备组态窗口

(4)双击“通用串口父设备”,进入通用串口父设备的基本属性设置,如图6.9所示,作如下设置:

①串口端口号(1 ~255)设置为“0 - COM1”;

②通信波特率设置为“6 -9600”;

③数据校验方式设置为“2 - 偶校验”;

④其他设置为默认。

图6.9　通用串口设置

(5)双击“三菱_ FX 系列编程口”,进入设备编辑窗口,如图6.10所示。左边窗口下方CPU类型选择“2 - FX_{2N}CCPU”,右窗口中“通道名称”默认为X000 ~ X007,可以单击“删除全部通道”按钮予以删除。

(6)接下进行变量的连接,这里以“运行状态”变量进行为例说明。

①单击“增加设备通道”按钮,出现如图6.11所示窗口。参数设置如下。

a. 通道类型:M寄存器。

b. 数据类型:通道的第00位。

c. 通道地址:0。

d. 通道个数:1。

e. 读写方式:只读。

②单击“确认”按钮,完成基本属性设置。

③双击“只读M0000”通道对应的连接变量,从数据中心选择变量“运行状态”。

用同样的方法,增加其他通道,连接变量,如图6.12所示,单击“确认”按钮完成操作。

4. 画面和元件的制作

1)新建画面以及属性设置

(1)在“用户窗口”中单击“新建窗口”按钮,建立“窗口0”。选中“窗口0”,单击“窗口属性”,进入用户窗口属性设置。

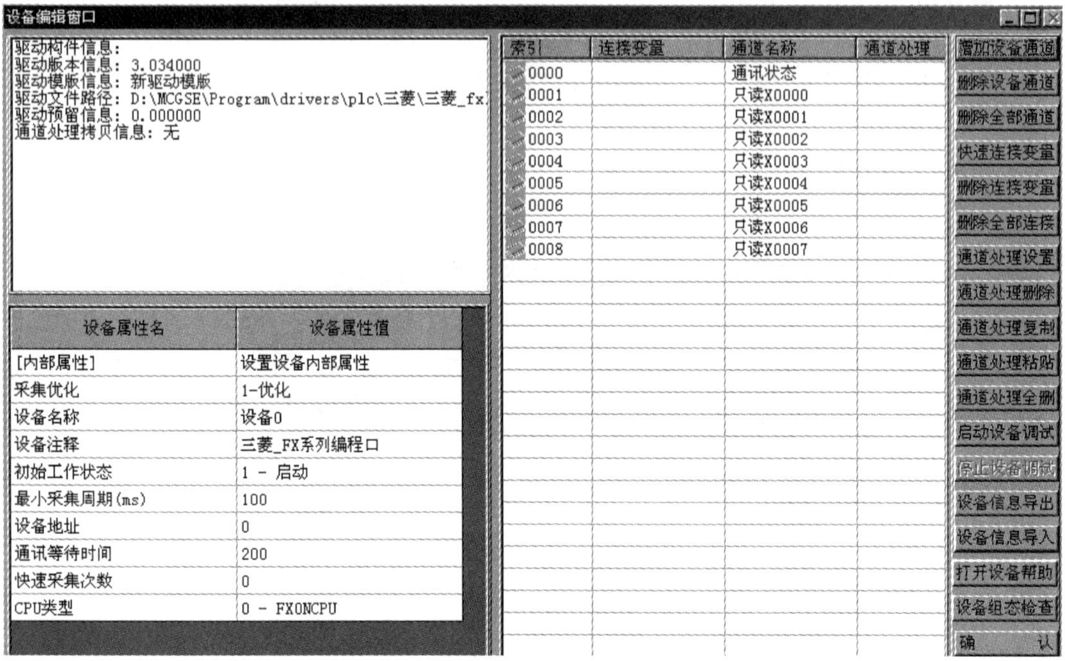

图 6.10　设备编辑窗口

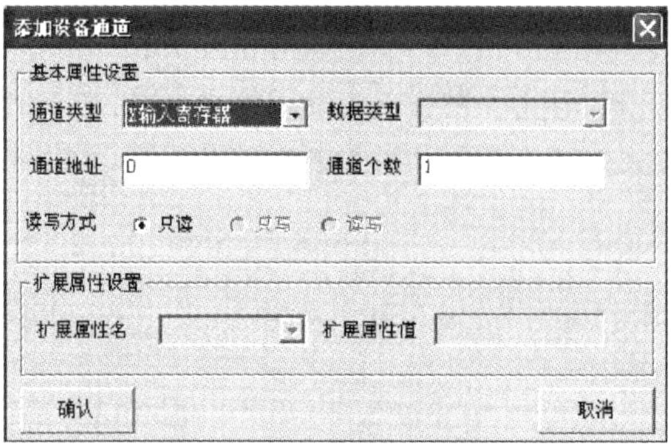

图 6.11　添加设备通道

(2)将窗口名称改为“分拣画面”,窗口标题改为“分拣画面”。

(3)单击“窗口背景”,在“其他颜色”中选择所需的颜色,如图 6.13 所示。

2)制作文字框图

以标题文字的制作为例说明。

(1)单击工具条中的“工具箱”按钮,打开绘图工具箱。

(2)选择“工具箱”内的“标签”按钮,鼠标的光标呈十字形,在窗口顶端中心位置拖拽鼠标,根据需要拉出一个大小适合的矩形。

索引	连接变量	通道名称	通道处理
0000		通讯状态	
0001	运行状态	只读N0000	
0002	单机全线切换	读写N0001	
0003	启动按钮	只写N0002	
0004	停止按钮	只写N0003	
0005	清零累计按钮	只写N0006	
0006	变频器频率给定	只写DWUB0000	
0007	白芯金属工...	只读DWUB0130	
0008	白芯塑料工...	只读DWUB0131	
0009	黑色芯体工...	只读DWUB0132	

图6.12　增加其他通道

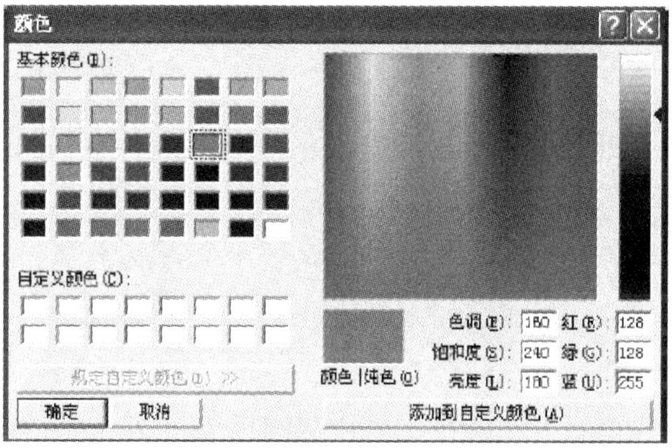

图6.13　颜色

(3)在光标闪烁位置输入文字“分拣站界面”,按回车键或在窗口任意位置用鼠标点击一下,文字输入完毕。

(4)选中文字框,作如下设置:

①点击工具条上的“填充色”按钮,设定文字框的背景颜色为“白色”;

②点击工具条上的“线色”按钮,设置文字框的边线颜色为“没有边线”;

③点击工具条上的“字符字体”按钮,设置文字字体为“华文细黑”,字型为“粗体”,大小为“二号”;

④点击工具条上的“字符颜色”按钮,将文字颜色设为“藏青色”。

(5)其他文字框的属性设置如下。

①背景颜色:同画面背景颜色。

②边线颜色:没有边线。

③文字字体为“华文细黑”,字型为“常规”,字体大小为“二号”。

3)制作状态指示灯

以“单机/全线”指示灯为例说明。

(1)单击绘图工具箱中的“插入元件”图标,弹出对象元件库管理对话框,选择指示灯6,按“确认”按钮。双击指示灯,弹出的对话框如图6.14所示。

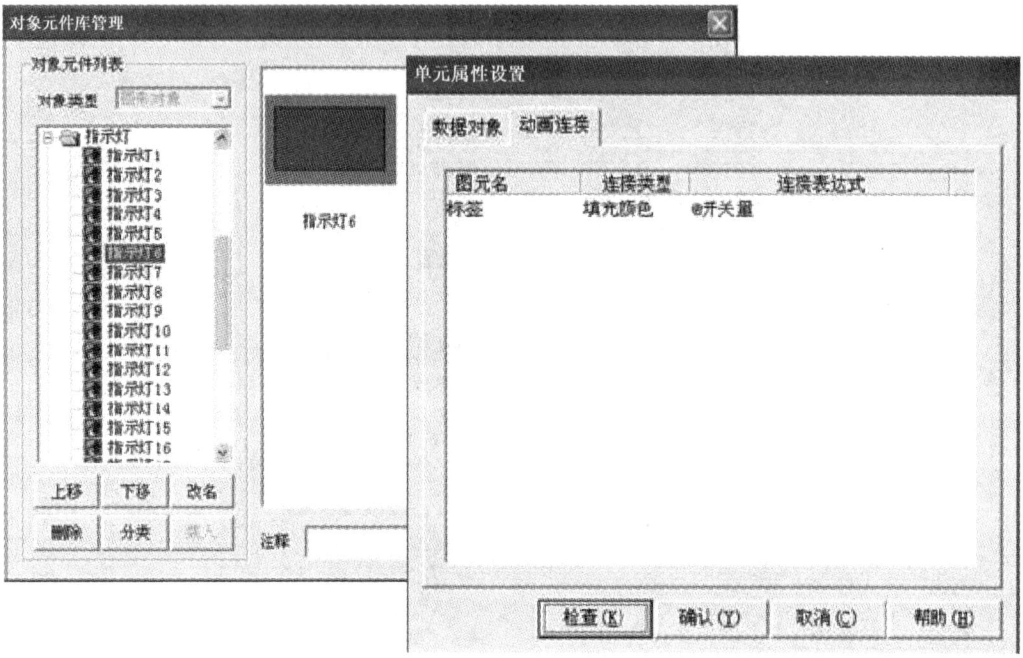

图6.14　元件属性的设置

(2)数据对象中,单击右角的“?”按钮,从数据中心选择“单机全线切换”变量。

(3)动画连接中,单击“填充颜色”右边出现的按钮,如图6.15所示。

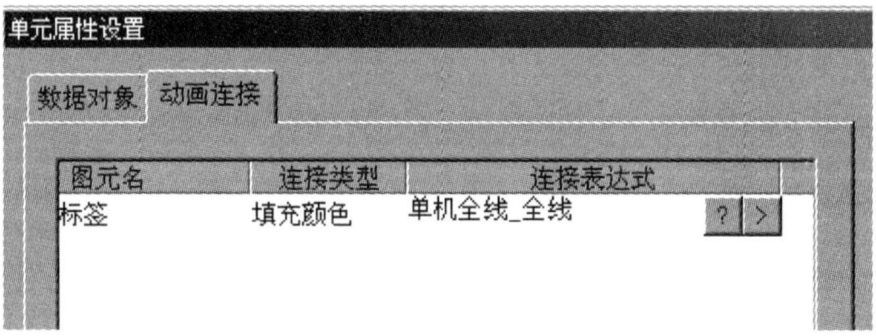

图6.15　单元属性设置

(4)单击按钮后,出现如图6.16所示对话框。

(5)“属性设置”页中,填充颜色“白色”;

(6)“填充颜色”页中,分段点0对应颜色“白色”;分段点1对应颜色“浅绿色”。如图6.17所示,单击“确认”按钮完成。

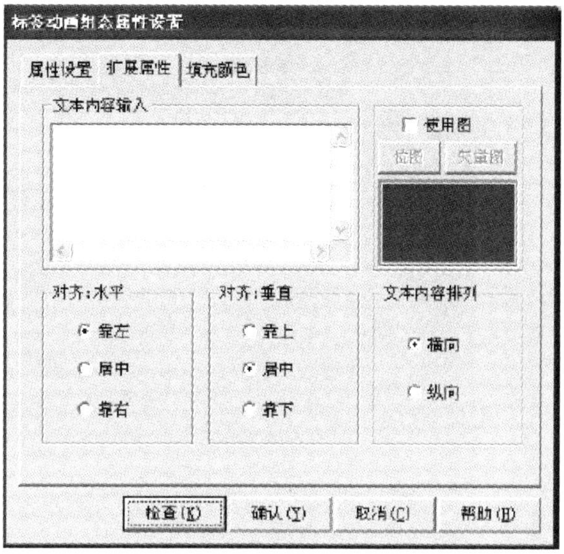

图6.16　标签动画组态属性设置

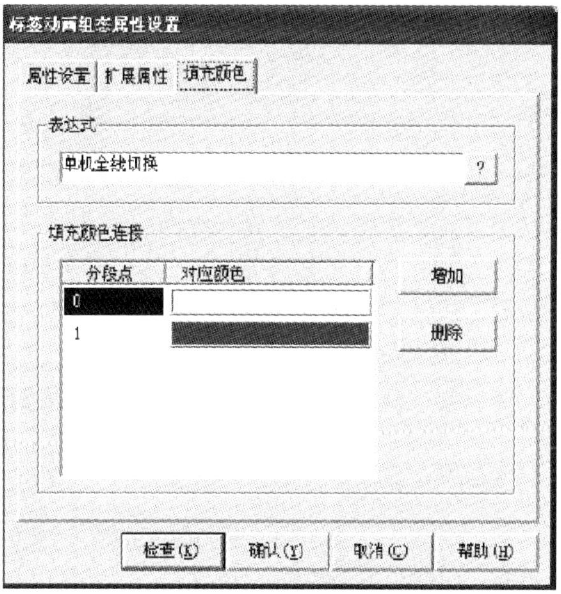

图6.17　填充颜色

4）制作切换旋钮

单击绘图工具箱中的“插入元件”图标，弹出对象元件库管理对话框，选择开关6，按“确认”按钮。双击开关6图形，弹出如图6.18所示的对话框。对数据对象页中的按钮输入和可见度连接数据对象“单机全线切换”。

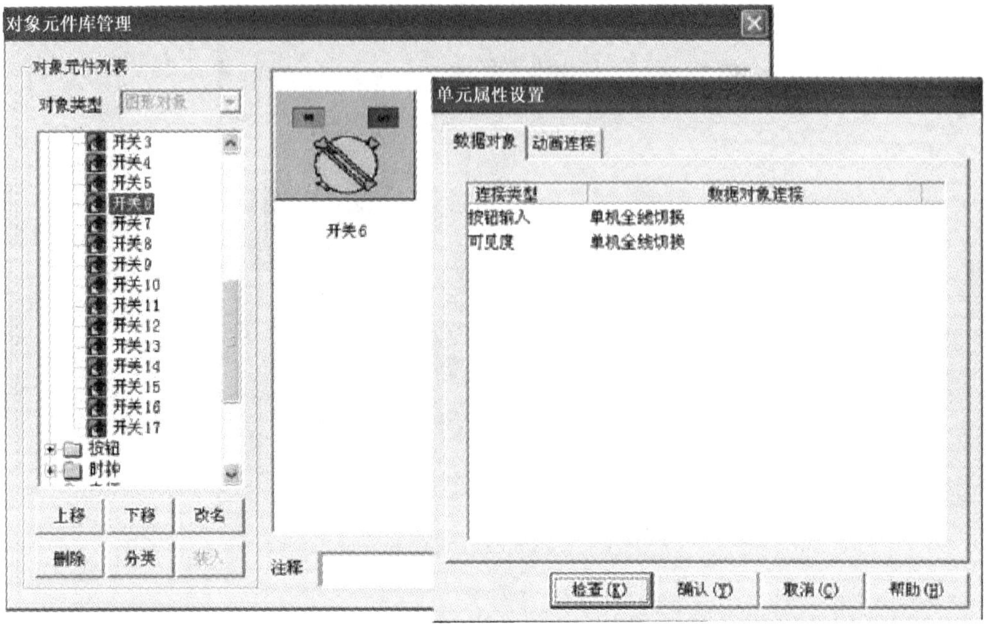

图 6.18　单元属性设置

5）制作按钮

以启动按钮为例说明。

（1）单击绘图工具箱中  图标，在窗口中拖出一个大小合适的按钮，双击该按钮，出现如图 6.19 所示窗口，属性设置见该图。

（2）“基本属性”页中，无论是抬起还是按下状态，文本都设置为“启动按钮”。“抬起功能”属性为：字体设置“宋体”，字号设置为“五号”，背景颜色设置为“浅绿色”。“按下功能”属性为：字号设置为“小五号”，其他同“抬起功能”。

（3）“操作属性”页中，“抬起功能”为数据对象操作清零，启动按钮；“按下功能”为数据对象操作置 1，启动按钮。

（4）其他默认。单击“确认”按钮完成设置。

6）数值输入框

（1）选中“工具箱”中的“输入框”图标 

，拖动鼠标，绘制 1 个输入框。

（2）双击 

图标，进行属性设置，只需要设置“操作属性”。

①数据对象名称：最高频率设置。

②使用单位：Hz。

③最小值：40。

④最大值：50。

⑤小数点位：0。

设置结果如图 6.20 所示。

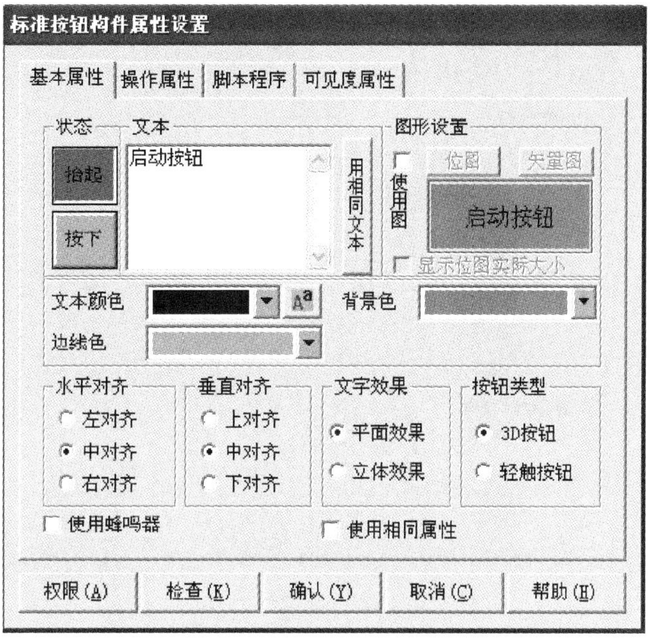

图 6.19　标准按钮构件属性设置

图 6.20　输入框构件属性设置

7)数据显示

以白色金属料累计数据显示为例。

(1)选中“工具箱”中的图标,拖动鼠标,绘制 1 个显示框。

(2)双击显示框,出现对话框,在输入输出连接域中,选中“显示输出” 选项,在组态属性设置窗口中则会出现“显示输出”标签,如图 6.21 所示。

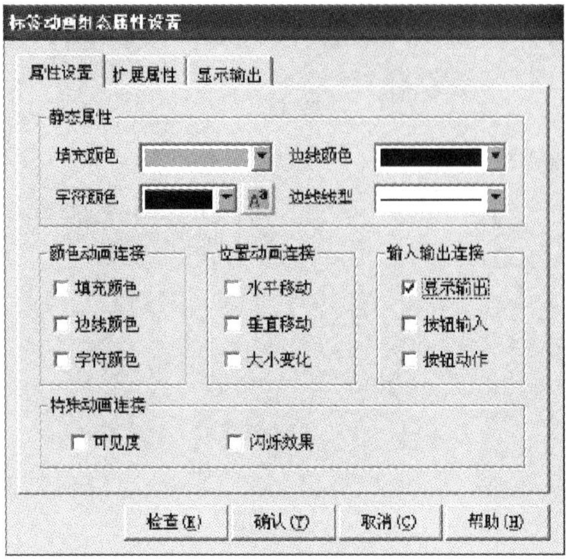

图 6.21　显示输出

(3)单击“显示输出”标签,设置显示输出属性,参数设置如下。

①表达式:白色金属料累计。

②单位:个。

③输出值类型:数值量输出。

④输出格式:十进制。

⑤整数位数:0。

⑥小数位数:0。

(4)单击“确认”按钮,制作完毕。

8)制作矩形框

单击工具箱中的图标,在窗口的左上方拖出一个大小适合的矩形,双击该矩形,出现如图 6.22 所示的窗口,属性设置如下:

(1)点击工具条上的“填充色”按钮,设置矩形框的背景颜色为“没有填充”;

(2)点击工具条上的“线色”按钮,设置矩形框的边线颜色为“白色”;

(3)其他默认。

单击“确认”按钮完成设置。

5. 下载工程

下载方法参看 6.1 内容。

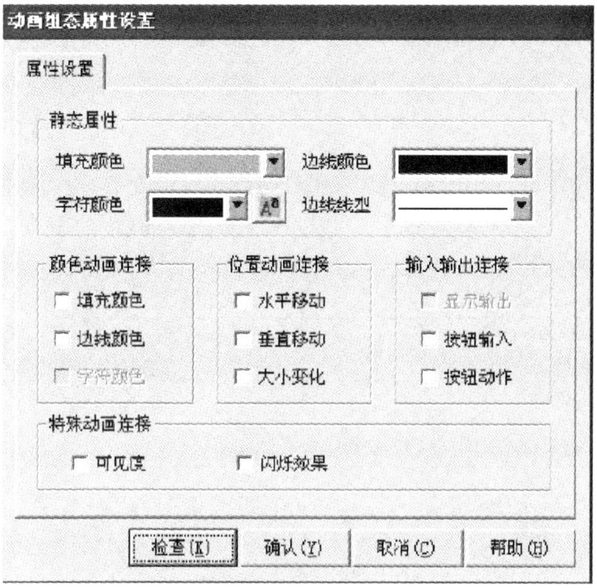

图6.22　动画组态属性设置

6.3　变频器输出的模拟量控制

根据任务可知，为了实现变频器输出频率连续调整的目的，分拣单元PLC连接了特殊功能模拟量模块 FX_{0N}-3A，启停由外部端子来控制。因此在项目5的任务基础上，变频器的参数要作相应的调整，要调整的参数设置见表6.3。

表6.3　变频器参数设置

参数号	参数名称	默认值	设置值	设置值含义
Pr.73	模拟量输入选择	1	0	0 ~ 10 V
Pr.79	运行模式选择	0	2	外部运行模式固定

1. 特殊功能模块 FX_{0N}-3A 的主要性能

FX_{0N}-3A 是具有两路输入通道和一路输出通道，最大分辨率为8位的模拟量I/O模块，模拟量输入和输出方式均可以选择电压或电流，取决于用户接线方式。

FX_{0N}-3A 输入通道主要性能见表6.4，输出通道主要性能见表6.5。

表 6.4　FX_{0N} -3A 输入通道主要性能表

	电压输入	电流输入
模拟输入范围	在出厂时，默认 DC 0～10 V 的输入电压对应 0～250 范围的数值 如果把 FX_{0N} -3A 用于电流输入或非 0～10 V 的电压输入，则需要重新调整偏置和增益 模块不允许两个通道有不同的输入特性	
	DC 0～10 V，DC 0～5 V，输入电阻为 200 kΩ 注意：输入电压超过 -0.5 V 或大于 +15 V 可能损坏模块	4～20 mA，输入电阻 250 Ω 注意：输入电流小于 -2 mA 或大于 +60 mA 可能损坏模块
数字分辨率	8 位	
最小输入信号分辨率	40 mV：0～10 V/0～250 依据输入特性而变	64 μA：4～20 mA/0～250 依据输入特性而变
总精度	±0.1 V	±0.16 mA
处理时间	TO 指令处理时间 2 + FROM 指令处理时间	
输入特点	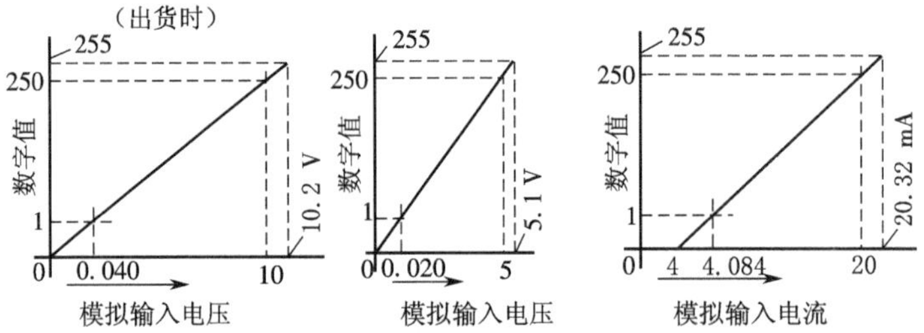	

表 6.5　FX_{0N} -3A 输出通道主要性能表

	电压输出	电流输出
模拟输出范围	在出厂时，已为 DC 0～10 V 输出，范围选择了 0～250 如果把 FX_{0N} -3A 用于电流输出或非 0～10 V 的电压输出，则需要重新调整偏置和增益	
	DC 0～10 V，DC 0～5 V，外部负载为 1 kΩ～1 MΩ	4～20 mA，外部负载为 500 Ω 或更小
数字分辨率	8 位	
最小输出信号分辨率	40 mV：0～10 V/0～250 依据输入特性而变	64 μA：4～20 mA/0～250 依据输入特性而变
总精度	±0.1 V	±0.16 mA
处理时间	TO 指令处理时间 ×3	
输出特点	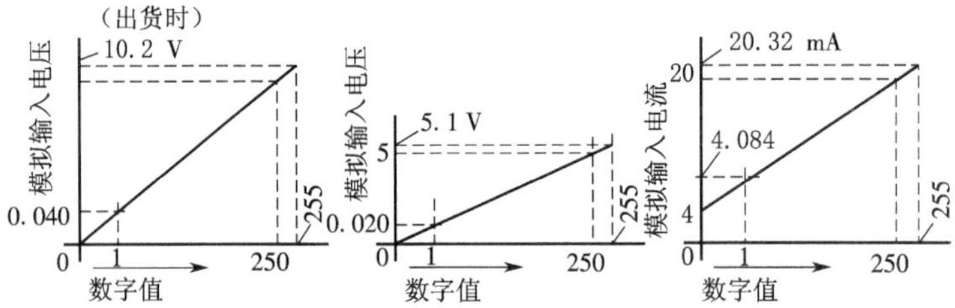	

使用 FX_{0N} -3A 时尚需注意：

(1)模块的电源来自 PLC 主单元的内部电路，其中模拟电路电源要求为 DC 24(1 ± 10%) V，90 mA，数字电路电源要求为 DC 5 V，30 mA；

(2)模拟和数字电路之间光电耦合器隔离,但模拟通道之间无隔离;

(3)在扩展母线上占用8个I/O点(输入或输出)。

2. 接线

模拟输入和输出的接线原理图分别如图6.23和图6.24所示。接线时要注意,使用电流输入时,端子"Vin"与"Iin"应短接;使用电流输出时,不要短接"VOUT"和"IOUT"端子。

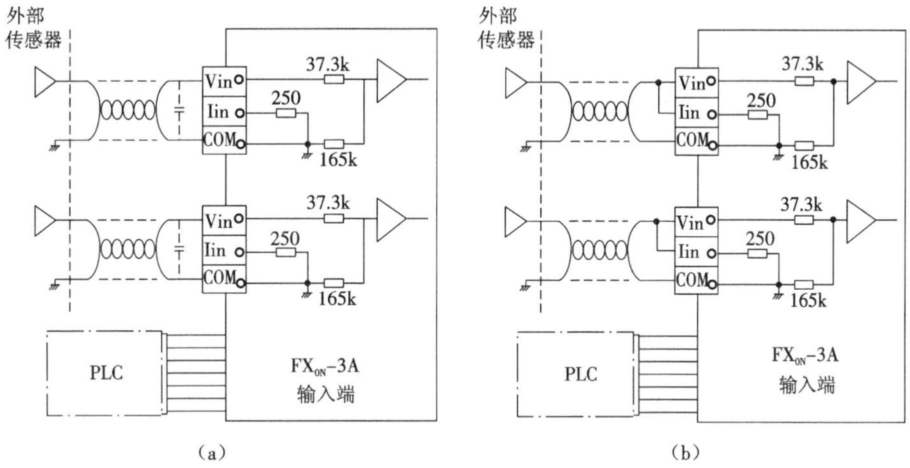

图6.23 模拟输入接线图
(a)电压输入;(b)电流输入

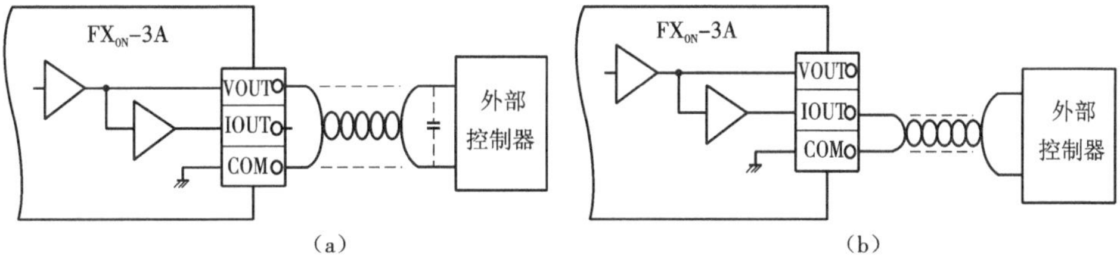

图6.24 模拟输出接线图
(a)电压输出;(b)电流输出

如果电压输入/输出出现较大的电压波动或有过多的电噪声,要在电路中相应位置并联一个约25 V、0.1~0.47 μF的电容。

3. 编程与控制

可以使用特殊功能模块读指令FROM(FNC78)和写指令TO(FNC79)读写FX_{0N}-3A模块实现模拟量的输入和输出。

FROM用于从特殊功能模块缓冲存储器(BFM)中读入数据。如图6.25(a)所示将模块号为m1的特殊功能模块内,从缓冲存储器(BFM)号为m2开始的*n*个数据读入PLC,并存放在从D开始的*n*个数据寄存器中。

TO用于从PLC向特殊功能模块缓冲存储器(BFM)中写入数据,这条语句是将PLC中从[S·]元件开始的*n*个字的数据,写到特殊功能模块m1中编号为m2开始的缓冲存储器

(a)　　　　(b)

图 6.25　特殊功能模块读和写指令

(a)FROM 指令示例;(b)TO 指令示例

(BFM)中。模块号是指从 PLC 最近的开始按 No. 0→No. 1→No. 2……顺序连接,模块号用于 FROM/TO 指令指定那个模块工作。

特殊功能模块是通过缓冲存储器(BFM)与 PLC 交换信息的,FX_{0N} -3A 共有 32 通道的 16 位缓冲寄存器(BFM),如表 6.6 所示。

表 6.6　FX_{0N} -3A 的缓冲寄存器(BFM)分配

通道号	b15 ~ b8	b7	b6	b5	b4	b3	b2	b1	b0
#0	保留	当前输入通道的 A/D 转换值(以 8 位二进制数表示)							
#16		当前 D/A 输出通道的设置值							
#17							D/A 转换启动	A/D 转换启动	A/D 通道选择
#1 ~ #15 #18 ~ #31	保留								

其中#17 通道位含义如下。

(1)b0 = 0,选择模拟输入通道 1;b0 = 1,选择模拟输入通道 2。

(2)b1 从 0 到 1,A/D 转换启动。

(3)b2 从 1 到 0,D/A 转换启动。

图 6.26 是实现 D/A 转换的例程,图 6.27 是实现 A/D 转换的例程。

例 1　写入模块号为 0 的 FX_{0N} -3A 模块,D2 是其 D/A 转换值。

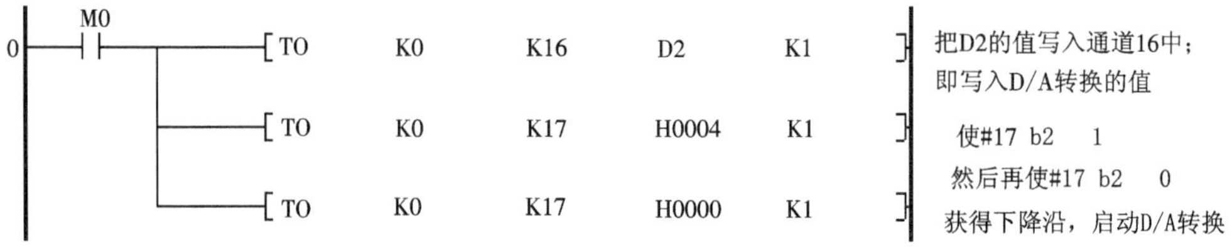

图 6.26　D/A 转换编程示例

例 2　读取模块号为 0 的 FX_{0N} -3A 模块,其通道 1 的 A/D 转换值保存到 D0,通道 2 的 A/D 转换值保存到 D1。

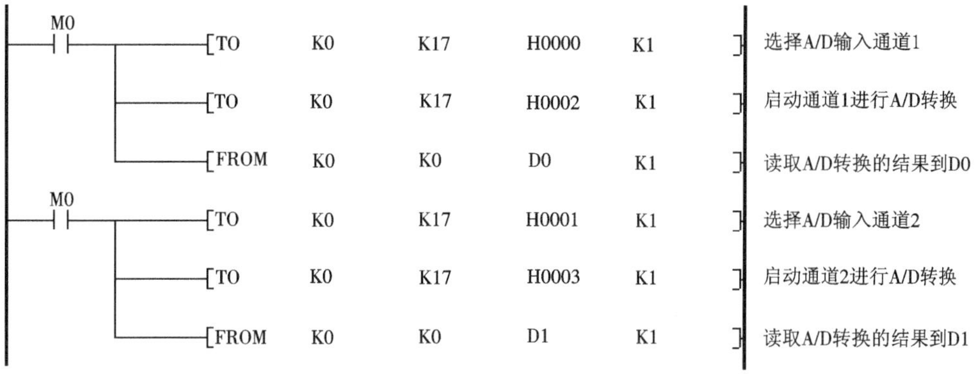

图 6.27　A/D 转换编程示例

分拣站变频器速度调节部分的程序如图 6.28 所示。

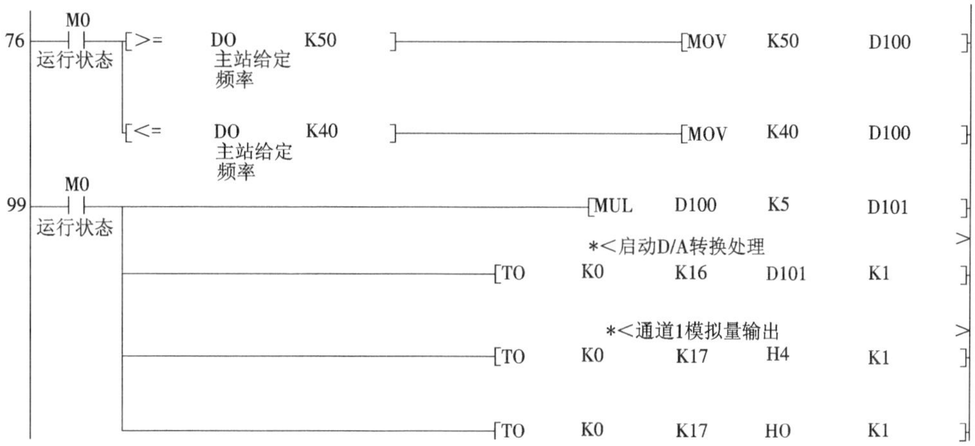

图 6.28　模拟量处理输出程序

项目7　输送单元安装与调试

7.1　输送单元的结构和工作过程

输送单元的功能是驱动抓取机械手装置精确定位到指定单元的物料台,使其在物料台上抓取工件,再把抓取到的工件输送到指定地点后放下。

YL-335B 出厂配置时,输送单元在网络系统中担任着主站的角色,它接收来自触摸屏的系统主令信号,读取网络上各从站的状态信息,加以综合后,向各从站发送控制要求,协调整个系统的工作。

输送单元由抓取机械手装置、直线运动传动组件、拖链装置、PLC 模块和接线端口以及按钮/指示灯模块等部件组成。图 7.1 是安装在工作台面上的输送单元装置侧部分。

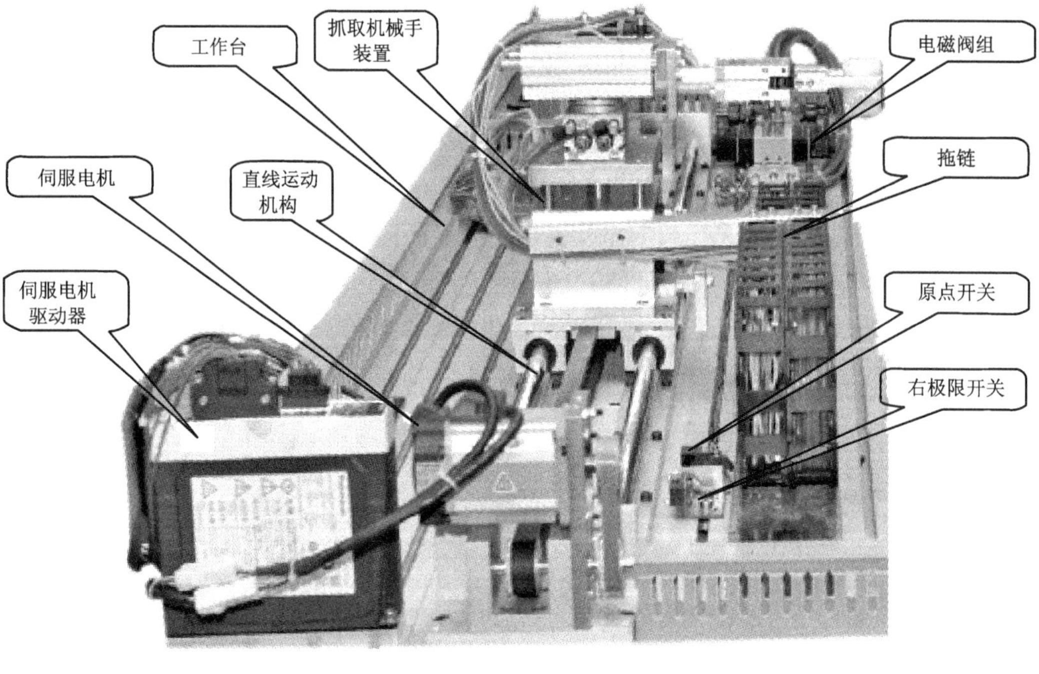

图 7.1　输送单元装置侧部分

1. 抓取机械手装置

抓取机械手装置是一个能实现三自由度运动(即升降、伸缩、气动手指夹紧/松开和沿垂直轴旋转的四维运动)的工作单元,该装置整体安装在直线运动传动组件的滑动溜板上,在传动组件带动下整体做直线往复运动,定位到其他各工作单元的物料台,然后完成抓取和放下工件的功能。图 7.2 是该装置实物图,其具体构成如下。

(1)气动手指:用于在各个工作站物料台上抓取/放下工件,由一个二位五通双向电控阀控制。

(2)伸缩气缸:用于驱动手臂伸出缩回,由一个二位五通单向电控阀控制。

(3)摆动气缸:用于驱动手臂正反向90°旋转,由一个二位五通双向电控阀控制。

(4)薄型气缸:用于驱动整个机械手提升与下降,由一个二位五通单向电控阀控制。

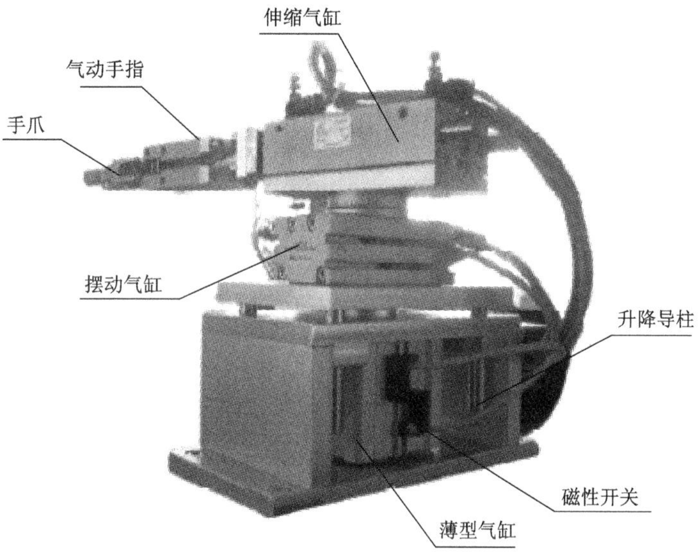

图7.2　抓取机械手装置

2. 直线运动传动组件

直线运动传动组件用以拖动抓取机械手装置做往复直线运动,完成精确定位的功能。图7.3是该组件的俯视图。图7.4给出了直线运动传动组件和抓取机械手装置组装起来的示意图。

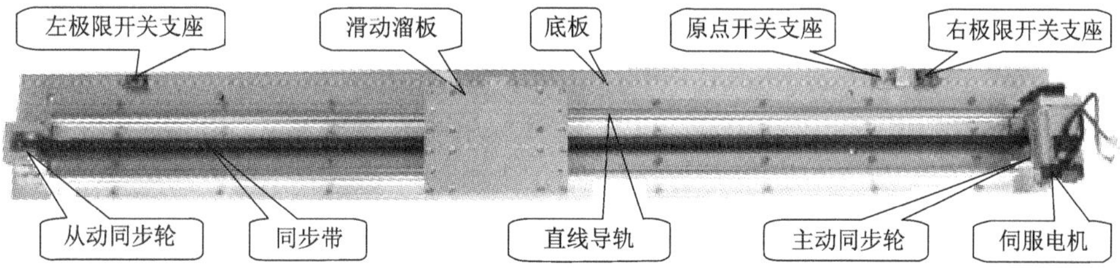

图7.3　直线运动传动组件图

传动组件由直线导轨、底板、伺服电机及伺服放大器、同步轮、同步带、滑动溜板、拖链带和原点接近开关、左右极限开关组成。

伺服电机由伺服电机放大器驱动,通过同步轮和同步带带动滑动溜板沿直线导轨做往复直线运动,从而带动固定在滑动溜板上的抓取机械手装置做往复直线运动。同步轮齿距为5 mm,共12个齿,即旋转一周搬运机械手位移60 mm。

抓取机械手装置上所有气管和导线沿拖链带敷设,进入线槽后分别连接到电磁阀组和接线端口上。原点接近开关和左、右极限开关安装在直线导轨底板上,如图7.5所示。

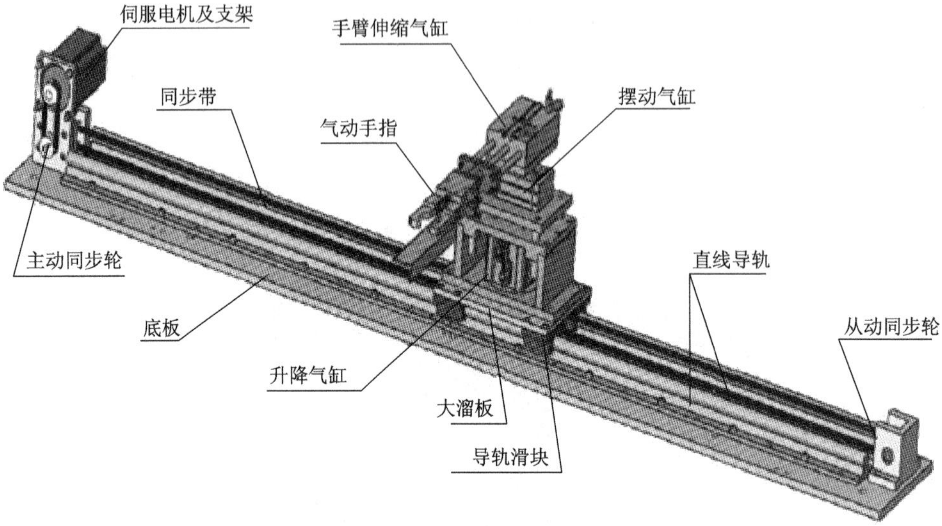

图 7.4　直线运动传动组件和机械手装置组装图

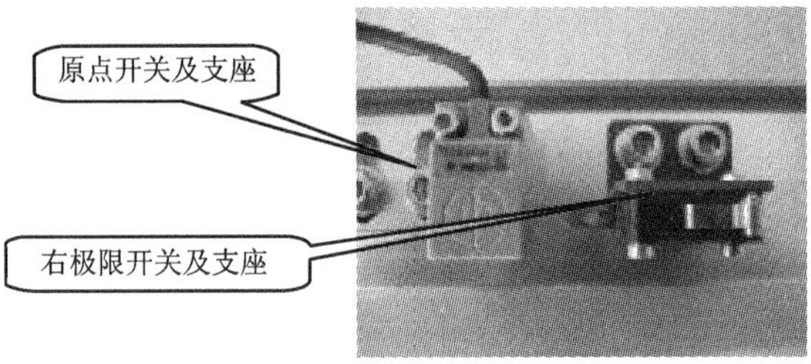

图 7.5　原点开关和右极限开关

原点接近开关是一个无触点的电感式接近传感器,用来提供直线运动的起始点信号,关于电感式接近传感器的工作原理及选用、安装注意事项请参阅项目 2(供料单元安装与调试)。

左、右极限开关均是有触点的微动开关,用来提供越程故障时的保护信号:当滑动溜板在运动中越过左或右极限位置时,极限开关会动作,从而向系统发出越程故障信号。

3. 气动控制回路

输送单元的抓取机械手装置上的所有气缸连接的气管沿拖链带敷设,插接到电磁阀组上,其气动控制回路如图 7.6 所示。

在气动控制回路中,驱动摆动气缸和气动手指气缸的电磁阀采用的是二位五通双电控电磁阀,电磁阀外形如图 7.7 所示。

双电控电磁阀与单电控电磁阀的区别在于,对于单电控电磁阀,在无电控信号时,阀芯在弹簧力的作用下会被复位,而对于双电控电磁阀,在两端都无电控信号时,阀芯的位置取决于前一个电控信号。

注意:双电控电磁阀的两个电控信号不能同时为"1",即在控制过程中不允许两个线圈同时得电,否则可能会造成电磁线圈烧毁,当然在这种情况下阀芯的位置是不确定的。

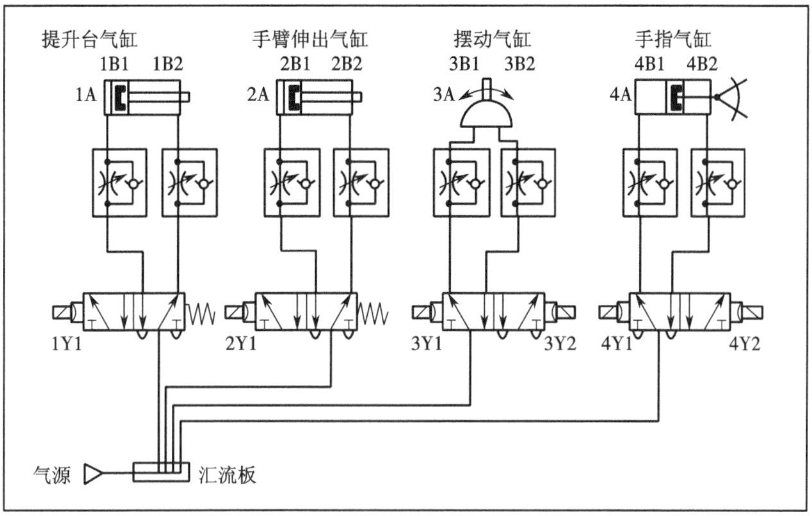

图7.6　输送单元气动控制回路原理图

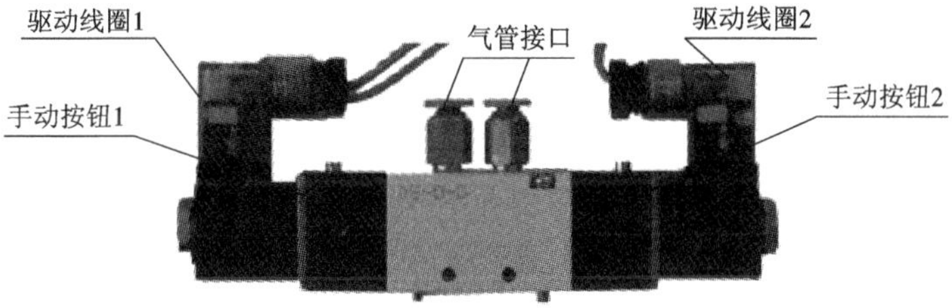

图7.7　双电控电磁阀示意图

7.2　输送单元的相关知识点

7.2.1　交流伺服系统概述

现代高性能的伺服系统，大多数采用永磁交流伺服系统，其中包括永磁同步交流伺服电机和全数字交流永磁同步伺服驱动器两部分。

1. 交流伺服电机的工作原理

伺服电机内部的转子是永磁铁，驱动器控制的 *U*、*V*、*W* 三相电形成电磁场，转子在此磁场的作用下转动，同时电机自带的编码器反馈信号给驱动器，驱动器根据反馈值与目标值进行比较，调整转子转动的角度。伺服电机的精度决定于编码器的精度（线数）。

交流永磁同步伺服驱动器主要由伺服控制单元、功率驱动单元、通信接口单元、伺服电机及相应的反馈检测器件组成，其中伺服控制单元包括位置控制器、速度控制器、转矩和电流控制器等，结构组成如图7.8所示。

伺服驱动器均采用数字信号处理器（DSP）作为控制核心，其优点是可以实现比较复杂的控制算法，实现数字化、网络化和智能化。功率器件普遍采用以智能功率模块（IPM）为核心设计的驱动电路，IPM 内部集成了驱动电路，同时具有过电压、过电流、过热、欠压等故障检测保护电路，在主回路中还加入软启动电路，以减小启动过程对驱动器的冲击。

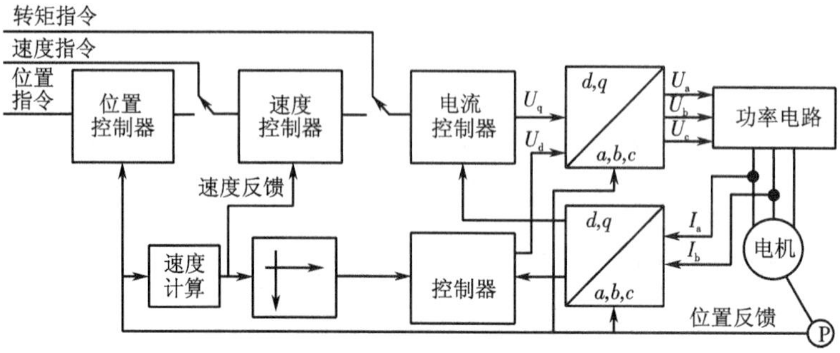

图 7.8　系统控制结构

功率驱动单元首先通过整流电路对输入的三相电或者市电进行整流，得到相应的直流电；再通过三相正弦电压型逆变器变频来驱动三相永磁式同步交流伺服电机。

逆变部分（DC-AC）采用功率器件集成驱动电路以及保护电路和功率开关于一体的智能功率模块，主要拓扑结构是三相桥式电路，原理如图 7.9 所示。利用脉宽调制技术即 PWM（Pulse Width Modulation）通过改变功率晶体管交替导通的时间来改变逆变器输出波形的频率，改变每半周期内晶体管的通断时间比，也就是说通过改变脉冲宽度来改变逆变器输出电压幅值的大小以达到调节功率的目的。

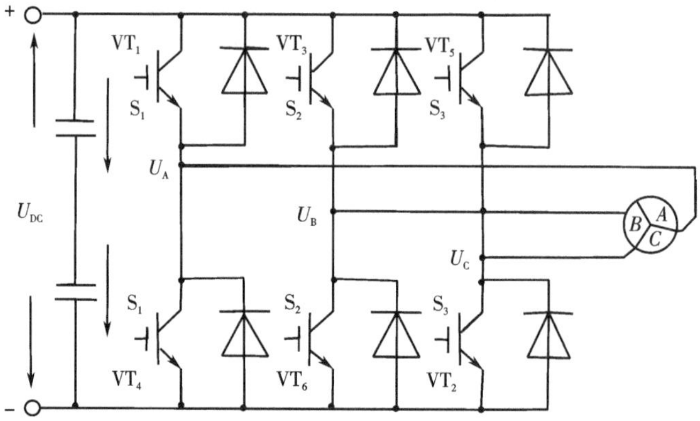

图 7.9　三相逆变电路

2. 交流伺服系统的位置控制模式

（1）伺服驱动器输出到伺服电机的三相电压波形基本是正弦波（高次谐波被绕组电感滤除），而不像步进电机那样是三相脉冲序列，即使从位置控制器输入的是脉冲信号。

（2）伺服系统用作定位控制时，位置指令输入位置控制器，速度控制器输入端前面的电子开关切换到位置控制器输出端，同样电流控制器输入端前面的电子开关切换到速度控制器输出端。因此，位置控制模式下的伺服系统是一个三闭环控制系统，两个内环分别是电流环和速度环。

由自动控制理论可知，这样的系统结构提高了系统的快速性、稳定性和抗干扰能力。在足够高的开环增益下，系统的稳态误差接近于零。这就是说，在稳态时伺服电机以指令脉冲和反馈脉冲近似相等时的速度运行。反之，在达到稳态前，系统将在偏差信号作用下驱动电机加速或减速。若指令脉冲突然消失（例如紧急停车时，PLC 立即停止向伺服驱动器发出驱动脉冲），伺服电机仍会运行到反馈脉冲数等于指令脉冲消失前的脉冲数才停止。

3. 位置控制模式下电子齿轮的概念

位置控制模式下，等效的单闭环系统方框图如图 7.10 所示。图中，指令脉冲信号和电机编码器反馈脉冲信号进入驱动器后，均通过电子齿轮变换才进行偏差计算。电子齿轮实际是一个分－倍频器，合理搭配它们的分－倍频值，可以灵活地设置指令脉冲的行程。

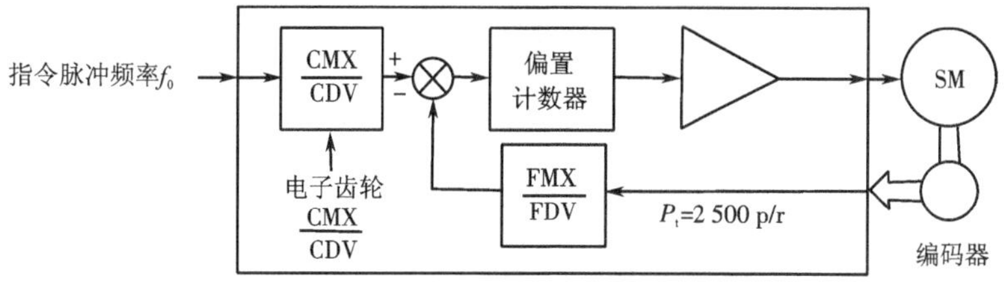

图 7.10　等效的单闭环位置控制系统方框图

例如 YL－335B 所使用的松下 MINASA4 系列 AC 伺服电机/驱动器，电机编码器反馈脉冲为 2 500 p/r。缺省情况下，驱动器反馈脉冲电子齿轮分－倍频值为 4 倍频。如果希望指令脉冲为 6 000 p/r，就应把指令脉冲电子齿轮的分－倍频值设置为 10 000/6 000，从而实现 PLC 每输出 6 000 个脉冲，伺服电机旋转一周、驱动机械手恰好移动 60 mm 的整数倍关系。具体设置方法将在下一节说明。

7.2.2　松下 MINASA4 系列 AC 伺服电机及驱动器

在 YL－335B 的输送单元中，采用了松下 MHMD022P1U 永磁同步交流伺服电机及 MADDT1207003 全数字交流永磁同步伺服驱动装置作为运输机械手的运动控制装置。

MHMD022P1U 的含义：MHMD 表示电机类型为大惯量，02 表示电机的额定功率为 200 W，2 表示电压规格为 200 V，P 表示编码器为增量式编码器，脉冲数为 2 500 p/r，分辨率为 10 000，输出信号线数为 5 根。

MADDT1207003 的含义：MADDT 表示松下 A4 系列 A 型驱动器，T1 表示最大瞬时输出电流为 10 A，2 表示电源电压规格为单相 200 V，07 表示电流监测器额定电流为 7.5 A，003 表示脉冲控制专用。

驱动器的外观和面板如图 7.11 所示。

X1：电源输入接口，AC 220 V 电源连接到 L1、L3 主电源端子，同时连接到控制电源端子 L1C、L2C 上。

X2：电机接口和外置再生放电电阻器接口。U、V、W 端子用于连接电机。必须注意，电源电压务必按照驱动器铭牌上的指示，电机接线端子（U、V、W）不可以接地或短路，交流伺服电机的旋转方向不像感应电机可以通过交换三相相序来改变，必须保证驱动器上的 U、V、W、E 接线端子与电机主回路接线端子按规定的次序一一对应，否则可能造成驱动器的损坏。电机的接线端子和驱动器的接地端子以及滤波器的接地端子必须保证可靠地连接到同

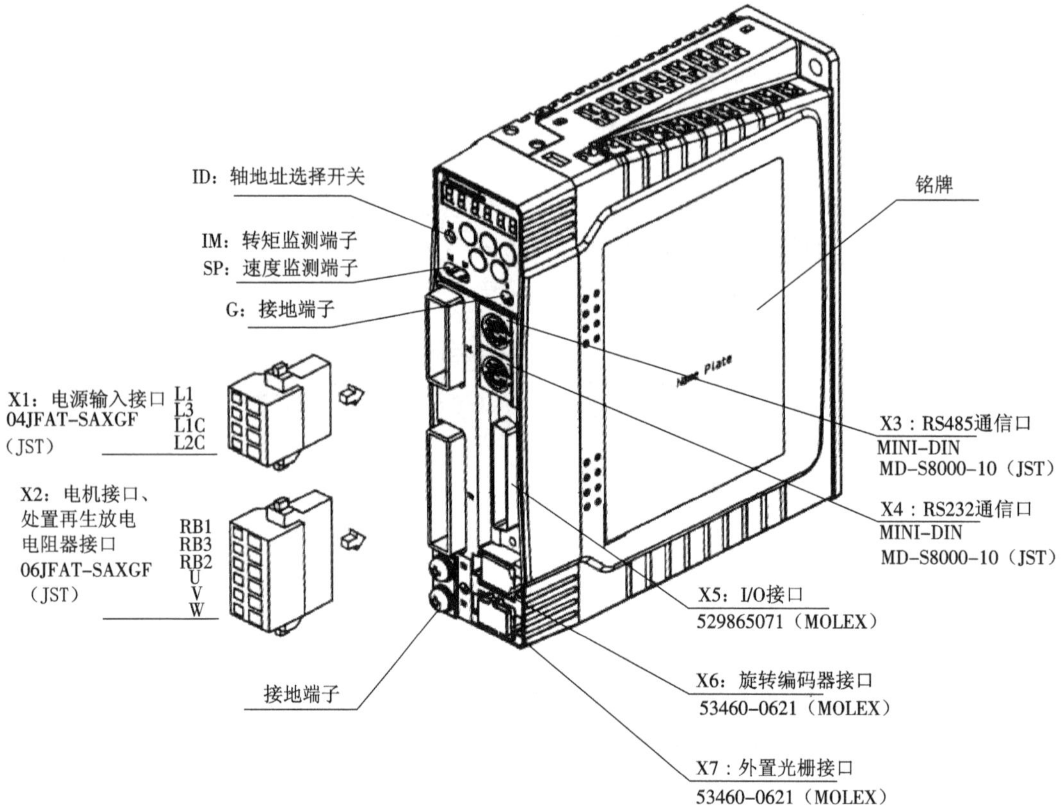

图 7.11　伺服驱动器的外观和面板图

一个接地点上，机身也必须接地。RB1、RB2、RB3 端子是外接放电电阻，MADDT1207003 的规格为 100 Ω/10 W，YL－335B 没有使用外接放电电阻。

X6：旋转编码器接口，连接电缆应选用带有屏蔽层的双绞电缆，屏蔽层应接到电机侧的接地端子上，并且应确保将编码器电缆屏蔽层连接到插头的外壳(FG)上。

X5：I/O 接口，其部分引脚信号定义与选择的控制模式有关，不同模式下的接线请参考《松下 A 系列伺服电机手册》。YL－335B 输送单元中伺服电机用于定位控制，选用位置控制模式，如图 7.12 所示。

松下的伺服驱动器有七种控制运行方式，即位置控制、速度控制、转矩控制、位置/速度控制、位置/转矩控制、速度/转矩控制、全闭环控制。位置方式就是输入脉冲串使电机定位运行，电机转速与脉冲串频率相关，电机转动的角度与脉冲个数相关；速度方式有两种，一是通过输入直流 －10 ～ ＋10 V 指令电压调速，二是选用驱动器内设置的内部速度来调速；转矩方式是通过输入直流 －10 ～ ＋10 V 指令电压调节电机的输出转矩，这种方式下运行必须要进行速度限制，方法有通过设置驱动器内的参数来限制和输入模拟量电压限速。

MADDT1207003 伺服驱动器的参数共有 128 个，Pr00 ～ Pr7F，可以通过与 PC 连接后在专门的调试软件上进行设置，也可以在驱动器的面板上进行设置。

在 YL－335B 上，伺服驱动装置工作于位置控制模式，FX_{2N}－48MT 的 Y000 输出脉冲作为伺服驱动器的位置指令，脉冲的数量决定伺服电机的旋转位移，即机械手的直线位移，脉冲的频率决定了伺服电机的旋转速度，即机械手的运动速度，S7－226 的 Q0.1 输出脉冲作为伺服驱动器的方向指令。如果控制要求较为简单，伺服驱动器可采用自动增益调整模式。伺服驱动器参数设置见表7.1。

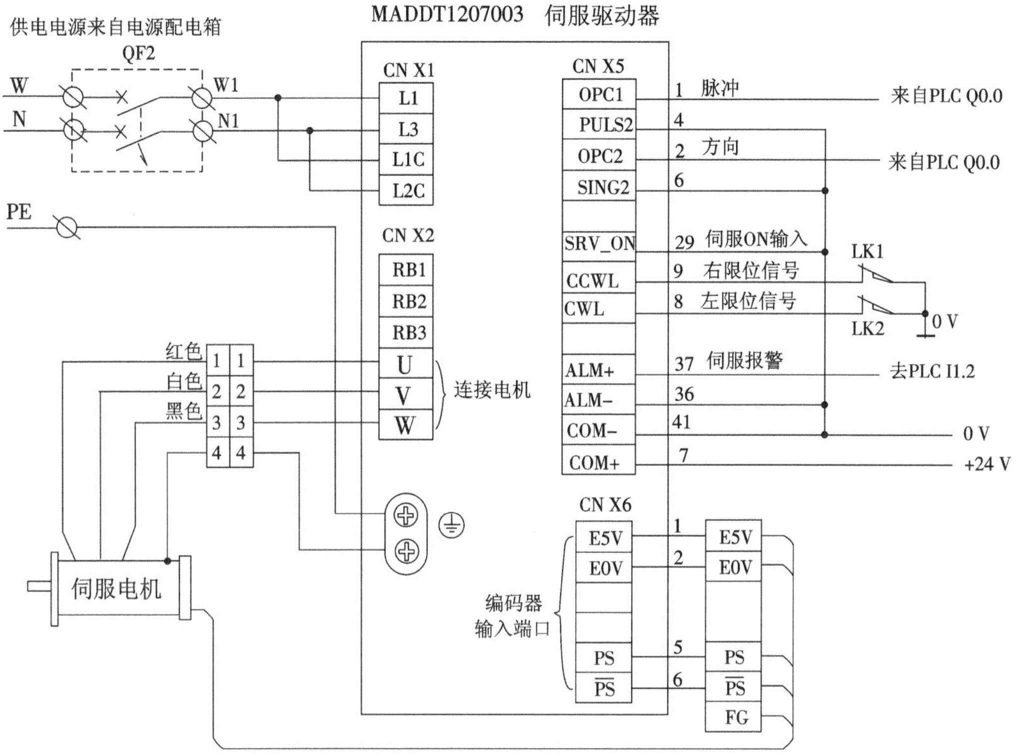

图7.12 伺服驱动器电气接线图

表7.1 伺服驱动器参数设置

序号	参数		设置数值	功能和含义
	参数编号	参数名称		
1	Pr01	LED初始状态	1	显示电机转速
2	Pr02	控制模式	0	位置控制(相关代码P)
3	Pr04	行程限位禁止输入信号无效设置	2	当左或右限位动作时，则会发生Err38行程限位禁止输入信号出错报警。设置此参数值必须在控制电源断电重启之后才能修改、写入成功
4	Pr20	惯量比	1 678	该值自动调整得到
5	Pr21	实时自动增益设置	1	实时自动调整为常规模式，运行时负载惯量的变化情况很小
6	Pr22	实时自动增益的机械刚性选择	1	此参数值设得越大，响应越快

续表

序号	参数		设置数值	功能和含义
	参数编号	参数名称		
7	Pr41	指令脉冲旋转方向设置	1	指令脉冲＋指令方向。设置此参数值必须在控制电源断电重启之后才能修改、写入成功
8	Pr42	指令脉冲输入方式	3	指令脉冲 + 指令方向 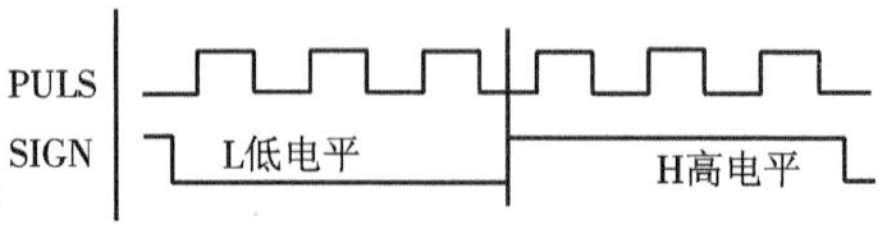
9	Pr48	指令脉冲分倍频第1分子	10 000	每转所需指令脉冲数＝编码器分辨率×$\frac{Pr4B}{Pr48\times2^{Pr4A}}$ 现编码器分辨率为10 000(2 500p/r×4)，参数设置如表，则 每转所需指令脉冲数＝10 000×$\frac{Pr4B}{Pr48\times2^{Pr4A}}$ ＝10 000×$\frac{5\ 000}{10\ 000\times2^{0}}$＝5 000
10	Pr49	指令脉冲分倍频第2分子	0	
11	Pr4A	指令脉冲分倍频分子倍率	0	
12	Pr4B	指令脉冲分倍频分母	6 000	

MADDT1207003伺服驱动器面板各个按钮的说明见表7.2。

表7.2　伺服驱动器面板按钮的说明

按键说明	激活条件	功　能
MODE	在模式显示时有效	在以下五种模式之间切换：①监视器模式；②参数设置模式；③EEP-ROM写入模式；④自动调整模式；⑤辅助功能模式
SET	一直有效	用来在模式显示和执行显示之间切换
▲　▼	仅对小数点闪烁的那一位数据位有效	改变各模式里的显示内容、更改参数、选择参数或执行选中的操作
◀		把移动的小数点移动到更高位数

面板操作说明如下。

(1)参数设置，先按"SET"键，再按"MODE"键选择到"Pr00"后，按向上、向下或向左的方向键选择通用参数的项目，按"SET"键进入；然后按向上、向下或向左的方向键调整参数，调整完后，按"S"键返回。选择其他项再调整。

(2)参数保存，按"M"键选择到"EE－SET"后按"SET"键确认，出现"EEP　－"，然后按向上键3 s，出现"FINISH"或"RESET"，然后重新上电即保存。

(3)手动"JOG" 运行，按"MODE"键选择到"AF－ACL"，然后按向上、向下键选择到"AFJOG"按"SET"键一次，显示"JOG　－"，然后按向上键3 s显示"ready"，再按向左键3 s出现"sur-on"锁紧轴，按向上、向下键，点击正反转。注意先将S－ON断开。

7.2.3　FX_{1N}的脉冲输出功能及位控编程

晶体管输出的 FX_{1N}系列 PLC CPU 单元支持高速脉冲输出功能，但仅限于 Y000 点和 Y001 点，输出脉冲的频率最高可达 100 kHz。

对输送单元步进电机的控制主要是返回原点和定位控制，可以使用 FX_{1N}的脉冲输出指令 FNC57(PLSY)、带加减速的脉冲输出指令 FNC59(PLSR)、可变速脉冲输出指令 FNC157(PLSV)、原点回归指令 FNC156(ZRN)、相对位置控制指令 FNC158(DRVI)、绝对位置控制指令 FNC158(DRVA)来实现。这里只介绍后面三条指令，其他指令请参考编程手册。

1. 原点回归指令 FNC156(ZRN)

当 PLC 断电时，寄存器中的原点数据会消失，因此上电时和初始运行时，必须执行原点回归指令将机械动作原点位置的数据事先写入。指令格式示例如图 7.13 所示。

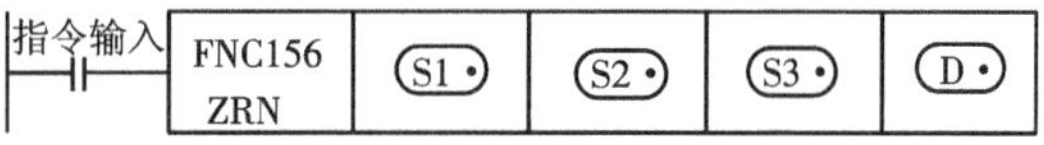

图 7.13　原点回归指令格式

1)指令格式说明

(1)S1·：原点回归速度，指定原点回归开始的速度。

[16 位指令]：10 ~ 32 767(Hz)

[32 位指令]：10 ~ 100(kHz)

(2)S2·：爬行速度，指定近点信号(DOG)变为 ON 后的低速部分的速度。

(3)S3·：近点信号，指定近点信号输入。当指令输入继电器(X)以外的元件时，由于会受到 PLC 运算周期的影响，会引起原点位置的偏移增大。

(4)D·：指定有脉冲输出的 Y 编号(仅限于 Y000 或 Y001)。

2)原点回归动作顺序

原点回归动作顺序可参照图 7.14，说明如下。

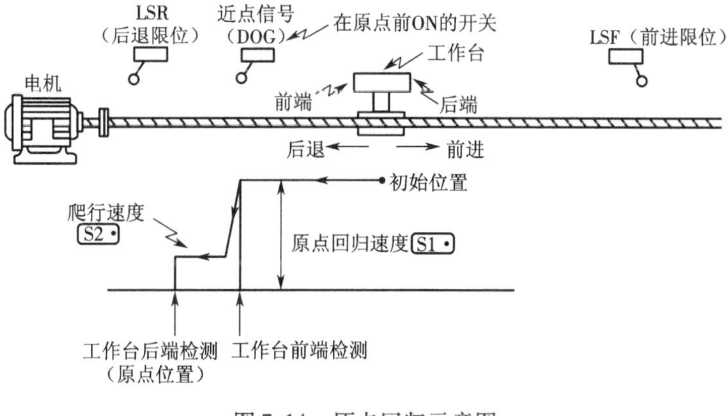

图 7.14　原点回归示意图

(1)驱动指令后，以原点回归速度S1·开始移动。当在原点回归过程中，指令驱动接点变 OFF 状态时，将不减速而停止；指令驱动接点变为 OFF 后，在脉冲输出中监控"Y000：M8147，Y001：M8148"处于 ON 时，将不接受指令的再次驱动。

(2)当近点信号(DOG)由 OFF 变为 ON 时,减速至爬行速度S2·。

(3)当近点信号(DOG)由 ON 变为 OFF 时,在停止脉冲输出的同时,向当前值寄存器“Y000:[D8141,D8140],Y001:[D8143,D8142]”中写入 0。另外,M8140(清零信号输出功能)ON 时,同时输出清零信号。随后,当执行完成标志(M8029)动作的同时,脉冲输出中监控变为 OFF。

2. 相对位置控制指令 FNC158(DRVI)

此指令是以相对驱动方式执行单速位置控制的指令。指令格式如图 7.15 所示。

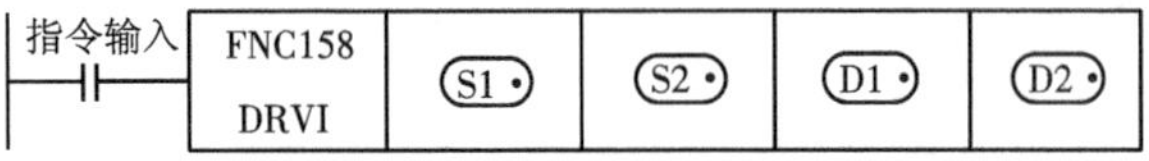

图 7.15 相对位置控制指令格式

1)指令格式说明

(1)S1·:输出脉冲数(相对指定)。

(2)S2·:输出脉冲数。

(3)D1·:脉冲输出起始地址,仅适用于 Y000、Y001 两个输出点。

(4)D2·:旋转方向信号输出起始地址。

输出脉冲数指定S1·,以对应下面的当前值寄存器作为相对位置:

向[Y000]输出时→[D8141(高位),D8140(低位)](使用 32 位)

向[Y001]输出时→[D8143(高位),D8142(低位)](使用 32 位)

反转时,当前值寄存器的数值减小。

旋转方向通过输出脉冲数S1·的正负符号指令。

在指令执行过程中,即使改变操作数的内容,也无法在当前运行中表现出来,只能在下一次指令执行时才有效。

若指令执行过程中,指令驱动的接点变为 OFF,则将减速停止,此时执行完成标志 M8029 不动作。

指令驱动接点变为 OFF 后,在脉冲输出中标志“Y000:[M8147],Y001:[M8148]”处于 ON 时,将不接受指令的再次驱动。

此外,在编程相对位置控制指令时还要注意各操作数的相互配合:

(1)加减速时的变速级数固定在 10 级,故一次变速量是最高频率的 1/10,因此设定最高频率时应考虑在步进电机不失步的范围内;

(2)加减速时间至少不小于 PLC 的扫描时间最大值(D8012 值)的 10 倍,否则加减速各级时间不均等。

3. 绝对位置控制指令 FNC159(DRVA)

此指令是以绝对驱动方式执行单速位置控制的指令,指令格式如图 7.16 所示。

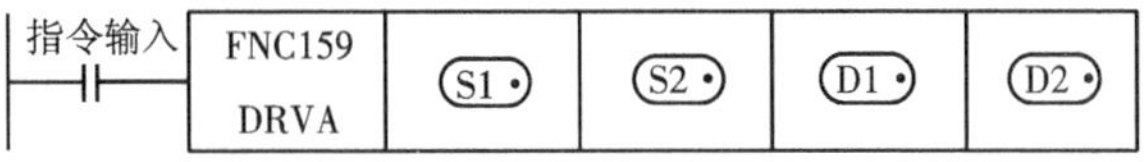

图 7.16 绝对位置控制指令格式

1)指令格式说明

(1)S1·:输出脉冲数(绝对指令)。

(2)(S2·):输出脉冲数。

(3)(D1·):脉冲输出起始地址,仅适用于 Y000、Y001 两个输出点。

(4)(D2·):旋转方向信号输出起始地址。

目标位置指令(S1·),以对应下面的当前值寄存器作为绝对位置:

向[Y000]输出时→[D8141(高位),D8140(低位)](使用32位)

向[Y001]输出时→[D8143(高位),D8142(低位)](使用32位)

反转时,当前值寄存器的数值减小。

旋转方向通过输出脉冲数(S1·)的正负符号指令。

在指令执行过程中,即使改变操作数的内容,也无法在当前运行中表现出来,只能在下一次指令执行时才有效。

若指令执行过程中,指令驱动的接点变为 OFF,则将减速停止,此时执行完成标志 M8029 不动作。

指令驱动接点变为 OFF 后,在脉冲输出中标志“Y000:[M8147],Y001:[M8148]”处于 ON 时,将不接受指令的再次驱动。

4. 与脉冲输出功能有关的主要特殊内部存储器

(1)[D8141,D8140] 输出至 Y000 的脉冲总数。

(2)[D8143,D8142] 输出至 Y001 的脉冲总数。

(3)[D8136,D8137] 输出至 Y000 和 Y001 的脉冲总数。

(4)[M8145] Y000 脉冲输出停止(立即停止)。

(5)[M8146] Y001 脉冲输出停止(立即停止)。

(6)[M8147] Y000 脉冲输出中监控。

(7)[M8148] Y001 脉冲输出中监控。

各个数据寄存器内容可以利用“(D)MOV K0 D81□□”执行清除。

7.3 输送单元安装技能训练

1. 机械结构安装

为了提高安装的速度和准确性,对本单元的安装同样遵循先装成组件,再进行总装的原则。

1)组装直线运动组件的步骤

(1)在底板上装配直线导轨:直线导轨是精密机械运动部件,其安装、调整都要遵循一定的方法和步骤,而且输送单元中使用的导轨的长度较长,要快速准确地调整好两导轨的相互位置,使其运动平稳、受力均匀、运动噪声小。

(2)装配大溜板、四个滑块组件:将大溜板与两直线导轨上的四个滑块的位置找准并进行固定,在拧紧固定螺栓的时候,应一边推动大溜板左右运动,一边拧紧螺栓,直到滑动顺畅为止。

(3)连接同步带:将连接了四个滑块的大溜板从导轨的一端取出,由于用于滚动的钢球嵌在滑块的橡胶套内,一定要避免橡胶套受到破坏或用力太大致使钢球掉落,将两个同步带固定座安装在大溜板的反面,用于固定同步带的两端;接下来分别将调整端同步轮安装支架组件、电机侧同步轮安装支架组件上的同步轮,套入同步带的两端,在此过程中应注意电机侧同步轮安装支架组件的安装方向、两组件的相对位置,并将同步带两端分别固定在各自的固定座内,同时也要注意保持连接安装好后的同步带平顺一致;完成以上安装任务后,再将滑块套在柱形导轨上,套入时一定不能损坏滑块内的滑动滚珠以及保持架。

(4)同步轮安装支架组件装配:先将电机侧同步轮安装支架组件用螺栓固定在导轨安装底板上,再将调整端同步轮安装支架组件与底板连接,然后调整好同步带的张紧度,锁紧螺栓。

(5)安装伺服电机:将电机安装板固定在电机侧同步轮支架组件的相应位置,将电机与电机安装板活动连接,并在主动轴、电机轴上分别套接同步轮,安装好同步带,调整电机位置,锁紧连接螺栓,最后安装左右限位以及原点传感器支架。

注意:在以上各构成零件中,轴承以及轴承座均为精密机械零部件,拆卸以及组装需要较熟练的技能和专用工具,因此不可轻易对其进行拆卸或修配工作,图 7. 2 展示了完成装配的直线运动组件。

2)组装机械手装置

(1)提升机构组装如图 7. 17 所示。

(2)把气动摆台固定在组装好的提升机构上,然后在气动摆台上固定导杆气缸安装板,安装时注意要先找好导杆气缸安装板与气动摆台连接的原始位置,以便有足够的回转角度。

(3)连接气动手指和导杆气缸,然后把导杆气缸固定到导杆气缸安装板上,完成抓取机械手装置的装配。

(4)把抓取机械手装置固定到直线运动组件的大溜板,如图 7. 18 所示。最后,检查摆台上的导杆气缸、气动手指组件的回转位置是否满足在其余各工作站上抓取和放下工件的要求,进行适当的调整。

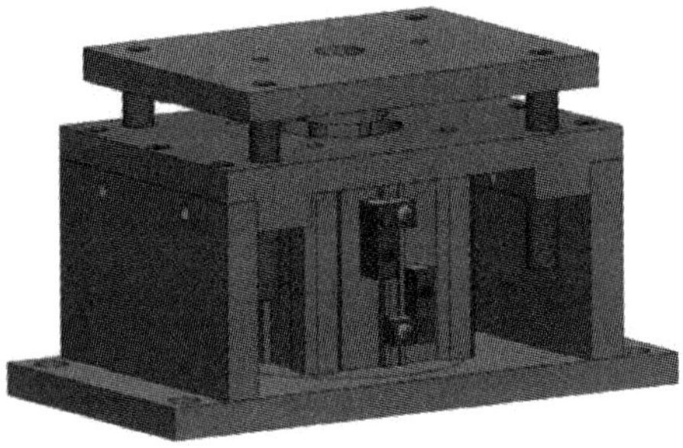

图 7. 17　提升机构组装

图 7. 18　装配完成的抓取机械手装置

2. 气路连接和电气配线敷设

当抓取机械手装置做往复运动时,连接到机械手装置上的气管和电气连接线也随之运动。确保这些气管和电气连接线运动顺畅,不会在移动过程中拉伤或脱落是安装过程中重要的一环。

连接到机械手装置上的管线首先绑扎在拖链安装支架上,然后沿拖链敷设,进入管线线槽中。绑扎管线时要注意管线引出端到绑扎处保持足够长度,以免机构运动时被拉紧造成脱落。沿拖链敷设时注意管线间不要相互交叉。

图 7. 19 为装配完成的输送单元装配侧。

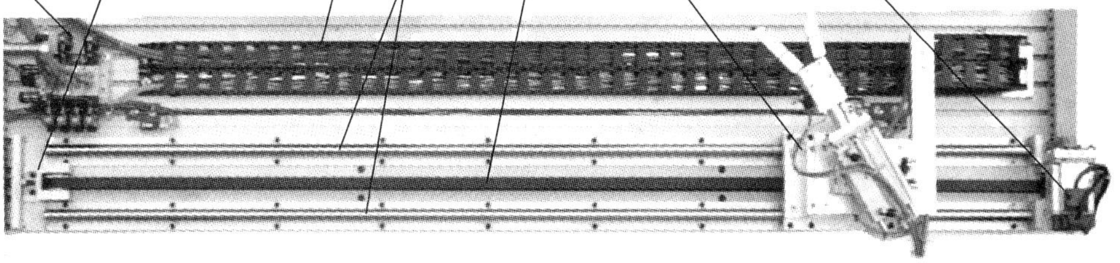

图7.19　装配完成的输送单元装配侧

7.4　输送单元的PLC控制系统

7.4.1　工作任务

1. 任务说明

输送单元在通电后，按下复位按钮SB1，执行复位操作，使抓取机械手装置回到原点位置。在复位过程中，"正常工作"指示灯HL1以1 Hz的频率闪烁。

当抓取机械手装置回到原点位置，且输送单元各个气缸满足初始位置的要求时，则复位完成，"正常工作"指示灯HL1常亮。按下启动按钮SB2，设备启动，"设备运行"指示灯HL2也常亮，开始功能测试过程。

2. 正常运行功能测试

(1)抓取机械手装置从供料站出料台抓取工件，抓取的顺序是手臂伸出→手爪夹紧抓取工件→提升台上升→手臂缩回。

(2)抓取动作完成后，伺服电机驱动机械手装置向加工站移动，移动速度不小于300 mm/s。

(3)机械手装置移动到加工站物料台的正前方后，即把工件放到加工站物料台上。抓取机械手装置在加工站放下工件的顺序是手臂伸出→提升台下降→手爪松开放下工件→手臂缩回。

(4)放下工件动作完成2 s后，抓取机械手装置执行抓取加工站工件的操作。抓取的顺序与供料站抓取工件的顺序相同。

(5)抓取动作完成后，伺服电机驱动机械手装置移动到装配站物料台的正前方，然后把工件放到装配站物料台上。其动作顺序与在加工站放下工件的顺序相同。

(6)放下工件动作完成2 s后，抓取机械手装置执行抓取装配站工件的操作，抓取的顺序与供料站抓取工件的顺序相同。

(7)机械手手臂缩回后，摆台逆时针旋转90°，伺服电机驱动机械手装置从装配站向分拣站运送工件，到达分拣站传送带上方入料口后把工件放下。其动作顺序与在加工站放下工件的顺序相同。

(8)放下工件动作完成后，机械手手臂缩回，然后执行返回原点的操作。伺服电机驱动机械手装置以400 mm/s的速度返回，返回900 mm后，摆台顺时针旋转90°，然后以100 mm/s的速度低速返回原点停止。

当抓取机械手装置返回原点后，一个测试周期结束。当供料单元的出料台上放置了工件时，再按一次启动按钮SB2，开始新一轮的测试。

3. 非正常运行的功能测试

若在工作过程中按下急停按钮 QS，则系统立即停止运行。在急停复位后，应从急停前的断点开始继续运行。但是若急停按钮按下时，输送站机械手装置正在向某一目标点移动，则急停复位后输送站机械手装置应首先返回原点位置，然后再向原目标点运动。

在急停状态，绿色指示灯 HL2 以 1 Hz 的频率闪烁，直到急停复位后恢复正常运行时，HL2 恢复常亮。

7.4.2 PLC 的选型和 I/O 接线

由于需要输出驱动伺服电机的高速脉冲，PLC 应采用晶体管输出型。表 7.3 给出了 PLC 的 I/O 信号表，I/O 接线原理如图 7.20 所示。

图 7.20 中，左右两极限开关 K2 和 K1 的常开触点分别连接到 PLC 输入点 X002 和 X001。必须注意的是，K2、K1 均提供一对转换触点，它们的静触点应连接到公共点 COM，而常闭触点必须连接到伺服驱动器的控制端口 CNX5 的 CCWL(9 脚)和 CWL(8 脚)作为硬连锁保护，目的是防范由于程序错误引起冲极限故障而造成设备损坏。

表 7.3 输送单元 PLC 的 I/O 信号表

输入信号				输出信号			
序号	PLC 输入点	信号名称	信号来源	序号	PLC 输出点	信号名称	信号来源
1	X000	原点传感器检测	装置侧	1	Y000	脉冲控制	装置侧
2	X001	右限位保护		2	Y001	方向控制	
3	X002	左限位保护		3	Y002		
4	X003	机械手抬升下限检测		4	Y003	抬升台上升电磁阀	
5	X004	机械手抬升上限检测		5	Y004	回转气缸左旋电磁阀	
6	X005	机械手旋转左限检测		6	Y005	回转气缸右旋电磁阀	
7	X006	机械手旋转右限检测		7	Y006	手爪伸出电磁阀	
8	X007	机械手伸出检测		8	Y007	手爪夹紧电磁阀	
9	X010	机械手缩回检测		9	Y010	手爪放松电磁阀	
10	X011	机械手夹紧检测		10	Y011		
11	X012	伺服报警		11	Y012		
12	X013～X023 未接线			12	Y013		
13				13	Y014		
14				14	Y015	报警指示	按钮/指示灯模块
15				15	Y016	运行指示	
16				16	Y017	停止指示	
17							
21	X024	启动按钮	按钮/指示灯模块				
22	X025	复位按钮					
23	X026	急停按钮					
24	X027	方式选择					

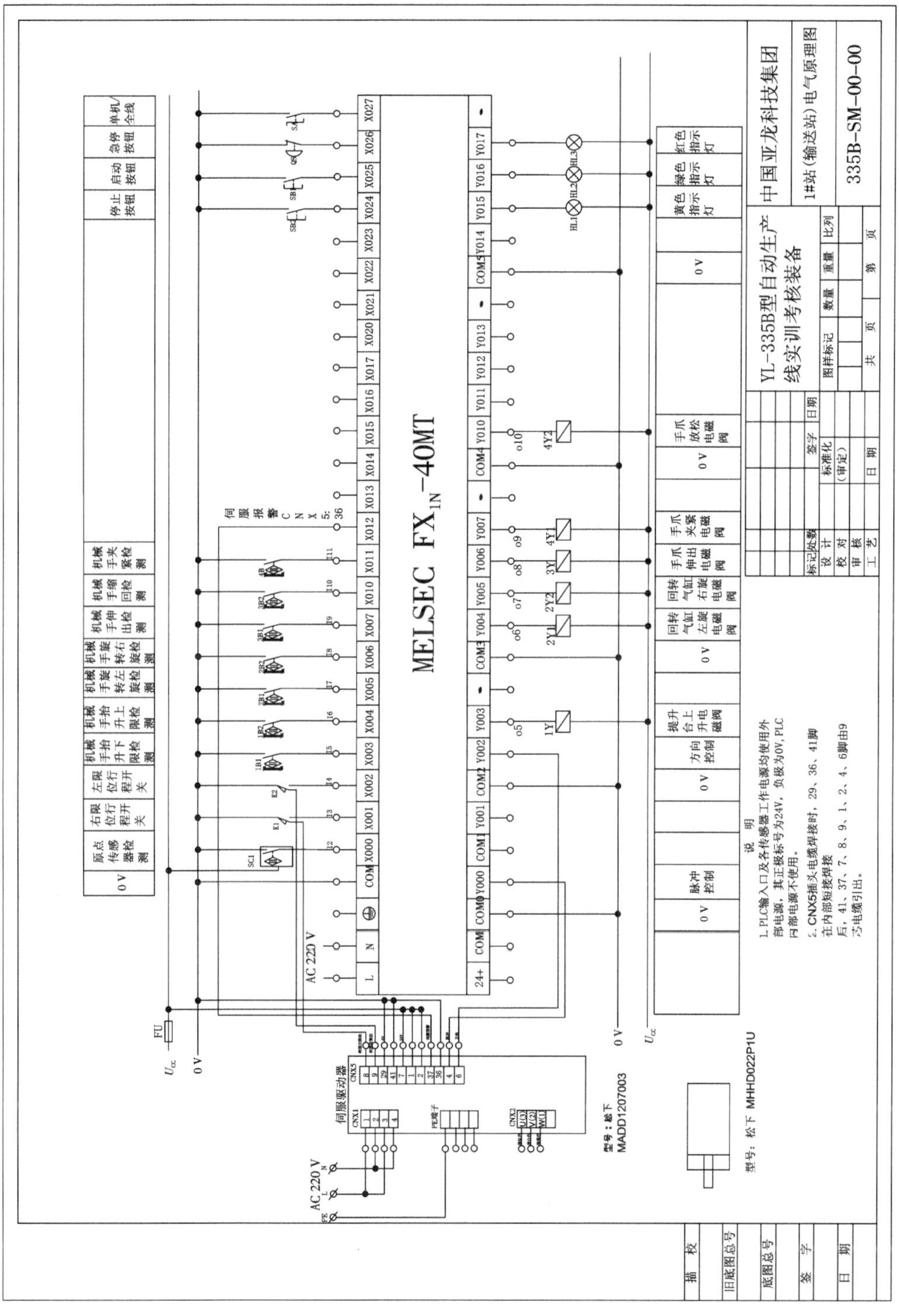

图 7.20 输送单元 PLC 接线原理图

晶体管输出的 FX_{1N}系列 PLC，供电电源采用 AC 220 V 电源，与前面各工作单元的继电器输出的 PLC 相同。完成系统的电气接线后，尚须对伺服电机驱动器进行参数设置，如表 7.4 所示。

表 7.4　伺服电机驱动器参数设置表

<table>
<tr><th rowspan="2">序号</th><th colspan="2">参数</th><th rowspan="2">设置值</th><th rowspan="2">功能和含义</th></tr>
<tr><th>参数</th><th>参数名称</th></tr>
<tr><td>1</td><td>Pr4</td><td>行程限位禁止输入无效设置</td><td>2</td><td>当有左或右限位动作时，则会发生 Err38 行程限位禁止输入信号出错报警。设置此参数值必须在控制电源断电重启之后才能修改、写入成功</td></tr>
<tr><td>2</td><td>Pr20</td><td>惯量比</td><td>1 678</td><td>该值自动调整得到，具体请参见《AC 伺服电机・驱动器使用说明书》第 82 页</td></tr>
<tr><td>3</td><td>Pr21</td><td>实时自动增益设置</td><td>1</td><td>实时自动调整为常规模式，运行时负载惯量的变化情况很小</td></tr>
<tr><td>4</td><td>Pr22</td><td>实时自动增益的机械刚性选择</td><td>1</td><td>此参数值设得越大，响应越快</td></tr>
<tr><td>5</td><td>Pr41</td><td>指令脉冲旋转方向设置</td><td>0</td><td rowspan="2">指令脉冲 + 指令方向。设置此参数值必须在控制电源断电重启之后才能修改、写入成功</td></tr>
<tr><td>6</td><td>Pr42</td><td>指令脉冲输入方式</td><td>3</td></tr>
<tr><td>7</td><td>Pr4B</td><td>指令脉冲分倍频分母</td><td>6 000</td><td>如果 Pr48 或 Pr49 = 0，Pr4B 即可设为电机每转一圈所需的指令脉冲数</td></tr>
</table>

输送单元程序控制的关键点是伺服电机的定位控制，本程序采用 FX_{1N}绝对位置控制指令来定位，因此需要知道各工位的绝对位置脉冲数。

7.4.3　PLC 程序的编写与调试

1. 主程序的编写

从工作任务可以看到，输送单元传送工件的过程是一个步进顺序控制过程，包括两个方面，一是步进电机驱动抓取机械手的定位控制，二是机械手到各工作单元物料台上抓取或放下工件，其中前者是关键。本程序采用 FX_{1N}绝对位置控制指令来定位。因此需要知道各工位的绝对位置脉冲数。若步进驱动器的细分设置为 10 000 p/r，数据如表 7.5 所示。

表 7.5　伺服电机运行的运动位置

序号	站　点	站点间位移/mm	脉冲量	移动方向
0	低速回零(ZRN)			
1	ZRN(零位)→供料站	22	2 200	
2	供料站→加工站	430	43 000	DIR
3	供料站→装配站	780	78 000	DIR
4	供料站→分拣站	1 040	104 000	DIR

传送工件的顺控过程是否进行，取决于系统是否在运行状态、急停按钮是否正常以及急停复位后的处理是否结束。为此，须建立一个主控过程允许执行的标志 M20，只有当 M20

被置位时，才能运行步进顺控过程。

由此可见，系统主程序应包括上电初始化、复位过程（子程序）、准备就绪后投入运行、检查及处理急停等阶段，最后判断 M20 是否为 ON。图 7.21 列出了这几部分程序的清单。

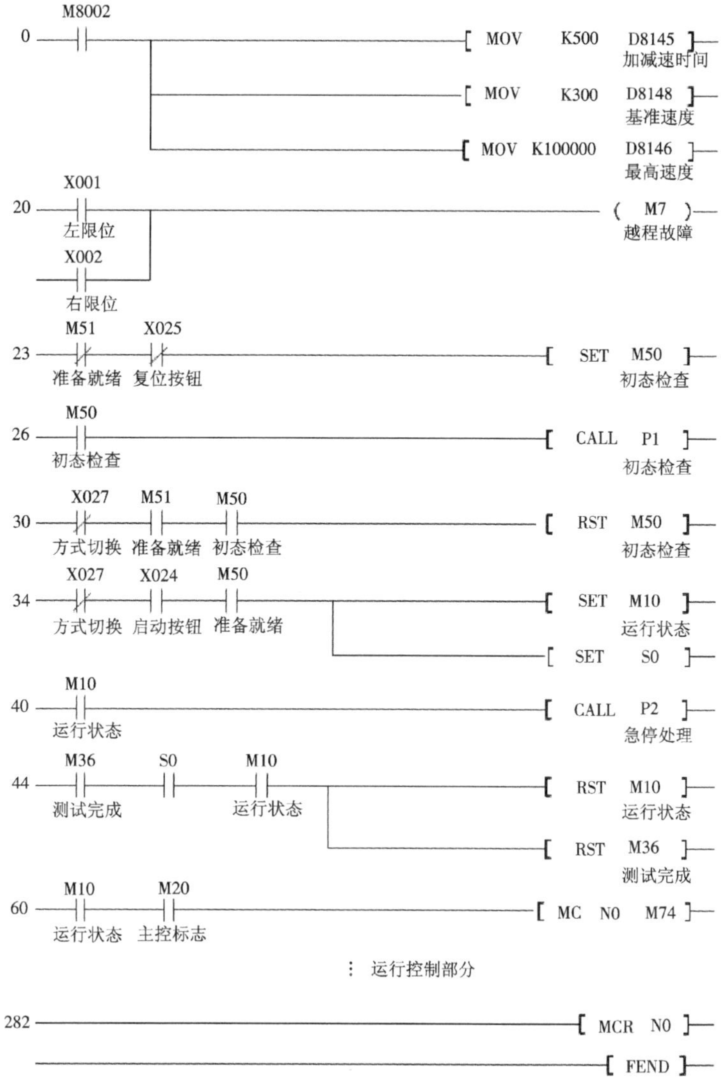

图 7.21　主程序部分清单

图 7.21 所示程序清单中，先后调用初态检查子程序 P1 和急停处理子程序 P2，前者的功能是检查系统上电后是否在初始状态，如不在初始状态则进行复位操作；后者的功能是当系统进入运行状态后，检查急停按钮是否按下和进行急停复位的处理，以确定 M20 的状态。在紧急停止状态或系统正处于急停复位后处理的过程，M20 为 OFF，这时主控过程不能进行。仅当急停按钮没有按下或急停复位后的处理已经完成，M20 为 ON 时，启动一个主控块，块中的传送工件顺控过程可以执行，如图 7.22 所示。传送工件过程是一个单序列的步进顺控过程，如图 7.23 所示。

图 7.22　主顺序控制过程的执行

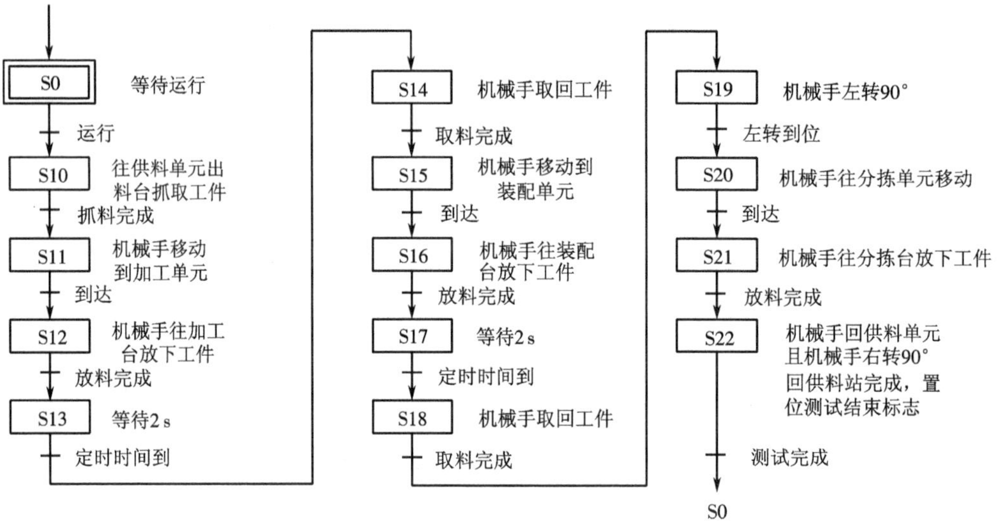

图 7.23　传送功能测试过程的流程说明

2. 初态检查复位子程序和回原点子程序

系统上电且按下复位按钮后，就调用初态检查复位子程序，进入初始状态检查和复位操作阶段，目标是确定系统是否准备就绪，若未准备就绪，则系统不能启动进入运行状态。

该子程序的内容是检查各气动执行元件是否处在初始位置，抓取机械手装置是否在原点位置，否则进行相应的复位操作，直至准备就绪。子程序中，将嵌套调用回原点子程序，并完成一些简单的逻辑运算，下面着重介绍回原点子程序。

抓取机械手装置返回原点的操作，在输送单元的整个工作过程中，都会频繁地进行。因此编写一个子程序供需要时调用是必要的。归零子程序如图 7.24 所示。

3. 急停处理子程序

当系统进入运行状态后，在每一扫描周期都要调用急停处理子程序。急停处理子程序如图 7.25 所示。急停动作时，主控位 M20 复位，主控制停止执行，急停复位后，分两种情况说明如下：

(1)若急停前抓取机械手未在运行中，则传送功能测试过程继续运行；

(2)若急停前抓取机械手正在前进中(从供料往加工，或从加工往装配，或从装配往分拣)，则当急停复位的上升沿到来时，需要启动机械手回原点过程，到达原点后，传送功能测试过程继续运行。

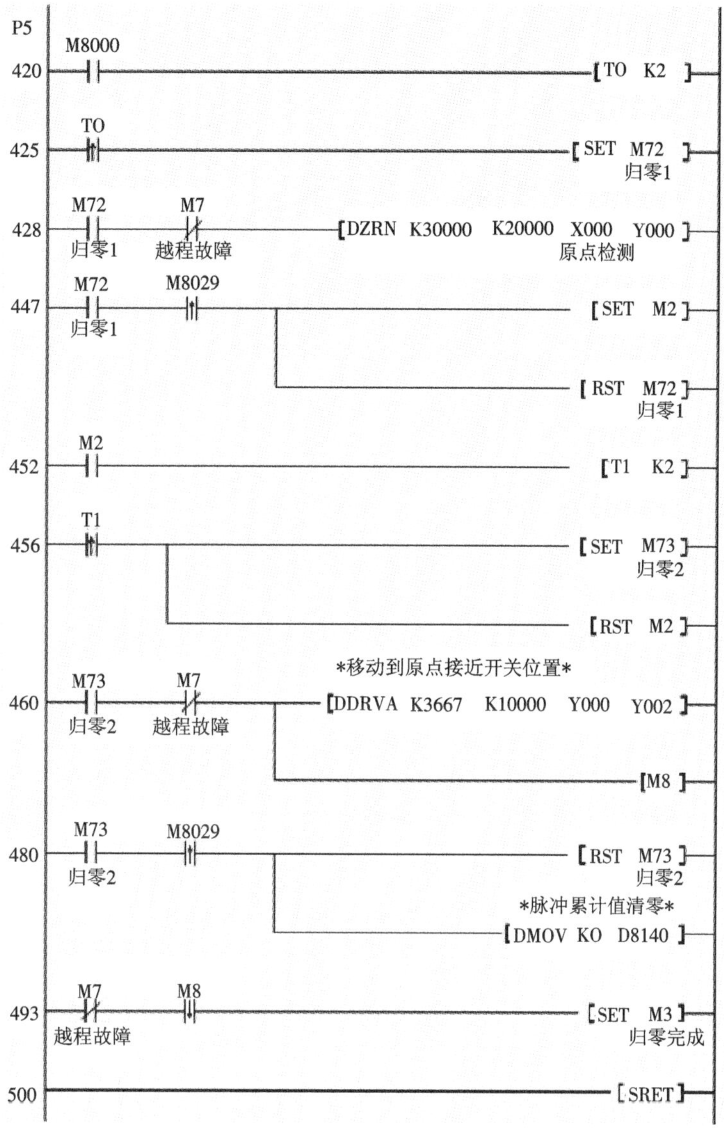

图7.24　归零子程序

4. 抓取机械手的操作控制

机械手在不同的阶段抓取工件或放下工件的动作顺序是相同的。抓取工件的动作顺序为手臂伸出→手爪夹紧→提升台上升→手臂缩回。放下工件的动作顺序为手臂伸出→提升台下降→手爪松开→手臂缩回。采用子程序调用的方法来实现抓取和放下工件的动作控制使程序编写得以简化。

在机械手执行放下工件的工作步中,调用"放下工件"子程序;在执行抓取工件的工作步中,调用"抓取工件"子程序。当抓取或放下工作完成时,"放料完成"标志M5或"抓取完成"标志M4,作为顺序控制程序中步转移的条件。

应该指出的是,虽然抓取工件或放下工件都是顺序控制过程,但在编制子程序时不能使用STL/RET指令,否则会发生代号为6606的错误。实际上,抓取工件和放下工件过程均较

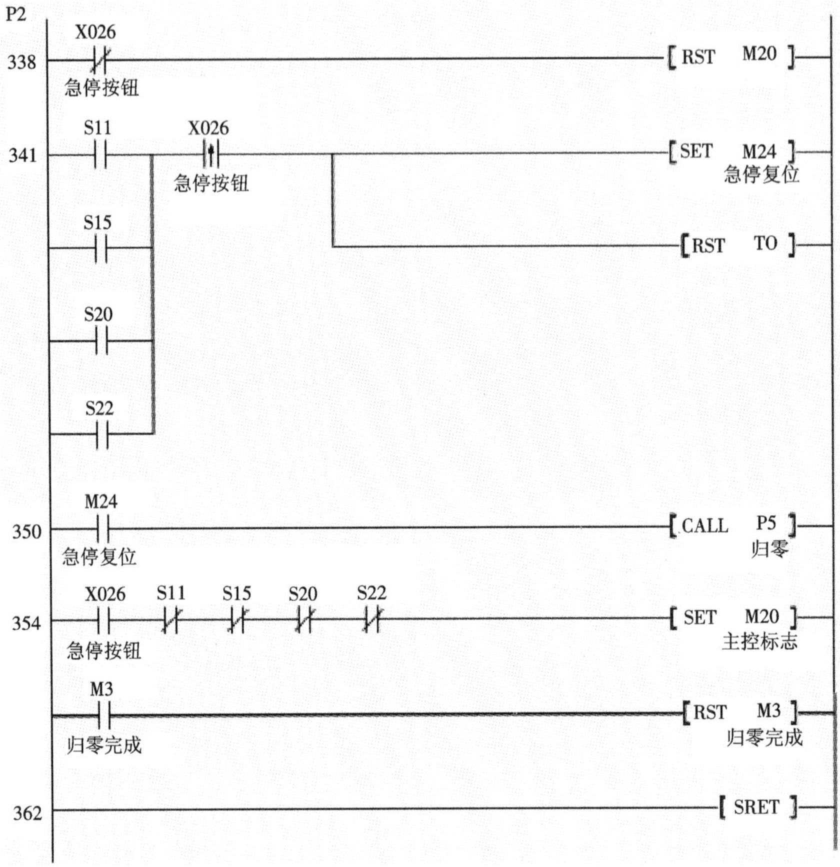

图 7.25　急停处理子程序

为简单,直接使用基本指令即可容易实现。

“抓取工件”和“放下工件”子程序较为简单,此处不再详述。输送单元单机运行的全部程序请参考“YL－335B 例程”。

项目 8　YL - 335B 的整体控制

在前面的项目中,重点介绍了 YL - 335B 的各个组成单元在作为独立设备工作时用 PLC 对其实现控制的基本思路,这相当于模拟了一个简单的单体设备的控制过程。本项目将以 YL - 335B 出厂例程为实例,介绍如何通过 PLC 实现对几个相对独立的单元组成的一个群体设备(生产线)的控制功能。

YL - 335B 系统的控制方式采用每一工作单元由一台 PLC 承担其控制任务,各 PLC 之间通过 RS485 串行通信实现互连的分布式控制方式。组建成网络后,系统中每一个工作单元也称为工作站。

PLC 网络的具体通信模式,取决于所选厂家的 PLC 类型。YL - 335B 的标准配置为若 PLC 选用 FX 系列,通信方式则采用 N:N 网络通信。

8.1　认知三菱 FX 系列 PLC N:N 通信

8.1.1　三菱 FX 系列 PLC N:N 通信网络的特性

FX 系列 PLC 支持以下五种类型的通信。

(1)N:N 网络:用 FX_{2N}、FX_{2NC}、FX_{1N}、FX_{0N} 等系列 PLC 进行的数据传输可建立在N:N的基础上。使用这种网络,能链接小规模系统中的数据。它适合于数量不超过八个的 PLC (FX_{2N}、FX_{2NC}、FX_{1N}、FX_{0N})之间的互连。

(2)并行链接:这种网络采用 100 个辅助继电器和 10 个数据寄存器在 1:1 的基础上来完成数据传输。

(3)计算机链接(用专用协议进行数据传输):用 RS485(422)单元进行的数据传输在 1:n(16)的基础上完成。

(4)无协议通信(用 RS 指令进行数据传输):用各种 RS232 单元,包括个人计算机、条形码阅读器和打印机,来进行数据通信,可通过无协议通信完成,这种通信使用 RS 指令或者一个 FX_{2N} - 232IF 特殊功能模块。

(5)可选编程端口:对于 FX_{2N}、FX_{2NC}、FX_{1N}、FX_{1S} 系列的 PLC,当该端口连接在 FX_{1N} - 232BD、FX_{0N} - 232ADP、FX_{1N} - 232BD、FX_{2N} - 422BD 上时,可以和外围设备(编程工具、数据访问单元、电气操作终端等)互连。

YL - 335B 系统选用 N:N 网络建立在 RS485 传输标准上,网络中必须有一台 PLC 为主站,其他 PLC 为从站,网络中站点的总数不超过八个。图 8.1 所示是 YL - 335B 的 N:N 网络配置。

系统中使用的 RS485 通信接口板为 FX_{2N} - 485 - BD 和 FX_{1N} - 485 - BD,最大延伸距离 50 m,网络的站点数为五个。

N:N 网络的通信协议是固定的,通信方式采用半双工通信,波特率(BPS)固定为 38 400 bps;数据长度、奇偶校验、停止位、标题字符、终结字符以及和校验等也均是固定的。

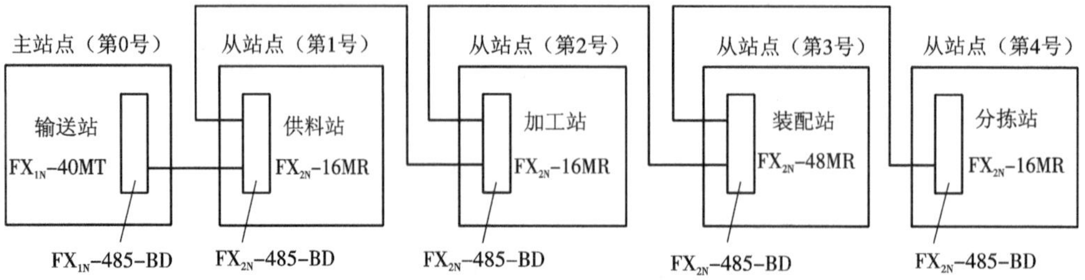

图 8.1　YL－335B 系统中 N:N 通信网络的配置

N:N 网络采用广播方式进行通信，网络中每一站点都指定一个用特殊辅助继电器和特殊数据寄存器组成的链接存储区，各个站点链接存储区地址编号都是相同的。各站点向自己站点链接存储区中规定的数据发送区写入数据。网络上任何一台 PLC 中的发送区的状态会反映到网络中的其他 PLC，因此数据可供通过 PLC 链接连起来的所有 PLC 共享，且所有单元的数据都能同时完成更新。

8.1.2　安装和连接 N:N 通信网络

网络安装前，应断开电源。各站 PLC 应插上 485－BD 通信板，它的 LED 显示/端子排列如图 8.2 所示。

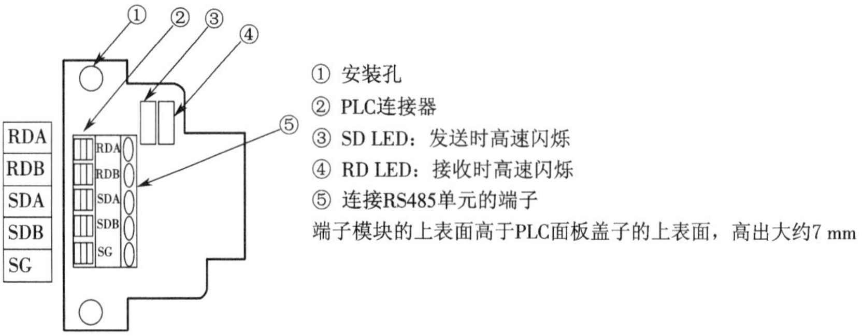

图 8.2　485－BD 板显示/端子排列

YL－335B 系统的 N:N 链接网络，各站点间用屏蔽双绞线相连，如图 8.3 所示，接线时须注意终端站要接上 110 Ω 的终端电阻(485－BD 板附件)。

进行网络连接时应注意以下事项。

(1)R 为终端电阻，在端子 RDA 和 RDB 之间连接终端电阻(110 Ω)。

(2)将端子 SG 连接到 PLC 主体的每个端子，而主体用 100 Ω 或更小的电阻接地。

(3)屏蔽双绞线的线径应为英制 AWG26～16，否则若端子接触不良，不能确保正常通信。连线时宜用压接工具把电缆插入端子，如果连接不稳定，那么通信会出现错误。

如果网络上各站点 PLC 已完成网络参数的设置，则在完成网络连接后，再接通各 PLC 工作电源，可以看到各站通信板上的 SD LED 和 RD LED 指示灯都出现点亮/熄灭交替的闪烁状态，说明 N:N 网络已经组建成功。如果 RD LED 指示灯处于点亮/熄灭的闪烁状态，而 SD LED 没有(根本不亮)，这时要检查站点编号的设置、传输速率(波特率)和从站的总数目。

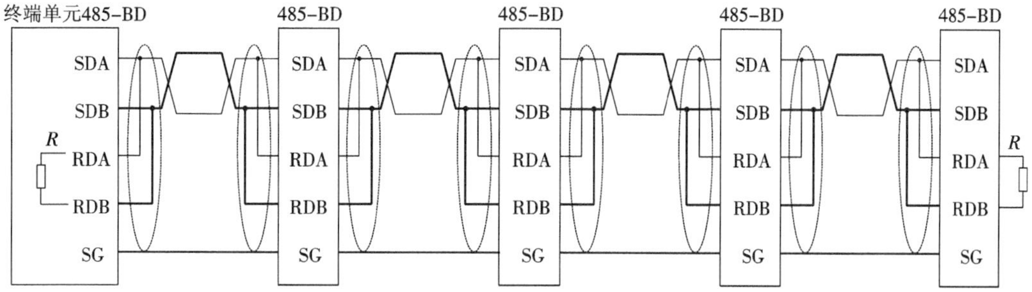

图8.3 335A PLC链接网络连接

8.1.3 组建通信N:N网络

1. 网络组建的基本概念与过程

FX系列PLC N:N通信网络的组建主要是对各站点PLC用编程方式设置网络参数实现的。FX系列PLC规定了与N:N网络相关的标志位(特殊辅助继电器)和存储网络参数、网络状态的特殊数据寄存器。当PLC为FX_{1N}或FX_{2N}(C)时,N:N网络的相关标志(特殊辅助继电器)如表8.1所示,相关特殊数据寄存器如表8.2所示。

表8.1 特殊辅助继电器

特性	辅助继电器	名称	描述	响应类型
R	M8038	N:N网络参数设置	用来设置N:N网络参数	M,L
R	M8183	主站点的通信错误	当主站点产生通信错误时ON	L
R	M8184～M8190	从站点的通信错误	当从站点产生通信错误时ON	M,L
R	M8191	数据通信	当与其他站点通信时ON	M,L

注:①R为只读;W为只写;M为主站点;L为从站点在CPU错误、程序错误或停止状态下,对每一站点处产生的通信错误数目不能计数。

②M8184～M8190是从站点的通信错误标志,第1从站用M8184……第7从站用M8190。

表8.2 特殊数据寄存器

特性	数据寄存器	名称	描述	响应类型
R	D8173	站点号	存储它自己的站点号	M,L
R	D8174	从站点总数	存储从站点的总数	M,L
R	D8175	刷新范围	存储刷新范围	M,L
W	D8176	站点号设置	设置它自己的站点号	M,L
W	D8177	从站点总数设置	设置从站点总数	M
W	D8178	刷新范围设置	设置刷新范围模式号	M
W/R	D8179	重试次数设置	设置重试次数	M
W/R	D8180	通信超时设置	设置通信超时	M

续表

特性	数据寄存器	名称	描述	响应类型
R	D8201	当前网络扫描时间	存储当前网络扫描时间	M,L
R	D8202	最大网络扫描时间	存储最大网络扫描时间	M,L
R	D8203	主站点通信错误数目	存储主站点通信错误数目	L
R	D8204 ~ D8210	从站点通信错误数目	存储从站点通信错误数目	M,L
R	D8211	主站点通信错误代码	存储主站点通信错误代码	L
R	D8201 ~ D8218	从站点通信错误代码	存储从站点通信错误代码	M,L

注:①R 为只读;W 为只写;M 为主站点;L 为从站点在 CPU 错误,程序错误或停止状态下,对其自身站点处产生的通信错误数目不能计数。

②D8204 ~ D8210 是从站点的通信错误数目,第 1 从站用 D8204……第 7 从站用 D8210。

在表 8.1 中,特殊辅助继电器 M8038(N:N 网络参数设置继电器,只读)用来设置 N:N 网络参数。

对于主站点,用编程方法设置网络参数,就是在程序开始的第 0 步(LD M8038),向特殊数据寄存器 D8176 ~ D8180 写入相应的参数,仅此而已。对于从站点,则更为简单,只需在第 0 步(LD M8038)向 D8176 写入站点号即可。

例如,图 8.4 给出了设置输送站(主站)网络参数的程序。

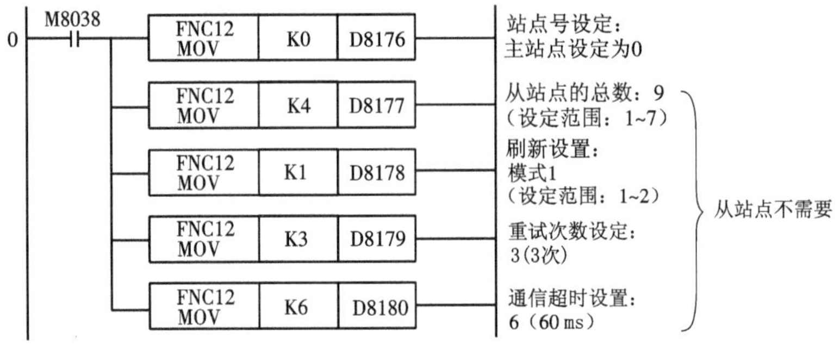

图 8.4　主站点网络参数设置

对上述程序的说明有如下五点。

(1)编程时注意,必须确保把以上程序作为 N:N 网络参数设定程序从第 0 步开始写入。这程序段不需要执行,只需把其编入此位置时,它自动变为有效。

(2)特殊数据寄存器 D8178 用作设置刷新范围,刷新范围指的是各站点的链接存储区。对于从站点,此设定不需要。根据网络中信息交换的数据量不同,可选择模式 0、模式 1 和模式 2(表 8.3 ~ 表 8.5)三种刷新模式。在每种模式下使用的元件被 N:N 网络所有站点占用。

表 8.3　模式 0 站号与字元件对应表

站点号	元件	
	位软元件(M)	字软元件(D)
	0 点	4 点
第 0 号	—	D0 ~ D3
第 1 号	—	D10 ~ D13
第 2 号	—	D20 ~ D23
第 3 号	—	D30 ~ D33
第 4 号	—	D40 ~ D43
第 5 号	—	D50 ~ D53
第 6 号	—	D60 ~ D63
第 7 号	—	D70 ~ D73

表 8.4　模式 1 站号与位、字元件对应表

站点号	元件	
	位软元件(M)	字软元件(D)
	32 点	4 点
第 0 号	M1000 ~ M1031	D0 ~ D3
第 1 号	M1064 ~ M1095	D10 ~ D13
第 2 号	M1128 ~ M1159	D20 ~ D23
第 3 号	M1192 ~ M1223	D30 ~ D33
第 4 号	M1256 ~ M1287	D40 ~ D43
第 5 号	M1320 ~ M1351	D50 ~ D53
第 6 号	M1384 ~ M1415	D60 ~ D63
第 7 号	M1448 ~ M1479	D70 ~ D73

表 8.5　模式 2 站号与位、字元件对应表

站点号	元件	
	位软元件(M)	字软元件(D)
	64 点	4 点
第 0 号	M1000 ~ M1063	D0 ~ D3
第 1 号	M1064 ~ M1127	D10 ~ D13
第 2 号	M1128 ~ M1191	D20 ~ D23
第 3 号	M1192 ~ M1255	D30 ~ D33
第 4 号	M1256 ~ M1319	D40 ~ D43
第 5 号	M1320 ~ M1383	D50 ~ D53
第 6 号	M1384 ~ M1447	D60 ~ D63
第 7 号	M1448 ~ M1511	D70 ~ D73

在图 8.4 的程序例子里，刷新范围设定为模式 1。这时每一站点占用 32 × 8 个位软元件，4 × 8 个字软元件作为链接存储区。在运行中，对于第 0 号站(主站)，希望发送到网络的开关量数据应写入位软元件 M1000 ~ M1063 中，而希望发送到网络的数字量数据应写入字软元件 D0 ~ D3 中……对其他各站点依次类推。

(3)特殊数据寄存器 D8179 设定重试次数，设定范围为 0 ~ 10(默认为 3)，对于从站点，此设定不需要。如果一个主站点试图以此重试次数(或更高)与从站通信，此站点将发生通信错误。

(4)特殊数据寄存器 D8180 设定通信超时值，设定范围为 5 ~ 255(默认为 5)，此值乘以 10 ms 就是通信超时的持续驻留时间。

(5)对于从站点，网络参数设置只需设定站点号即可，例如供料站(1 号站)的设置，如图 8.5 所示。

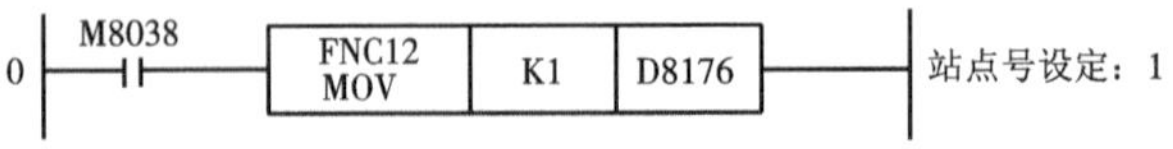

图 8.5　从站点网络参数设置

2. N:N 网络调试与运行练习

1)任务要求

供料站、加工站、装配站、分拣站、输送站的 PLC(共 5 台)用 FX_{2N} – 485 – BD 通信板连接,以输送站作为主站,站号为 0;供料站、加工站、装配站、分拣站作为从站,站号分别为:供料站 1 号、加工站 2 号、装配站 3 号、分拣站 4 号。

(1)0 号站的 X1 ~ X4 分别对应 1 号站 1 ~4 号站的 Y0。(即当网络工作正常时,按下 0 号站 X1,则 1 号站的 Y0 输出,依次类推)。

(2)1 ~4 号站的 D200 的值为 50 时,对应 0 号站的 Y1、Y2、Y3、Y4 输出。

(3)从 1 号站读取 4 号站的 D220 的值,保存到 1 号站的 D220 中。

2)连接网络和编写、调试程序

连接好通信口,编写主站程序和从站程序,在编程软件中进行监控,改变相关输入点和数据寄存器的状态,观察不同站的相关量的变化,看现象是否符合任务要求,如果符合说明完成任务;不符合则检查硬件和软件是否正确,修改重新调试,直到满足要求为止。

图 8.6 和图 8.7 分别给出输送站和供料站的参考程序。程序中使用了站点通信错误标志位(特殊辅助继电器 M8183 ~ M8187)。例如,当某从站发生通信故障时,不允许主站从该从站的网络元件读取数据。使用站点通信错误标志位编程,对于确保通信数据的可靠性是有益的,但应注意站点不能识别自身的错误,所以为每一站点编写错误程序是不必要的。

3. 通信时间的概念

数据在网络上传输需要耗费时间,N:N 网络是采用广播方式进行通信的,每完成一次刷新所需要的时间就是通信时间(单位为 ms),网络中站点数越多,数据刷新范围越大,通信时间就越长。通信时间与网络中总站点数及通信设备刷新模式的关系如表 8.6 所示。

表 8.6　通信时间与总站点数及通信设备模式的关系

		通信设备		
		模式 0 位软元件:0 点 字软元件:4 点	模式 1 位软元件:32 点 字软元件:4 点	模式 2 位软元件:64 点 字软元件:8 点
总的站点数	2	18	22	34
	3	26	32	50
	4	33	42	66
	5	41	52	83
	6	49	62	99
	7	57	72	115
	8	65	82	131

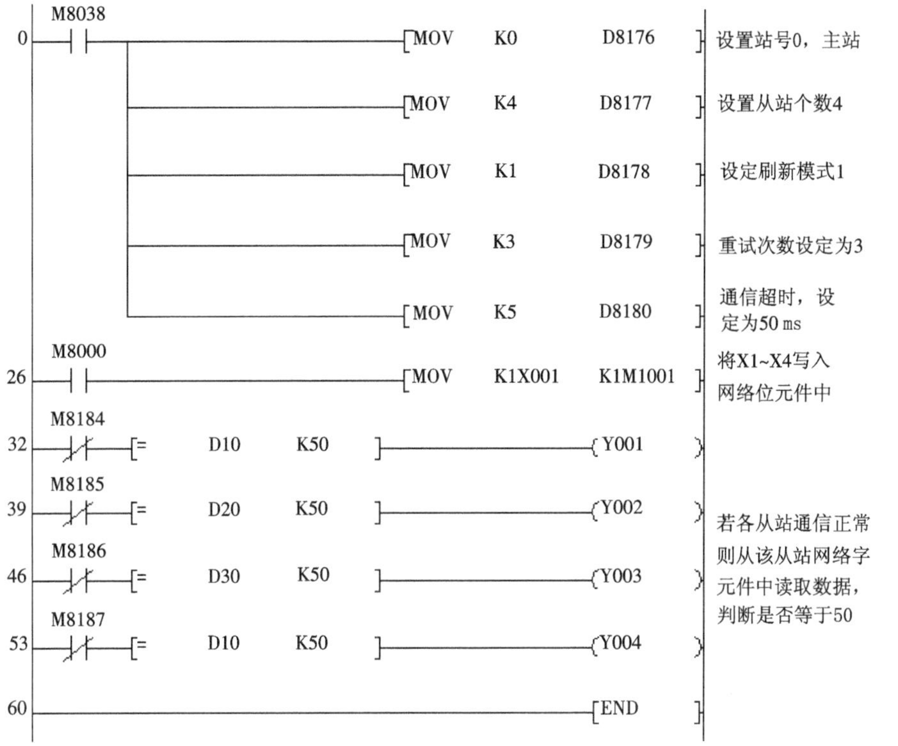

图 8.6　输送站网络读写程序

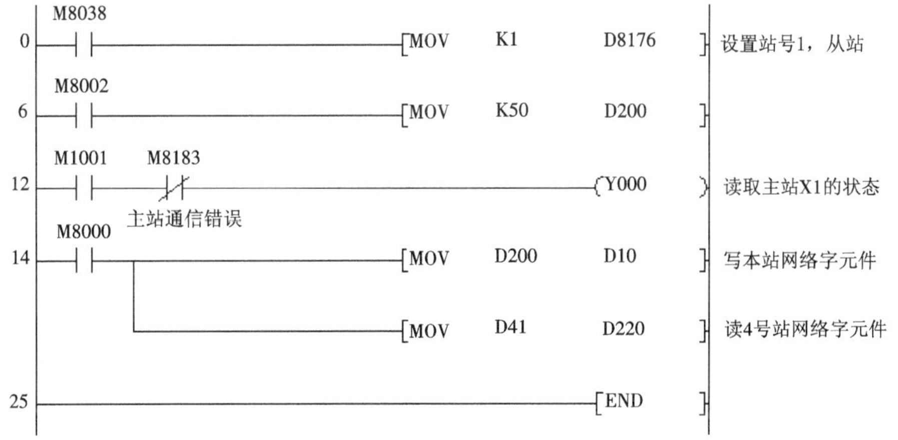

图 8.7　供料站网络读写程序

为了确保网络通信的及时性，在编写与网络有关的程序时，需要根据网络上通信量的大小，选择合适的刷新模式。另一方面，在网络编程中，也常须考虑通信时间。

8.2 系统整体控制实训的工作任务描述

下面提出的 YL－335B 自动化生产线整体实训工作任务是一项综合性的工作，适合 3 位学生协作，在 5 h 内完成。

自动化生产线的工作目标是将供料单元料仓内的工件送往加工单元的物料台，加工完成后，把加工好的工件送往装配单元的装配台，然后把装配单元料仓内的白色和黑色两种不同颜色的小圆柱零件嵌入装配台上的工件中，完成装配后的成品送往分拣单元分拣输出。已完成加工和装配工作的工件如图 8.8 所示。

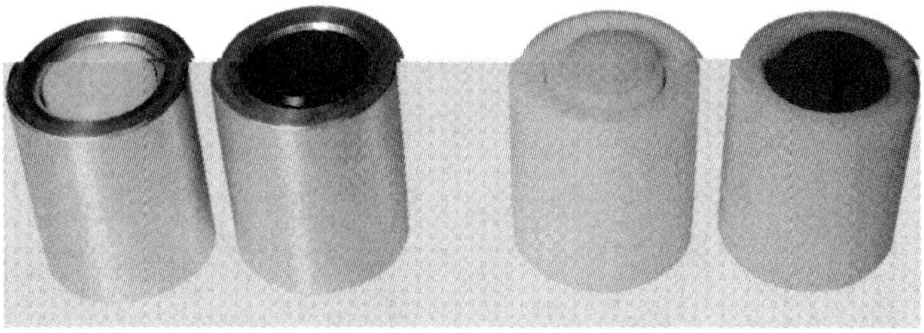

金属-（白）　金属-（黑）　塑料-（白）　塑料-（黑）

图 8.8　已完成加工和装配工作的工件

8.2.1 自动化生产线设备部件安装

完成 YL－335B 自动化生产线的供料、加工、装配、分拣和输送单元的部分装配工作，并把这些工作单元安装在 YL－335B 的工作桌面上。

YL－335B 自动化生产线各工作单元装置部分的安装位置按照项目 7 中所示的要求布局。

各工作单元装置部分的装配要求如下：

(1)供料、加工和装配等工作单元的装配工作已经完成；

(2)完成分拣单元装置侧的安装和调整以及工作单元在工作台面上的定位；

(3)输送单元的直线导轨和底板组件已装配好，须将该组件安装在工作台上，并完成其余部件的装配，直至完成整个工作单元的装置侧安装和调整。

8.2.2 气路连接及调整

(1)按照前面所介绍的分拣和输送单元气动系统图完成气路连接。

(2)接通气源后检查各工作单元气缸初始位置是否符合要求，如不符合须适当调整。

(3)完成气路调整，确保各气缸运行顺畅和平稳。

8.2.3 电路设计和电路连接

根据生产线的运行要求完成分拣和输送单元电路设计和电路连接。

(1)设计分拣单元的电气控制电路，并根据所设计的电路图连接电路。电路图应包括

PLC 的 I/O 端子分配和变频器主电路及控制电路。电路连接完成后应根据运行要求设定变频器有关参数，并现场测试旋转编码器的脉冲当量（测试 3 次取平均值，有效数字为小数后 3 位），上述参数应记录在所提供的电路图上。

（2）设计输送单元的电气控制电路，并根据所设计的电路图连接电路；电路图应包括 PLC 的 I/O 端子分配、伺服电机及其驱动器控制电路。电路连接完成后，应根据运行要求设定伺服电机驱动器有关参数，参数应记录在所提供的电路图上。

8.2.4　各站 PLC 网络连接

系统的控制方式应采用 N：N 网络的分布式网络控制，并指定输送单元作为系统主站。系统主令工作信号由触摸屏人机界面提供，但系统紧急停止信号由输送单元的按钮/指示灯模块的急停按钮提供。安装在工作桌面上的警示灯应能显示整个系统的主要工作状态，例如复位、启动、停止、报警等。

8.2.5　连接触摸屏并组态用户界面

触摸屏应连接到系统中主站的 PLC 编程口。

在 TPC7062K 人机界面上组态画面要求：用户窗口包括主界面和欢迎界面两个窗口，其中欢迎界面是启动界面，触摸屏上电后运行，屏幕上方的标题文字向右循环移动。

触摸欢迎界面上任意部位，都将切换到主窗口界面。主窗口界面组态应具有下列功能。

（1）提供系统工作方式（单机/全线）选择信号及系统复位、启动和停止信号。

（2）在人机界面上设定分拣单元变频器的输入运行频率（40～50 Hz）。

（3）在人机界面上动态显示输送单元机械手装置当前位置（以原点位置为参考点，度量单位为 mm）。

（4）指示网络的运行状态（正常、故障）。

（5）指示各工作单元的运行、故障状态，其中故障状态包括：

①供料单元的供料不足状态和缺料状态；

②装配单元的供料不足状态和缺料状态；

③输送单元抓取机械手装置越程故障（左或右极限开关动作）。

（6）指示全线运行时系统的紧急停止状态。

（7）欢迎界面和主界面分别如图 8.9 和图 8.10 所示。

8.2.6　程序编制及调试

系统的工作模式分为单机工作和全线运行模式。

从单机工作模式切换到全线运行模式的条件是：各工作站均处于停止状态，各站的按钮/指示灯模块上的工作方式选择开关置于全线模式，此时若人机界面中选择开关切换到全线运行模式，系统进入全线运行状态。

要从全线运行模式切换到单机工作模式，仅限当前工作周期完成后人机界面中选择开关切换到单机运行模式才有效。

在全线运行模式下，各工作站仅通过网络接收来自人机界面的主令信号，除主站急停按钮外，所有本站主令信号无效。

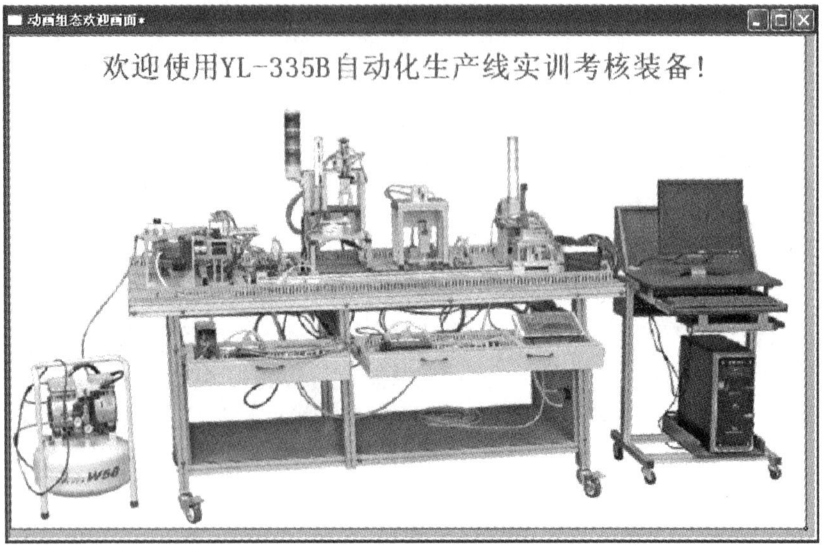

图 8.9　欢迎界面

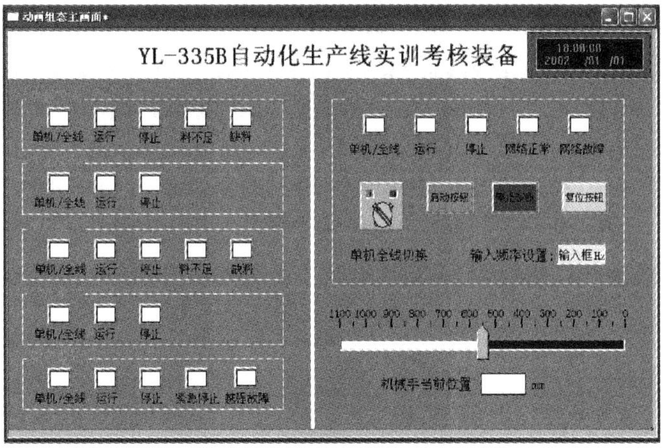

图 8.10　主窗口界面

1. 单机运行模式测试

单机运行模式下，各单元工作的主令信号和工作状态显示信号来自其 PLC 旁边的按钮/指示灯模块。并且，按钮/指示灯模块上的工作方式选择开关 SA 应置于“单机模式”位置。各站的具体控制要求如下。

1）供料站单机运行工作要求

（1）设备上电和气源接通后，若工作单元的两个气缸满足初始位置要求，且料仓内有足够的待加工工件，则“正常工作”指示灯 HL1 常亮，表示设备准备好；否则该指示灯以 1 Hz 频率闪烁。

（2）若设备准备好，按下启动按钮，工作单元启动，“设备运行”指示灯 HL2 常亮。启动后，若出料台上没有工件，则应把工件推到出料台上。出料台上的工件被人工取出后，若没有停止信号，则进行下一次推出工件操作。

(3)若在运行中按下停止按钮，则在完成本工作周期任务后，各工作单元停止工作，HL2指示灯熄灭。

(4)若在运行中料仓内工件不足，则工作单元继续工作，但"正常工作"指示灯HL1以1 Hz的频率闪烁，"设备运行"指示灯HL2保持常亮。若料仓内没有工件，则HL1指示灯和HL2指示灯均以2 Hz频率闪烁。工作站在完成本周期任务后停止。除非向料仓补充足够的工件，否则工作站不能再启动。

2)加工站单机运行工作要求

(1)上电和气源接通后，若各气缸满足初始位置要求，则"正常工作"指示灯HL1常亮，表示设备准备好；否则该指示灯以1 Hz频率闪烁。

(2)若设备准备好，按下启动按钮，设备启动，"设备运行"指示灯HL2常亮。当待加工工件被送到加工台上并被检出后，设备执行将工件夹紧，送往加工区域冲压，完成冲压动作后返回待料位置。如果没有停止信号输入，当再有待加工工件送到加工台上时，加工单元又开始下一周期的工作。

(3)在工作过程中，若按下停止按钮，加工单元在完成本周期的动作后停止工作，HL2指示灯熄灭。

(4)当待加工工件被检出而加工过程开始后，如果按下急停按钮，本单元所有机构应立即停止运行，HL2指示灯以1 Hz频率闪烁。急停按钮复位后，设备从急停前的断点开始继续运行。

3)装配站单机运行工作要求

(1)设备上电和气源接通后，若各气缸满足初始位置要求，料仓上已经有足够的小圆柱零件，工件装配台上没有待装配工件，则"正常工作"指示灯HL1常亮，表示设备准备好；否则该指示灯以1 Hz频率闪烁。

(2)若设备准备好，按下启动按钮，装配单元启动，"设备运行"指示灯HL2常亮。如果回转台上的左料盘内没有小圆柱零件，就执行下料操作；如果左料盘内有零件，而右料盘内没有零件，执行回转台回转操作。

(3)如果回转台上的右料盘内有小圆柱零件且装配台上有待装配工件，执行装配机械手抓取小圆柱零件并放入待装配工件中的控制。

(4)完成装配任务后，装配机械手应返回初始位置，等待下一次装配。

(5)若在运行过程中按下停止按钮，则供料机构应立即停止供料，在装配条件满足的情况下，装配单元在完成本次装配后停止工作。

(6)在运行中发生"零件不足"报警时，指示灯HL3以1 Hz的频率闪烁，HL1和HL2灯常亮；在运行中发生"零件没有"报警时，指示灯HL3以亮1 s、灭0.5 s的方式闪烁，HL2熄灭，HL1常亮。

4)分拣站单机运行工作要求

(1)设备上电和气源接通后，若工作单元的三个气缸满足初始位置要求，则"正常工作"指示灯HL1常亮，表示设备准备好；否则该指示灯以1 Hz频率闪烁。

(2)若设备准备好，按下启动按钮，系统启动，"设备运行"指示灯HL2常亮。当传送带入料口人工放下已装配的工件时，变频器即启动，驱动传动电机以频率为30 Hz的速度，把工件带往分拣区。

(3)如果金属工件上的小圆柱工件为白色，则该工件对到达1号滑槽中间，传送带停止，工件对被推到1号槽中；如果塑料工件上的小圆柱工件为白色，则该工件对到达2号滑槽中间，传送带停止，工件对被推到2号槽中；如果工件上的小圆柱工件为黑色，则该工件对到达3号滑槽中间，传送带停止，工件对被推到3号槽中。工件被推出滑槽后，则该工作单元的一个工作周期结束。仅当工件被推出滑槽后，才能再次向传送带下料。

如果在运行期间按下停止按钮，则该工作单元在本工作周期结束后停止运行。

5)输送站单机运行工作要求

单机运行的目标是测试设备传送工件的功能。要求其他各工作单元已经就位，并且在供料单元的出料台上放置了工件。具体测试过程要求如下。

(1)输送单元在通电后，按下复位按钮SB1，执行复位操作，使抓取机械手装置回到原点位置。在复位过程中，"正常工作"指示灯HL1以1 Hz的频率闪烁。当抓取机械手装置回到原点位置，且输送单元各个气缸满足初始位置的要求，则复位完成，"正常工作"指示灯HL1常亮。按下启动按钮SB2，设备启动，"设备运行"指示灯HL2也常亮，开始功能测试过程。

(2)抓取机械手装置从供料站出料台抓取工件，抓取的顺序是手臂伸出→手爪夹紧抓取工件→提升台上升→手臂缩回。

(3)抓取动作完成后，伺服电机驱动机械手装置向加工站移动，移动速度不小于300 mm/s。

(4)机械手装置移动到加工站物料台的正前方后，即把工件放到加工站物料台上，抓取机械手装置在加工站放下工件的顺序是手臂伸出→提升台下降→手爪松开放下工件→手臂缩回。

(5)放下工件动作完成2 s后，抓取机械手装置执行抓取加工站工件的操作。抓取的顺序与供料站抓取工件的顺序相同。

(6)抓取动作完成后，伺服电机驱动机械手装置移动到装配站物料台的正前方，然后把工件放到装配站物料台上。其动作顺序与加工站放下工件的顺序相同。

(7)放下工件动作完成2 s后，抓取机械手装置执行抓取装配站工件的操作。其抓取的顺序与供料站抓取工件的顺序相同。

(8)机械手手臂缩回后，摆台逆时针旋转90°，伺服电机驱动机械手装置从装配站向分拣站运送工件，到达分拣站传送带上方入料口后把工件放下，动作顺序与加工站放下工件的顺序相同。

(9)放下工件动作完成后，机械手手臂缩回，然后执行返回原点的操作。伺服电机驱动机械手装置以400 mm/s的速度返回，返回900 mm后，摆台顺时针旋转90°，然后以100 mm/s的速度低速返回原点停止。

当抓取机械手装置返回原点后，一个测试周期结束。当供料单元的出料台上放置了工件时，再按一次启动按钮SB2，开始新一轮的测试。

2. 系统正常的全线运行模式测试

全线运行模式下各工作站部件的工作顺序以及对输送站机械手装置运行速度的要求，与单机运行模式一致。全线运行步骤如下。

1)全线运行模式要求

初始状态系统在上电,N:N网络正常后开始工作。触摸人机界面上的复位按钮,执行复位操作,在复位过程中,绿色警示灯以2 Hz的频率闪烁,红色和黄色指示灯均熄灭。

复位过程包括:使输送站机械手装置回到原点位置和检查各工作站是否处于初始状态。

各工作站初始状态是指:

(1)各工作单元气动执行元件均处于初始位置;

(2)供料单元料仓内有足够的待加工工件;

(3)装配单元料仓内有足够的小圆柱零件;

(4)输送站的紧急停止按钮未按下。

当输送站机械手装置回到原点位置,且各工作站均处于初始状态时,则复位完成,绿色警示灯常亮,表示允许启动系统。这时若触摸人机界面上的启动按钮,系统启动,绿色和黄色警示灯均常亮。

2)供料站的运行

系统启动后,若供料站的出料台上没有工件,则应把工件推到出料台上,并向系统发出出料台上有工件信号。若供料站的料仓内没有工件或工件不足,则向系统发出报警或预警信号。出料台上的工件被输送站机械手取出后,若系统仍然需要推出工件进行加工,则进行下一次推出工件操作。

3)输送站运行1

当工件推到供料站出料台后,输送站抓取机械手装置应执行抓取供料站工件的操作。动作完成后,伺服电机驱动机械手装置移动到加工站加工物料台的正前方,把工件放到加工站的加工台上。

4)加工站运行

加工站加工台的工件被检出后,执行加工过程。当加工好的工件重新送回待料位置时,向系统发出冲压加工完成信号。

5)输送站运行2

系统接收到加工完成信号后,输送站机械手应执行抓取已加工工件的操作。抓取动作完成后,伺服电机驱动机械手装置移动到装配站物料台的正前方,然后把工件放到装配站物料台上。

6)装配站运行

装配站物料台的传感器检测到工件到来后,开始执行装配过程。装入动作完成后,向系统发出装配完成信号。

如果装配站的料仓或料槽内没有小圆柱工件或工件不足,应向系统发出报警或预警信号。

7)输送站运行3

系统接收到装配完成信号后,输送站机械手应抓取已装配的工件,然后从装配站向分拣站运送工件,到达分拣站传送带上方入料口后把工件放下,然后执行返回原点的操作。

8)分拣站运行

输送站机械手装置放下工件、缩回到位后,分拣站的变频器即启动,驱动传动电机以80%最高运行频率(由人机界面指定)的速度,把工件带入分拣区进行分拣,工件分拣原则与单机运行相同。当分拣气缸活塞杆推出工件并返回后，应向系统发出分拣完成信号。

仅当分拣站分拣工作完成，并且输送站机械手装置回到原点，才认为系统的一个工作周期结束。如果在工作周期期间没有触摸过停止按钮，系统在延时 1 s 后开始下一周期工作。如果在工作周期期间曾经触摸过停止按钮，系统工作结束，警示灯中黄色灯熄灭，绿色灯仍保持常亮。系统工作结束后若再按下启动按钮，则系统又重新工作。

3. 异常工作状态测试

1）工件供给状态的信号警示

如果发生来自供料站或装配站的“工件不足够”的预报警信号或“工件没有”的报警信号，则系统动作如下。

（1）如果发生“工件不足够”的预报警信号，警示灯中红色灯以 1 Hz 的频率闪烁，绿色和黄色灯保持常亮，系统继续工作。

（2）如果发生“工件没有”的报警信号，警示灯中红色灯以亮 1 s 灭 0.5 s 的方式闪烁，黄色灯熄灭，绿色灯保持常亮。

若“工件没有”的报警信号来自供料站，且供料站物料台上已推出工件，系统继续运行，直至完成该工作周期尚未完成的工作。当该工作周期工作结束，系统将停止工作，除非“工件没有”的报警信号消失，否则系统不能再启动。

若“工件没有”的报警信号来自装配站，且装配站回转台上已落下小圆柱工件，系统继续运行，直至完成该工作周期尚未完成的工作。当该工作周期工作结束，系统将停止工作，除非“工件没有”的报警信号消失，否则系统不能再启动。

2）急停与复位

系统工作过程中按下输送站的急停按钮，则输送站立即停车。在急停复位后，应从急停前的断点开始继续运行。但若急停按钮按下时，机械手装置正在向某一目标点移动，则急停复位后输送站机械手装置应首先返回原点位置，然后再向原目标点运动。

8.3 工作任务的实现

8.3.1 设备的安装和调整

YL－335B 各工作站的机械安装、气路连接及调整、电气接线等，其工作步骤和注意事项在前面各分项目中已经叙述过，这里不再重复。

系统整体安装时，必须确定各工作单元的安装定位，为此首先要确定安装的基准点，即从铝合金桌面右侧边缘算起。指出了基准点到原点距离（X 方向）为 310 mm，这一点应首先确定。然后根据原点位置与供料单元出料台中心沿 X 方向重合，供料单元出料台中心至加工单元加工台中心距离 430 mm，加工单元加工台中心至装配单元装配台中心距离 350 mm，装配单元装配台中心至分拣单元进料口中心距离 560 mm，即可确定各工作单元在 X 方向的位置。

由于工作台的安装特点，原点位置一旦确定后，输送单元的安装位置就已确定。

在空的工作台上进行系统安装的步骤如下。

（1）完成输送单元装置侧的安装。其中包括直线运动组件、抓取机械手装置、拖链装置、电磁阀组件、装置侧电气接口等，还有抓取机械手装置上各传感器引出线、连接到各气缸的气管沿拖链的敷设和绑扎，连接到装置侧电气接口的接线，单元气路的连接等。

（2）供料、加工和装配等工作单元在完成其装置侧的装配后，在工作台上定位安装。它们沿 Y 方向的定位，以输送单元机械手在伸出状态时，能顺利在它们的物料台上抓取和放下工件为准。

（3）分拣单元在完成其装置侧的装配后，在工作台上定位安装。沿 Y 方向的定位，应使传送带上进料口中心点与输送单元直线导轨中心线重合，沿 X 方向的定位，应确保输送站机械手运送工件到分拣站时，能准确地把工件放到进料口中心上。

需要指出的是，在安装工作完成后，必须进行必要的检查、局部试验的工作，确保及时发现问题。在投入全线运行前，应清理工作台上残留线头、管线、工具等，养成良好的职业素养。

8.3.2　有关参数的设置和测试

按工作任务书规定，电气接线完成后，应进行变频器、伺服驱动器有关参数的设定，并现场测试旋转编码器的脉冲当量。上述工作，已在前面各分项目作了详细的介绍，这里不再重复。

8.3.3　人机界面组态

1. 工程分析与创建

（1）工程框架：有两个用户窗口，即欢迎画面和主画面，其中欢迎画面是启动界面；一个策略，即循环策略。

（2）数据对象：各工作站以及全线的工作状态指示灯，单机/全线切换旋钮，启动、停止、复位按钮，变频器输入频率设定，机械手当前位置等。

（3）图形制作。

①欢迎画面窗口：图片通过位图装载实现，文字通过标签实现，按钮由对象元件库引入。

②主画面窗口：文字通过标签构件实现，各工作站以及全线的工作状态指示灯、时钟由对象元件库引入，单机/全线切换旋钮，启动、停止、复位按钮由对象元件库引入，输入频率设置通过输入框构件实现，机械手当前位置通过标签构件和滑动输入器实现。

（4）流程控制：通过循环策略中的脚本程序策略块实现。

进行上述规划后，就可以创建工程，然后进行组态。步骤是：在“用户窗口”中单击“新建窗口”按钮，建立“窗口 0”、“窗口 1”，然后分别设置两个窗口的属性。

2. 欢迎画面组态

1）建立欢迎画面

选中“窗口 0”，单击“窗口属性”，进入用户窗口属性设置。

（1）窗口名称改为“欢迎画面”。

（2）窗口标题改为“欢迎画面”。

（3）在“用户窗口”中，选中“欢迎”，单击右键，选择下拉菜单中的“设置为启动窗口”选项，将该窗口设置为运行时自动加载的窗口。

2)编辑欢迎画面

选中“欢迎画面”窗口图标,单击“动画组态”,进入动画组态窗口开始编辑画面。

Ⅰ.装载位图

选择“工具箱”内的“位图”按钮,鼠标的光标呈十字形,在窗口左上角位置拖拽鼠标,拉出一个矩形,使其填充整个窗口。

在位图上单击右键,选择“装载位图”,找到要装载的位图,点击选择该位图,如图 8.11 所示,然后点击“打开”按钮,则图片装载到了该窗口。

图 8.11　查找要装载的位图

Ⅱ.制作按钮

单击绘图工具箱中图标,在窗口中拖出一个大小合适的按钮,双击按钮,出现如图 8.12 所示的属性设置窗口。在可见度属性页中点选“按钮不可见”;在操作属性页中单击“按下功能”,打开用户窗口时选择主画面,并使数据对象“HMI 就绪”的值置 1。

Ⅲ.制作循环移动的文字框图

(1)选择“工具箱”内的“标签”按钮,拖拽到窗口上方中心位置,根据需要拉出一个大小适合的矩形。在鼠标光标闪烁位置输入文字“欢迎使用 YL－335B 自动化生产线实训考核装备!”,按回车键或在窗口任意位置用鼠标点击一下,完成文字输入。

(2)静态属性设置如下:文字框的背景色为“没有填充”;文字框的边线色为“没有边线”;文本颜色为“艳粉色”;文字字体为“华文细黑”,字型为“粗体”,大小为“二号”。

(3)为了使文字循环移动,在“位置动画连接”中勾选“水平移动”,这时在对话框上端就增添了“水平移动”窗口标签。水平移动属性页的设置如图 8.13 所示,设置说明如下。

①为了实现“水平移动”动画连接,首先要确定对应连接对象的表达式,然后再定义表达式的值所对应的位置偏移量。图 8.13 中,定义一个内部数据对象“移动”作为表达式,它是一个与文字对象的位置偏移量成比例的增量值,当表达式“移动”的值为 0 时,文字对象的位置向右移动 0 点(即不动),当表达式“移动”的值为 1 时,对象的位置向左移动 5 点(－5),这就是说“移动”变量与文字对象的位置之间关系是一个斜率为－5 的线性关系。

②触摸屏图形对象所在的水平位置定义为:以左上角为坐标原点,单位为像素点,向左

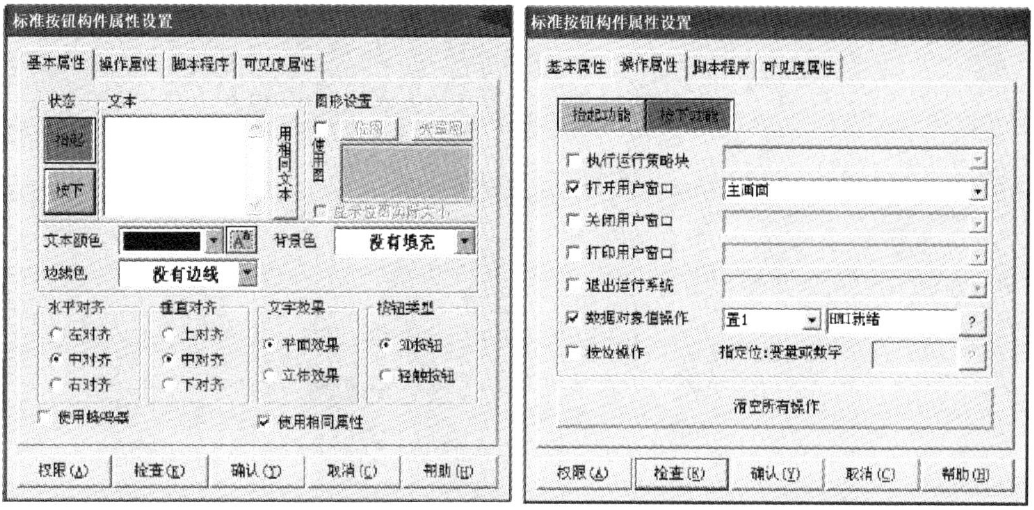

图 8.12　欢迎界面按钮制作

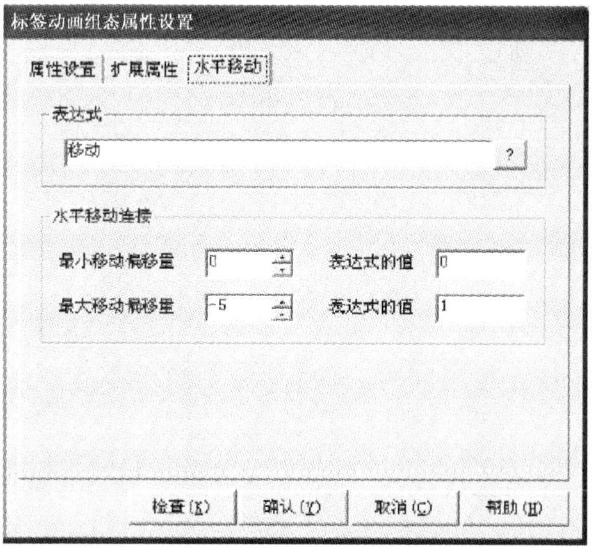

图 8.13　设置水平移动属性

为负方向，向右为正方向。TPC7062KS 分辨率是 800×480，文字串“欢迎使用 YL－335B 自动化生产线实训考核装备！”向左全部移出的偏移量约为－700 像素，故表达式“移动”的值为＋140。文字循环移动的策略是，如果文字串向左全部移出，则返回初始位置重新移动。

③组态“循环策略”的具体操作如下。

a. 在“运行策略”中，双击“循环策略”进入策略组态窗口。

b. 双击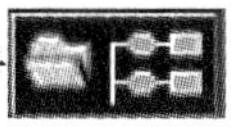图标进入“策略属性设置”，将循环时间设为 100 ms，按“确认”按钮。

c. 在策略组态窗口中，单击工具条中的“新增策略行”图标，增加一策略行，如图

8.14 所示 。

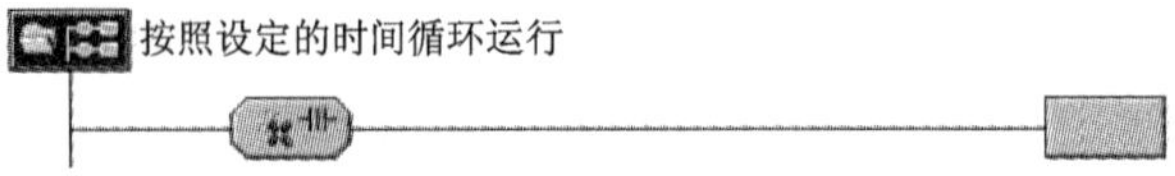

图 8.14　新增策略行操作

d. 单击“策略工具箱”中的“脚本程序”，将鼠标指针移到策略块图标上，单击鼠标左键，添加脚本程序构件，如图 8.15 所示。

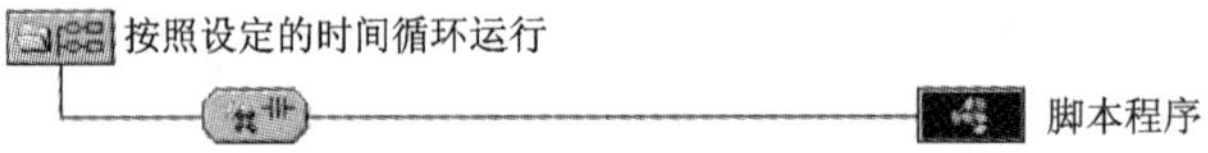

图 8.15　添加脚本程序构件

e. 双击 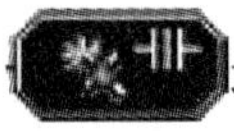 进入策略条件设置，表达式中输入 1，即始终满足条件。

f. 双击  进入脚本程序编辑环境，输入下面的程序：

```
if 移动 < =140 then
  移动 = 移动 +1
else
  移动 = -140
endif
```

g. 单击“确认”按钮，脚本程序编写完毕。

3. 主画面组态

1）建立主画面

（1）选中“窗口 1”，单击“窗口属性”，进入用户窗口属性设置。

（2）将窗口名称改为“主画面窗口”，标题改为“主画面”，“窗口背景”中选择所需要颜色。

2）定义数据对象和连接设备

Ⅰ. 定义数据对象

各工作站以及全线的工作状态指示灯，单机/全线切换旋钮，启动、停止、复位按钮，变频器输入频率设定、机械手当前位置等，都需要与 PLC 连接，进行信息交换的数据对象。定义数据对象的步骤：

（1）单击工作台中的“实时数据库”窗口标签，进入实时数据库窗口页；

（2）单击“新增对象” 按钮，在窗口的数据对象列表中，增加新的数据对象；

（3）选中对象，按“对象属性”按钮，或双击选中对象，则打开“数据对象属性设置” 窗口，然后编辑属性。

表 8.7 列出了全部与 PLC 连接的数据对象。

表 8.7　与 PLC 连接的数据对象

序号	对象名称	类　型	序号	对象名称	类　型
1	HMI 就绪	开关型	15	单机全线_供料	开关型
2	越程故障_输送	开关型	16	运行_供料	开关型
3	运行_输送	开关型	17	料不足_供料	开关型
4	单机全线_输送	开关型	18	缺料_供料	开关型
5	单机全线_全线	开关型	19	单机全线_加工	开关型
6	复位按钮_全线	开关型	20	运行_加工	开关型
7	停止按钮_全线	开关型	21	单机全线_装配	开关型
8	启动按钮_全线	开关型	22	运行_装配	开关型
9	单机全线切换_全线	开关型	23	料不足_装配	开关型
10	网络正常_全线	开关型	24	缺料_装配	开关型
11	网络故障_全线	开关型	25	单机全线_分拣	开关型
12	运行_全线	开关型	26	运行_分拣	开关型
13	急停_输送	开关型	27	手爪当前位置_输送	数值型
14	变频器频率_分拣	数值型			

Ⅱ.设备连接

对定义好的数据对象和 PLC 内部变量进行连接，步骤如下。

(1)打开“设备工具箱”，在可选设备列表中，双击“通用串口父设备”，然后双击“西门子_ S7200PPI”，出现“通用串口父设备”和“ 三菱_ FX 系列编程口”。

(2)设置通用串口父设备的基本属性，如图 8.16 所示。

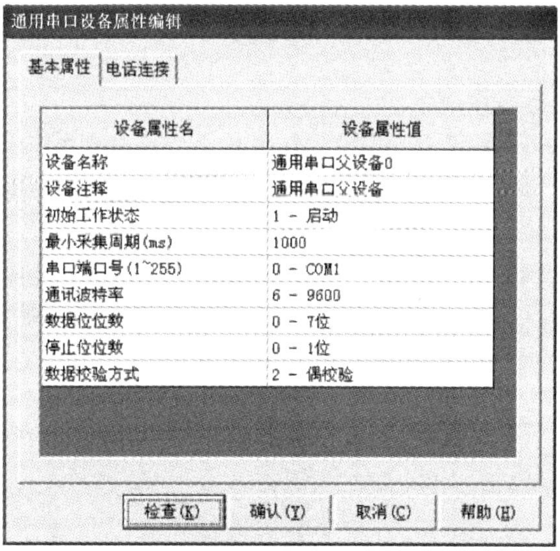

图 8.16　设置通用串口父设备的基本属性

(3)点击“三菱_ FX 系列编程口”，进入设备编辑窗口，按表 8.7 的数据，逐个 “增加设备通道”，如图 8.17 所示。

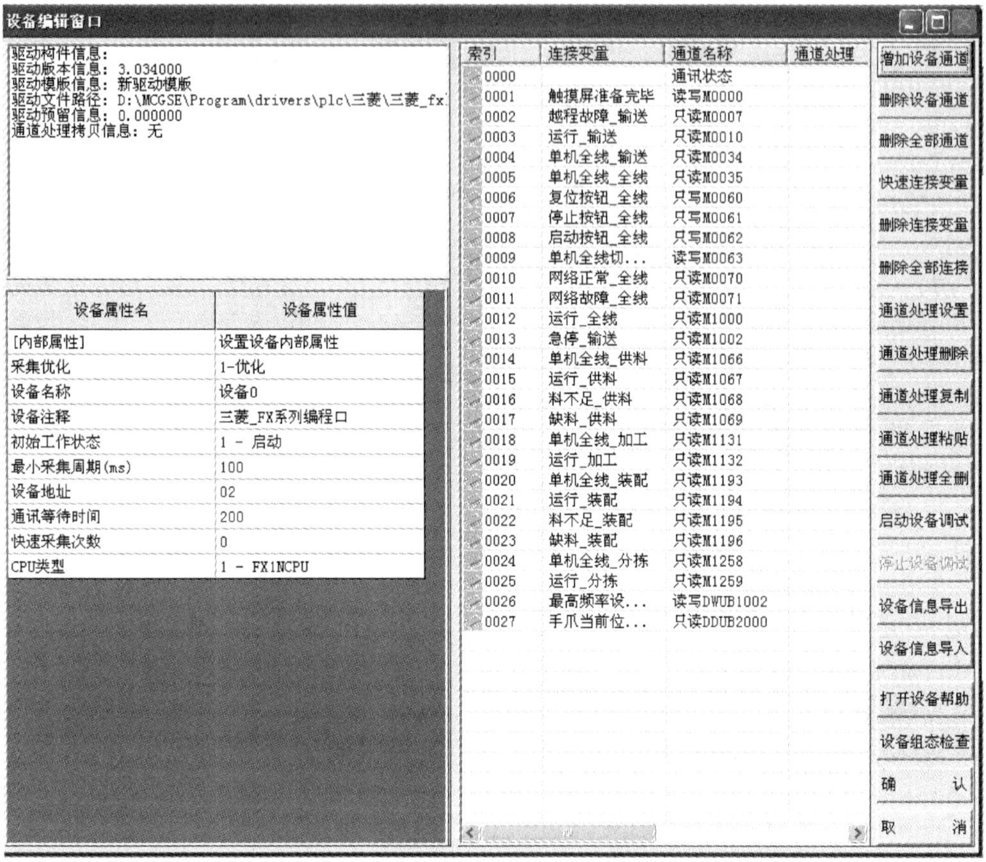

图 8.17　设备编辑窗口

3)主画面制作和组态

按如下步骤制作和组态主画面。

(1)制作主画面的标题文字、插入时钟、在工具箱中选择直线构件,把标题文字下方的区域划分为如图 8.18 所示的两部分。区域左面制作各从站单元画面,右面制作主站输送单元画面。

(2)制作各从站单元画面并组态。以供料单元组态为例,其画面如图 8.19 所示,图中还指出了各构件的名称。这些构件的制作和属性设置前面已有详细介绍,但“供料不足”和“缺料”两状态指示灯有报警时闪烁功能的要求,下面通过制作供料站缺料报警指示灯着重介绍这一属性的设置方法。

与其他指示灯组态不同的是:缺料报警分段点 1 设置的颜色是红色,并且还需组态闪烁功能。步骤是:在属性设置页的特殊动画连接框中勾选“闪烁效果”,“填充颜色”旁边就会出现“闪烁效果”页,如图 8.20(a)所示;点选“闪烁效果”页,表达式选择为“料不足_供料”;在闪烁实现方式框中点选“用图元属性的变化实现闪烁”;填充颜色选择“黄色”,如图 8.20(b)所示。

(3)制作主站输送单元画面。这里只着重说明滑动输入器的制作方法,步骤如下。

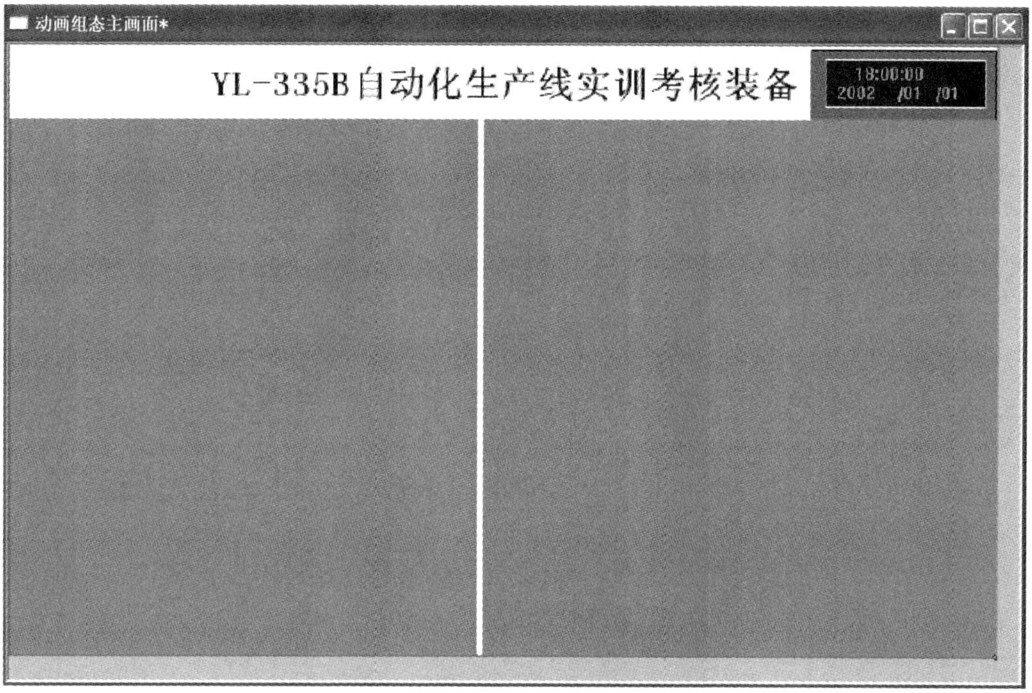

图 8.18 主画面制作

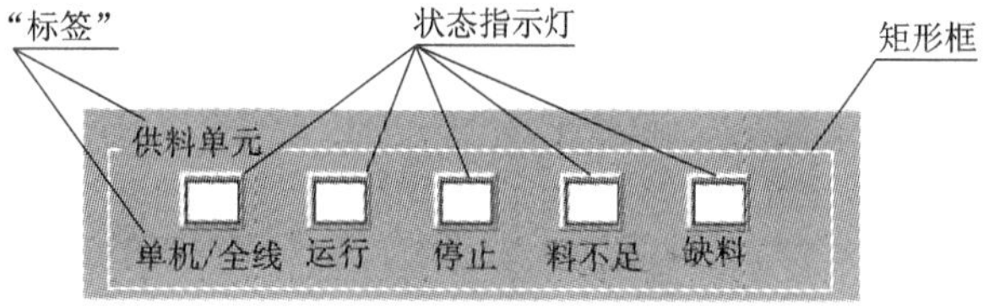

图 8.19 供料单元组态画面

①选中“工具箱”中的滑动输入器图标，当鼠标呈十字形后，拖动鼠标到适当大小，调整滑动块到适当的位置。

②双击滑动输入器构件，进入如图 8.21 所示的属性设置窗口。

按照下面的值设置各个参数：

a.“基本属性”页中，滑块指向“指向左(上)”；

b.“刻度与标注属性”页中，主划线数目为“11”，次划线数目为“2”；小数位数为“0”；

c.“操作属性”页中，对应数据对象名称“手爪当前位置_输送”滑块在最左(下)边时对应的值为“1 100”；滑块在最右(上)边时对应的值为“0”；其他为缺省值。

③单击“权限”按钮，进入用户权限设置对话框，选择管理员组，按“确认”按钮完成制作。

图 8.22 是制作完成的效果图。

设计完成的欢迎界面窗口和主操作窗口分别如图 8.23 和图 8.24 所示。

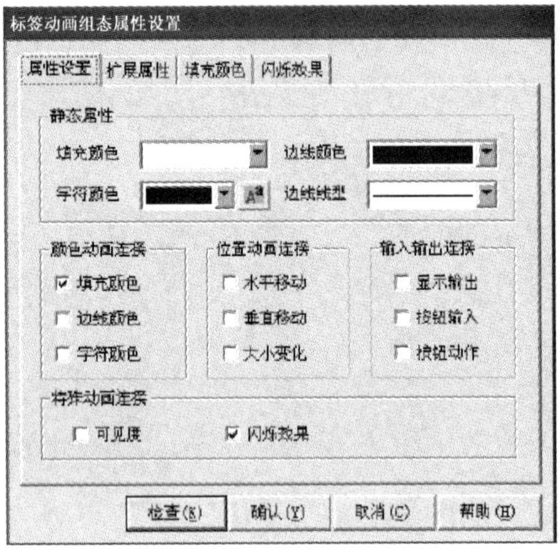

(a)

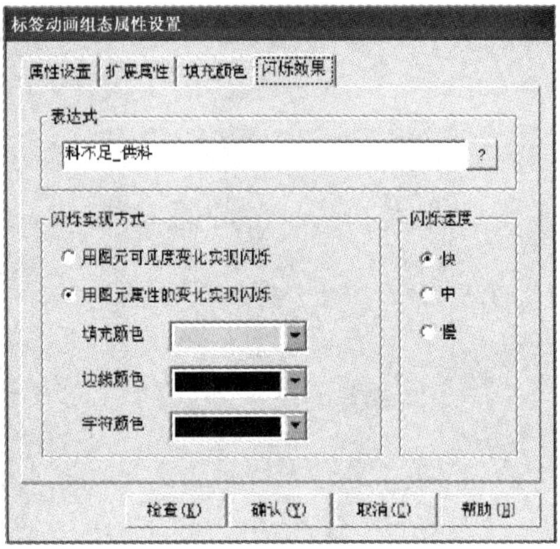

(b)

图 8.20　具有报警时闪烁功能的指示灯制作

(a)属性设置;(b)闪烁效果

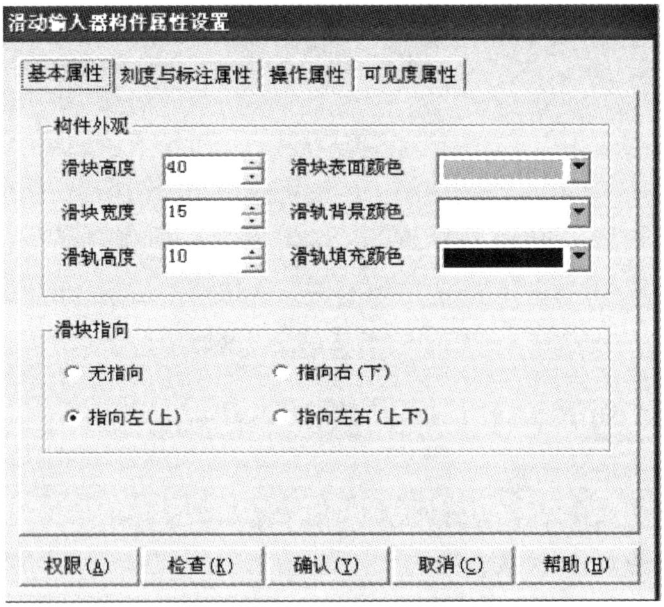

图 8.21　滑动输入器构件属性设置

(1)欢迎界面是启动界面,触摸屏上电后运行,屏幕上方的标题文字向右循环移动。当触摸欢迎界面上任意部位时,都将切换到主窗口界面。

(2)主窗口界面组态应具有下列功能:

①提供系统工作方式(单机/全线)选择信号和系统复位、启动和停止信号;

②在人机界面上设定分拣单元变频器的输入运行频率(40 ~ 50 Hz);

③在人机界面上动态显示输送单元机械手装置当前位置(以原点位置为参考点,度量

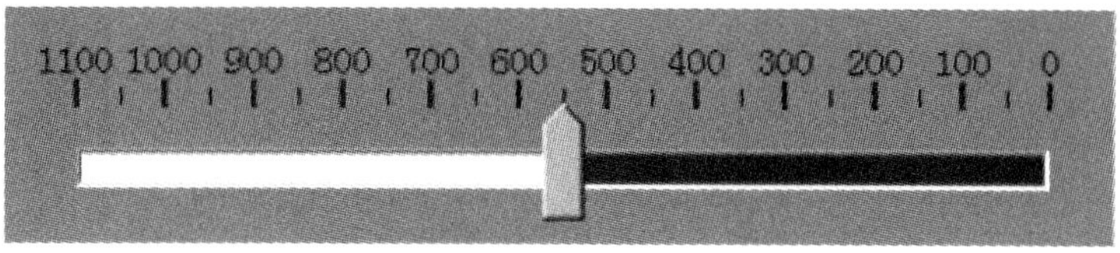

图 8.22　滑动输入器构件

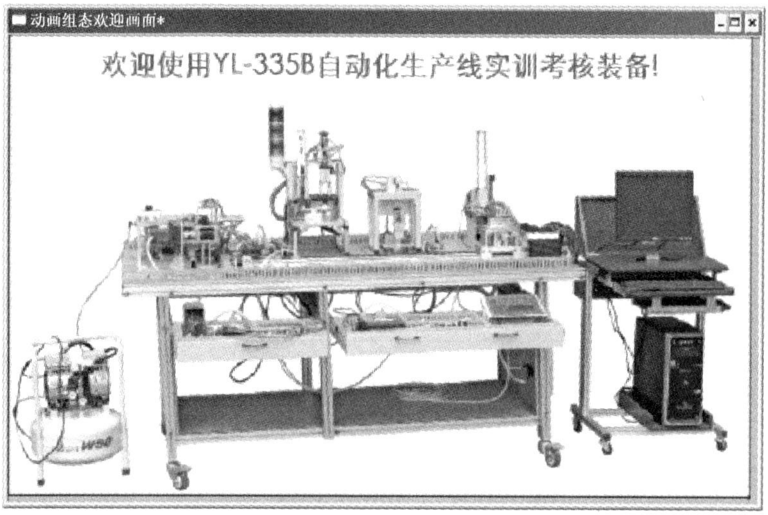

图 8.23　欢迎界面窗口

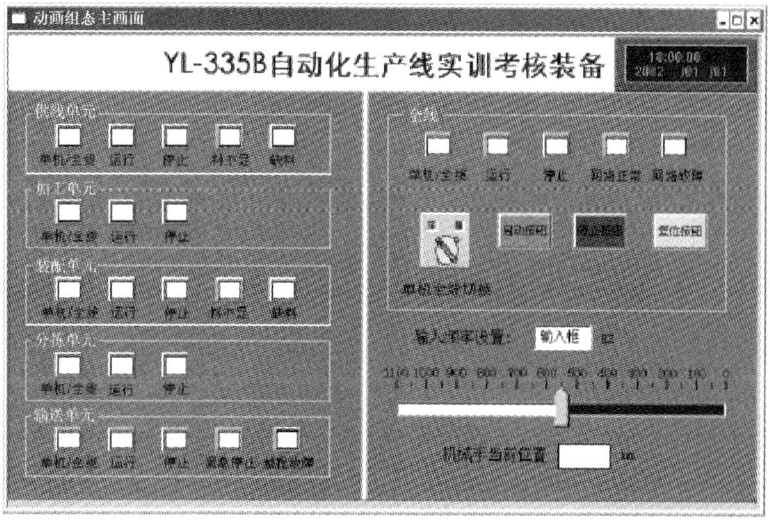

图 8.24　主操作窗口

单位为 mm)。

④指示网络的运行状态(正常、故障)。

⑤指示各工作单元的运行、故障状态。其中故障状态包括:供料单元的供料不足状态和缺料状态,装配单元的供料不足状态和缺料状态,输送单元抓取机械手装置越程故障(左或右极限开关动作)。

⑥指示全线运行时系统的紧急停止状态。

8.3.4 PLC 程序的编写与调试

YL-335B 是一个分布式控制的自动化生产线,在设计它的整体控制程序时,应首先从它的系统性着手,通过组建网络,规划通信数据,使系统组织起来。然后根据各工作单元的工艺任务,分别编制各工作站的控制程序。

1. 规划通信数据

通过分析任务书要求可以看到,网络中各站点需要交换信息量并不大,可采用模式 1 的刷新方式。各站通信数据的位数据如表 8.8 所示。这些数据位分别由各站 PLC 程序写入,全部数据为 N:N 网络所有站点共享。

表 8.8(a) 输送站(0#站)数据位定义

输送站位地址	数据意义	备注
M1000	全线运行	
M1001		
M1002	允许加工	
M1003	全线急停	
M1004		
M1005		
M1006		
M1007	HMI 联机	
M1008		
M1009		
M1010		
M1011		
M1012	请求供料	
M1013		
M1014		
M1015	允许分拣	
D0	最高频率设置	

表 8.8(b) 供料站(1#站)数据位定义

供料站位地址	数据意义	备注
M1064	初始态	
M1065	供料信号	

续表

供料站位地址	数据意义	备注
M1066	联机信号	
M1067	运行信号	
M1068	料不足报警	
M1069	缺料报警	

表 8.8(c)　加工站(2#站)数据位定义

加工站位地址	数据意义	备注
M1128	初始态	
M1129	加工完成	
M1130		
M1131	联机信号	
M1132	运行信号	

表 8.8(d)　装配站(3#站)数据位定义

供料站位地址	数据意义	备注
M1192	初始态	
M1193	联机信号	
M1194	运行信号	
M1195	工件不足	
M1196	工件没有	
M1197	装配完成	

表 8.8(e)　分拣站(4#站)数据位定义

供料站位地址	数据意义	备注
M1256	初始态	
M1257	分拣完成	
M1258	分拣联机	
M1259	分拣运行	

用于网络通信的数值数据只有一个，即来自触摸屏的频率指令数据传送到输送站后，由输送站发送到网络上，供分拣站使用。该数据被写入字数据存储区的 D0 单元内。

2. 从站单元控制程序的编写

YL－335B 各工作站在单机运行时的编程思路，在前面各项目中均作了介绍。在联机运行情况下，由工作任务书规定的各从站工艺过程是基本固定的，原单机程序中工艺控制程序基本变动不大。在单机程序的基础上修改、编制联机运行程序，实现上并不太困难。下面首先以供料站的联机编程为例说明编程思路。

联机运行情况下的主要变动,一是在运行条件上有所不同,主令信号来自系统通过网络下传的信号;二是各工作站之间通过网络不断交换信号,由此确定各站的程序流向和运行条件。

对于前者,首先须明确工作站当前的工作模式,以此确定当前有效的主令信号。工作任务书明确地规定了工作模式切换的条件,目的是避免误操作的发生,确保系统可靠运行。工作模式切换条件的逻辑判断在上电初始化(M8002 ON)后即进行。图 8.25 是实现该程序的梯形图。

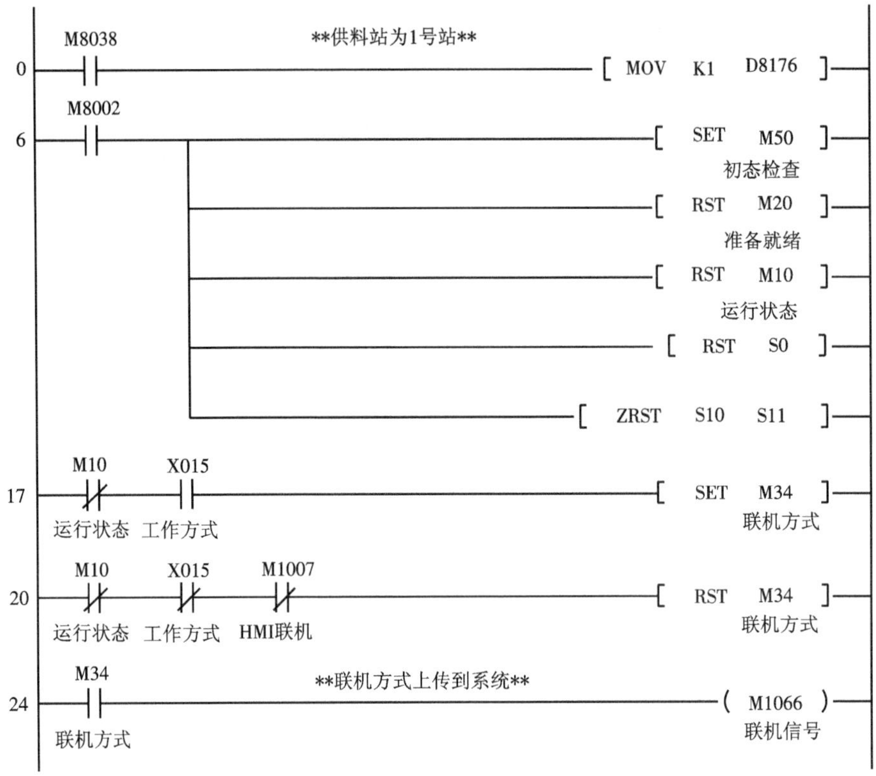

图 8.25 工作站初始化与工作方式确定

接下来的工作与前面单机时类似,即进行初始状态检查,判别工作站是否准备就绪;若准备就绪,则收到全线运行信号或本站启动信号后投入运行状态;在运行状态下,不断监视停止命令是否到来,一旦到来即置位停止指令,待工作站的工艺过程完成一个工作周期后,使工作站停止工作。梯形图如图 8.26 所示。

下一步就进入工作站的工艺控制过程了,即从初始步 S0 开始的步进顺序控制过程。这一步进程序与前面单机情况基本相同,只是增加了写网络变量向系统报告工作状态的工作。

其他从站的编程方法与供料站基本类似,此处不再详述。建议读者对照各工作站单机例程和联机例程,仔细加以比较和分析。

3. 主站单元控制程序的编制

输送站是 YL-335B 系统中最为重要同时也是承担任务最为繁重的工作单元。主要体现在:输送站 PLC 与触摸屏相连接,接收来自触摸屏的主令信号,同时把系统状态信息回馈

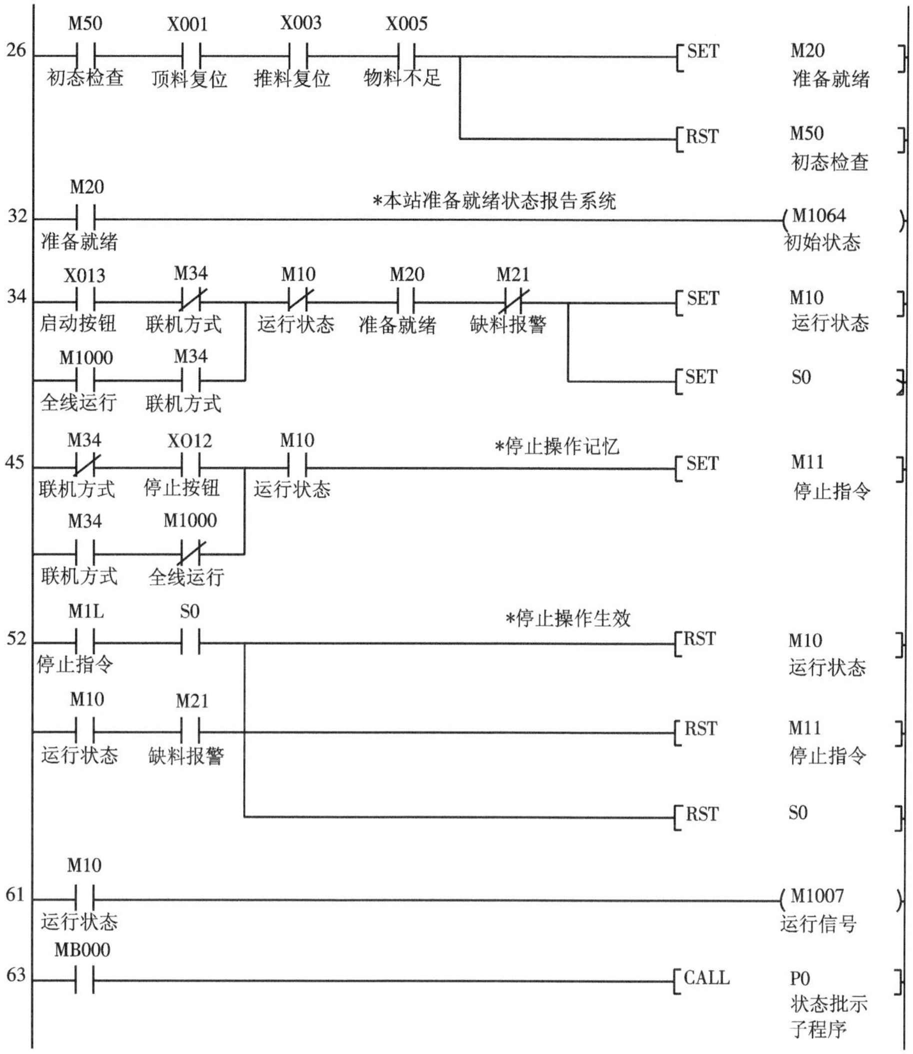

图 8.26　准备就绪及启动/停止控制程序段

到触摸屏;作为网络的主站,要进行大量的网络信息处理;需完成本单元的任务,且联机方式下的工艺生产任务与单机运行时略有差异。因此,把输送站的单机控制程序修改为联机控制,工作量要大一些。下面着重讨论编程中应注意的问题和有关编程思路。

为了使程序更为清晰合理,编写程序前应尽可能详细地规划所需使用的内存。前面已经规划了供网络变量使用的内存和存储区的地址范围。在人机界面组态中,也规划了人机界面与 PLC 的连接变量的设备通道,整理成表格形式,如表 8.9 所示。

表 8.9　人机界面与 PLC 的连接变量的设备通道

序号	连接变量	通道名称	序号	连接变量	通道名称
1	越程故障_输送	M007(只读)	14	单机/全线_供料	M1066(只读)
2	运行状态_输送	M010(只读)	15	运行状态_供料	M1067(只读)
3	单机/全线_输送	M034(只读)	16	工件不足_供料	M1068(只读)
4	单机/全线_全线	M035(只读)	17	工件没有_供料	M1069(只读)
5	复位按钮_全线	M060(只写)	18	单机/全线_加工	M1131(只读)
6	停止按钮_全线	M061(只写)	19	运行状态_加工	M1132(只读)
7	启动按钮_全线	M062(只写)	20	单机/全线_装配	M1193(只读)
8	方式切换_全线	M063(读写)	21	运行状态_装配	M1194(只读)
9	网络正常_全线	M070(只读)	22	工件不足_装配	M1195(只读)
10	网络故障_全线	M071(只读)	23	工件没有_装配	M1196(只读)
11	运行状态_全线	M1000(只读)	24	单机/全线_分拣	M1258(只读)
12	急停状态_输送	M1002(只读)	25	运行状态_分拣	M1259(只读)
13	输入频率_全线	D0(读写)	26	手爪位置_输送	D200(只读)

由于输送站承担的任务较多,联机运行时,主程序有较大的变动。

(1)每一扫描周期,须调用网络读写子程序和通信子程序。

(2)完成系统工作模式的逻辑判断,除了输送站本身要处于联机方式外,必须所有从站都处于联机方式。

(3)联机方式下,系统复位的主令信号,由 HMI 发出。在初始状态检查中,系统准备就绪的条件,除输送站本身要就绪外,所有从站均应准备就绪。因此,初态检查复位子程序中,除了完成输送站本站初始状态检查和复位操作外,还要通过网络读取各从站准备就绪信息。

(4)总的来说,整体运行过程仍是按初态检查→准备就绪→等待启动→投入运行等几个阶段逐步进行,但阶段的开始或结束的条件则发生变化。

(5)为了实现急停功能,程序主体控制部分需要放在主控指令中执行,即放在 MC(主控)和 MCR(主控复位)指令间。但本工作任务规定输送站采用伺服电机驱动,没有必要编制急停处理子程序,直接用急停按钮信号(常闭触点)即可作为主控块的启动条件。

以上是主程序编程思路,下面给出主程序清单,如图 8.27(a)、(b)、(c)、(d)、(e)、(f)所示。

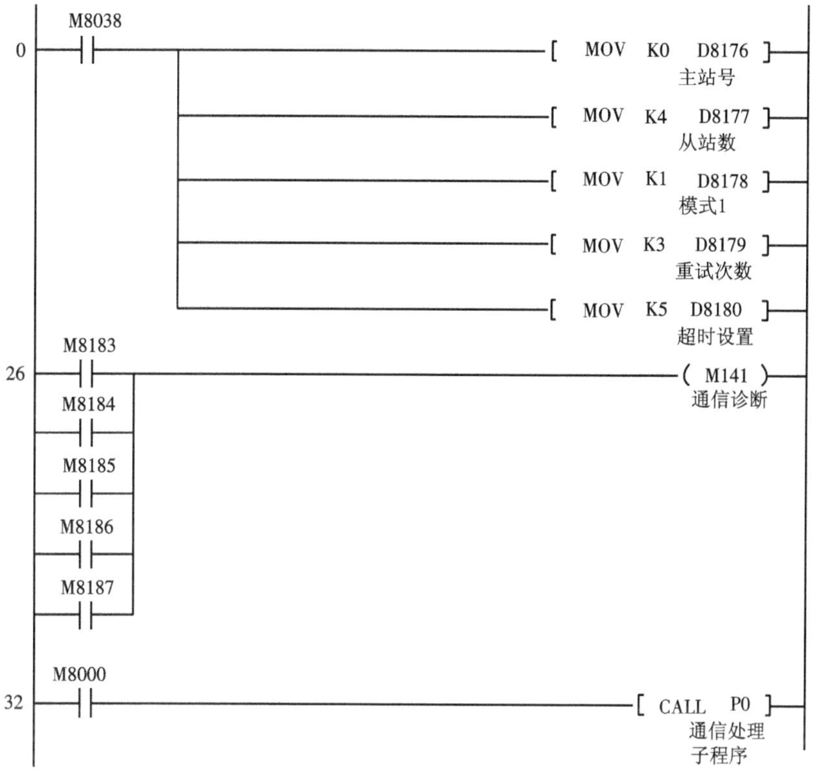
M8038
0
MOV K0 D8176
主站号
MOV K4 D8177
从站数
MOV K1 D8178
模式1
MOV K3 D8179
重试次数
MOV K5 D8180
超时设置
26
M8183
M8184
M8185
M8186
M8187
M141
通信诊断
32
M8000
CALL P0
通信处理
子程序

（a）

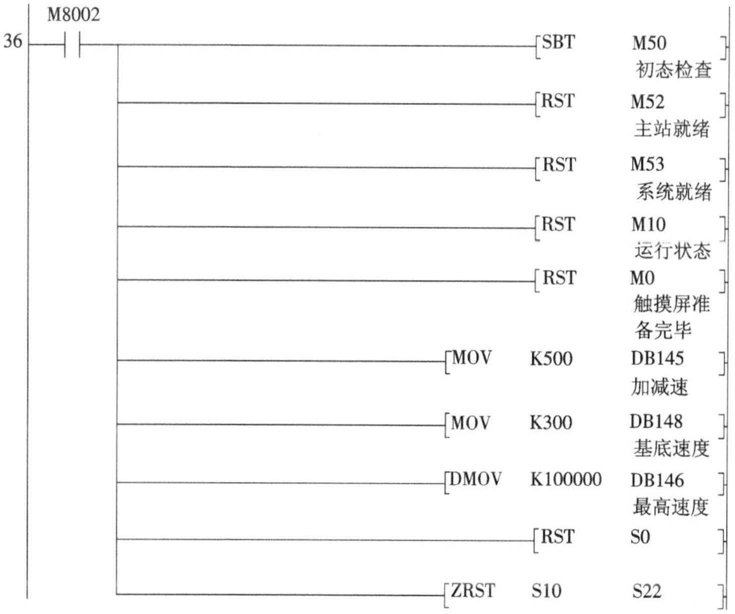
36
M8002
SBT M50
初态检查
RST M52
主站就绪
RST M53
系统就绪
RST M10
运行状态
RST M0
触摸屏准
备完毕
MOV K500 DB145
加减速
MOV K300 DB148
基底速度
DMOV K100000 DB146
最高速度
RST S0
ZRST S10 S22

（b）

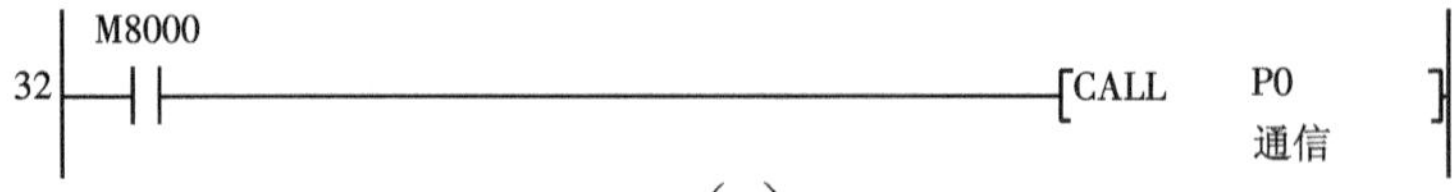
M8000
32
CALL
P0
通信

（c）

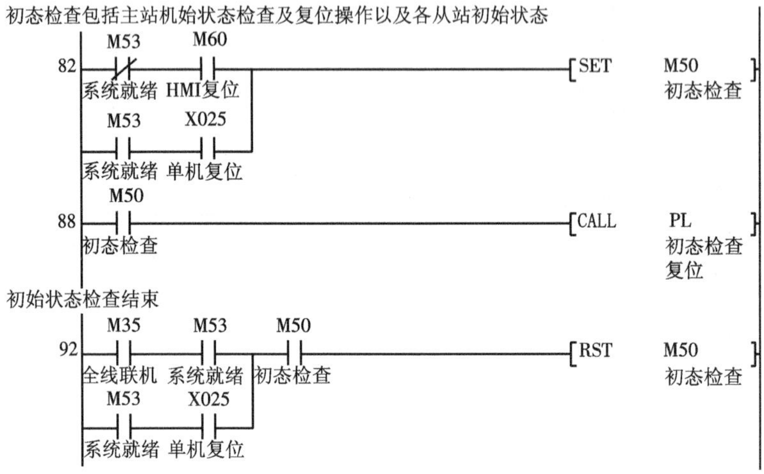
初态检查包括主站机始状态检查及复位操作以及各从站初始状态
M53
M60
82
SET
M50
系统就绪
HMI复位
初态检查
M53
X025
系统就绪
单机复位
M50
88
CALL
PL
初态检查
初态检查
复位
初始状态检查结束
M35
M53
M50
92
RST
M50
全线联机
系统就绪
初态检查
初态检查
M53
X025
系统就绪
单机复位

（d）

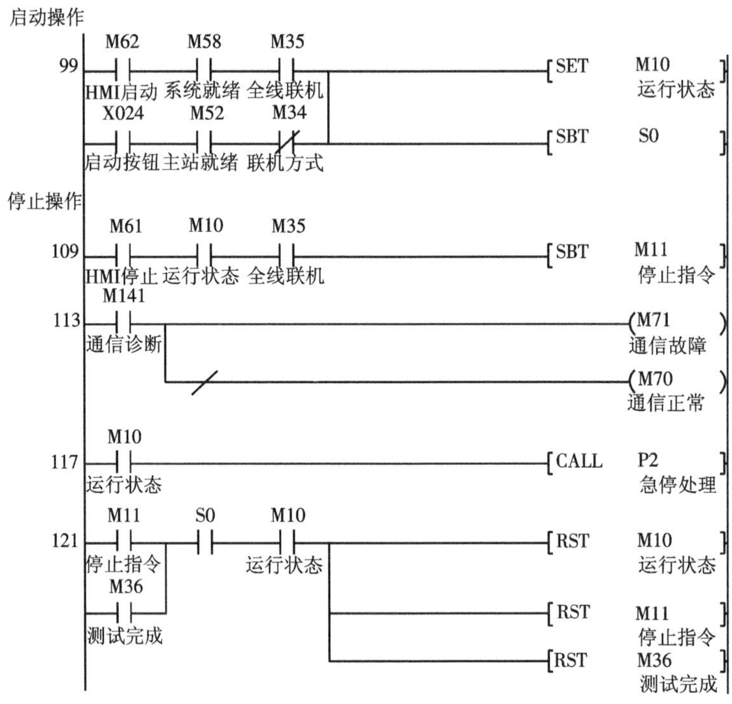
启动操作
M62
M58
M35
99
SET
M10
HMI启动
系统就绪
全线联机
运行状态
X024
M52
M34
SBT
S0
启动按钮
主站就绪
联机方式
停止操作
M61
M10
M35
109
SBT
M11
HMI停止
运行状态
全线联机
停止指令
M141
113
M71
通信诊断
通信故障
M70
通信正常
M10
117
CALL
P2
运行状态
急停处理
M11
S0
M10
121
RST
M10
停止指令
运行状态
运行状态
M36
RST
M11
测试完成
停止指令
RST
M36
测试完成

（e）

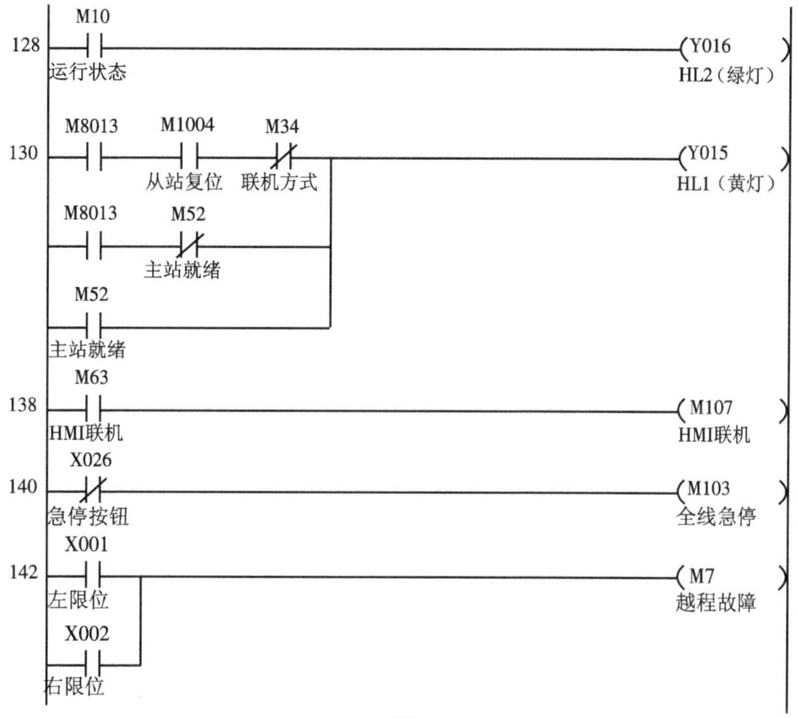

（f）

图 2.27　通信参数设置

（a）通信参数设置及通信子程序调用；（b）标志位复位的脉冲参数设置；（c）调用通信子程序；（d）初始检测；（e）启停控制、急停处理；（f）状态指示等

4. 运行控制子程序的结构

输送站联机的工艺过程与单机过程仅略有不同，需修改之处并不多，主要有如下几点。

（1）项目 7 工作任务中，传送功能测试子程序在初始步就开始执行机械手往供料站出料台抓取工件，而联机方式下，初始步的操作应为通过网络向供料站请求供料，收到供料站供料完成信号后，如果没有停止指令，则转移下一步即执行抓取工件。

（2）单机运行时，机械手往加工站加工台放下工件，等待 2 s 取回工件，而联机方式下，取回工件的条件是收到来自网络的加工完成信号。装配站的情况与此相同。

（3）单机运行时，测试过程结束即退出运行状态。联机方式下，一个工作周期完成后，返回初始步，如果没有停止指令开始下一工作周期。

由此，在项目 7 传送功能测试子程序基础上修改的运行控制子程序流程说明如图 8.28 所示。

5. 通信子程序

“通信”子程序的功能包括从站报警信号处理、转发（从站间、HMI）以及向 HMI 提供输送站机械手当前位置信息。主程序在每一扫描周期都调用这一子程序。

（1）报警信号处理、转发包括：

①供料站工件不足和工件没有的报警信号转发往装配站，为警示灯工作提供信息；

②处理供料站“工件没有”或装配站“零件没有”的报警信号；

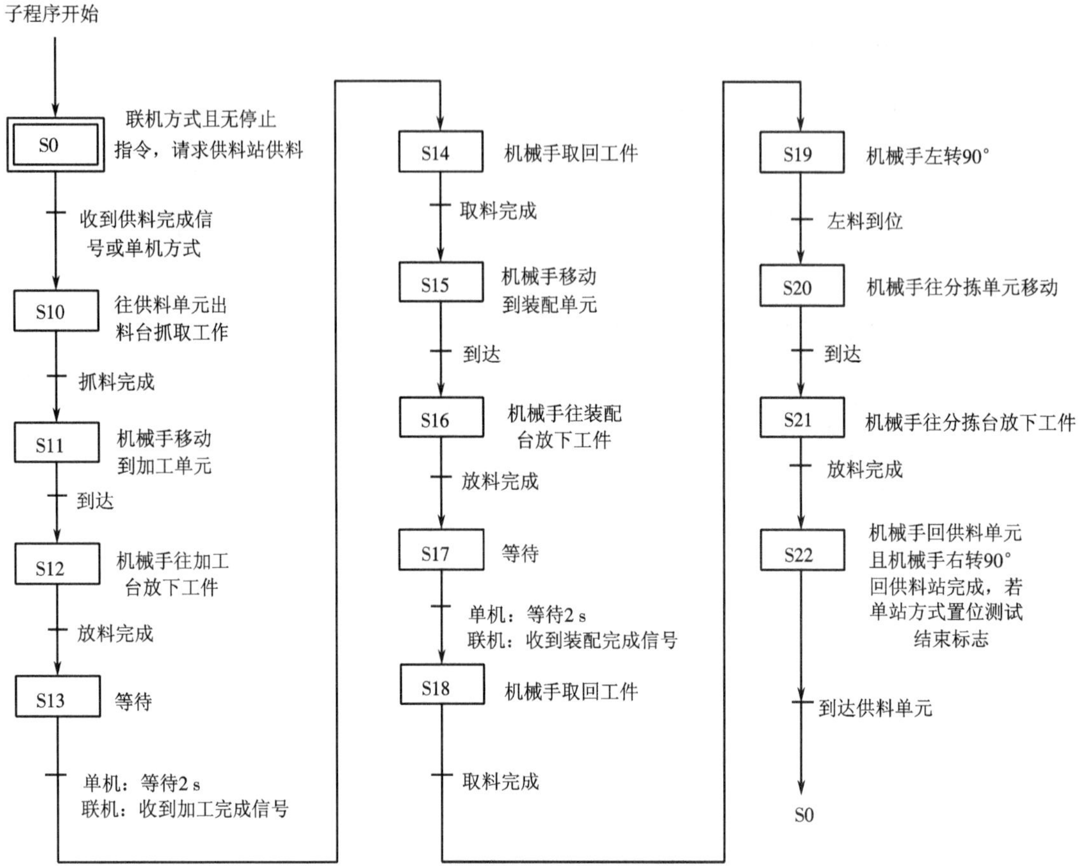

图 8.28　运行控制子程序流程

③向 HMI 提供网络正常/故障信息。

(2)向 HMI 提供输送站机械手当前位置信息，由脉冲累计数除以 100 得到。

①在每一扫描周期把以脉冲数表示的当前位置转换为长度信息(mm)，转发给 HMI 的连接变量 D200(双字)。

②当机械手运动方向改变时，相应改变高速计数器 HC0 的计数方式(增或减计数)。

③每当返回原点完成后，脉冲累计数被清零。

第 2 篇

天煌 THJDAL－2 自动化生产线安装与调试

项目9 THJDAL－2自动化生产线认知

9.1 THJDAL－2的基本组成

THJDAL－2自动化生产线是一种最为典型的机电一体化产品，其结构如图9.1所示，适用于机电一体化、自动化等相关专业的教学和培训。该装置采用型材结构，其上安装有井式供料、切削加工、多工位装配、气动机械手搬运、皮带传送分拣等工作站及相应的电源模块、按钮模块、PLC模块、变频器及交流电机模块、步进电机驱动模块、伺服电机驱动模块和各种工业传感器等控制检测单元。系统采用PLC工业网络通信技术实现系统联动，真实再现工业自动化生产线中的供料、检测、搬运、切削加工、装配、输送、分拣过程。它在接近工业生产制造现场基础上又针对教学及实训目的进行了专门设计，强化了自动化生产线的安装与调试能力，能较好地满足工学结合和以工作过程为导向的项目教学法。

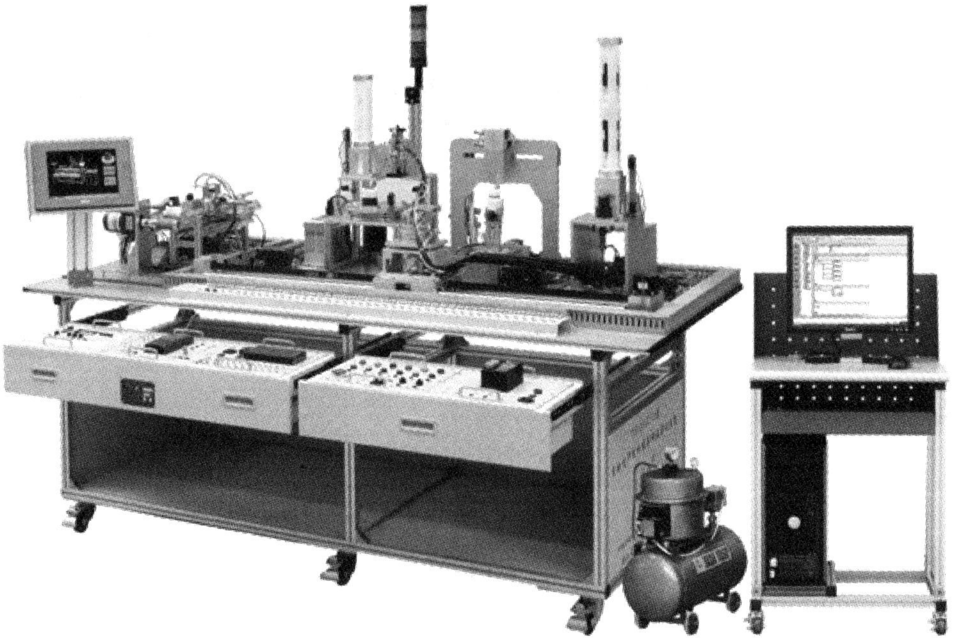

图9.1 THJDAL－2自动化生产线设备结构

THJDAL－2自动化生产线由型材实训台、供料站、加工站、装配站、成品分拣站、搬运站、电源模块、按钮模块、PLC模块、变频器模块、步进电机驱动器模块、传感器、警示灯、电磁阀和I/O接口板等组成，完成工件上料、加工、装配、分拣、输送等功能。整体结构采用开放式和拆装式设计，学生可以对各零件、部件、单元，直至整体机构进行零部件拆装、调试和运行。该装置的基本配置见表9.1。

表 9.1 THJDAL-2 自动化生产线基本配置表

序号	名称	规 格	数量	单位	备注
1	工作台	1 980 mm×960 mm×800 mm	1	张	
2	PLC 模块	西门子 CPU 222(AC/DC/RLY)	2	台	8DI/6DO
		西门子 CPU 224(DC/DC/DC)	2	台	14DI/10DO
		西门子 CPU 226(DC/DC/DC)	1	台	24DI/16DO
3	变频器模块	西门子 MM 420 功率≥0.75 kW	1	台	
4	电源模块	三相电源总开关(带漏电和短路保护)1 个、熔断器 4 只、单相三极电源插座 4 个、安全插座 7 只,DC24V 5A 电源	1	块	
5	按钮模块	开关电源 24 V/6 A 1 组、转换开关 2 只、复位按钮(红、黄、绿各 1 只)、自锁按钮(红、黄、绿各 1 只)、24 V 指示灯(红、黄、绿各 2 只)、急停按钮 1 只、蜂鸣器 1 只	1	块	
6	步进电机驱动模块	由步进电机驱动器、指示灯、开关电源组成	1	套	
7	伺服电机驱动模块	由交流伺服电机、伺服电机驱动器组成	1	套	
8	触摸屏模块	10.4 in TFT 真彩,65K 色	1	套	
9	供料机构	主要由井式工件库、推料气缸、物料台、光电传感器、磁性开关、电磁阀、支架、机械零部件构成	1	套	
10	加工机构	主要由物料台、物料夹紧装置、龙门式二维运动装置、主轴电机、刀具以及相应的传感器、磁性开关、电磁阀、步进电机及驱动器、主轴电机、滚珠丝杠副、支架、机械零部件构成	1	套	
11	装配机构	主要由井式供料单元、三工位旋转工作台、平面轴承、冲压装配单元、光电传感器、电感传感器、磁性开关、电磁阀、交流伺服电机及驱动器、支架、机械零部件构成	1	套	
12	分拣机构	主要由传送带、变频器、三相交流减速电机、旋转气缸、磁性开关、电磁阀、调压过滤器、光电传感器、光纤传感器、对射传感器、计数器、支架、机械零部件构成	1	套	
13	搬运机构	主要由直线电机驱动器、直线导轨、四自由度搬运机械手、定位开关、行程开关、支架、机械零部件构成	1	套	
14	接线端子板	接线端子排及安全型插座	1	套	
15	工件	含大小黑白工件	1	套	
16	电源线	单相三芯电源线	4	根	
17	实训导线	强电、弱电连接导线	1	套	
18	挂线架		1	件	
19	PU 气管	ϕ4/ϕ6 若干	1	套	
20	气动接头	气动快插式三通接头 EPE6	5	只	
21	PLC 编程电缆	PC/PPI	2	根	
22	配套光盘	PLC 编程软件(DEMO 版)、使用手册、程序等	1	套	

续表

序号	名称	规　格	数量	单位	备注
23	配套工具	工具箱：十字长柄螺丝刀，大、中、小号一字螺丝刀，中、小号十字螺丝刀，钟表螺丝刀，剥线钳，尖嘴钳，剪刀，电烙铁，验电笔，镊子，活动扳手，内六角扳手(8把)	1	套	
24	挂线架	TH－JD20	1	个	
25	型材电脑桌	TH－JD21	1	张	
26	静音气泵	0.4～0.8 MPa	1	台	
27	计算机	品牌机	1	台	用户自配

9.2　THJDAL－2 的基本功能

(1)本实训装置贴近工业现场要求，是典型的自动化生产线，设备的选材、工艺、流程、结构、控制等各方面都从实际工业现场出发，考虑工学结合要求，有机融合了机械、电气、气动、传感器、交流电机变频调速、步进电机驱动控制、伺服电机驱动控制、PLC 控制及工业通信网络等多种技术，能开展任务驱动的项目教学法。

(2)整体结构采用开放式和拆装式，具有明显的动手拆装实训功能，可以拆装到各零部件及每颗细小的螺丝，能很好地服务于项目实训教学；能根据不同的任务进行更换组合模块，具有很强的可重组性，使教学或竞赛时可方便地选择需要的模块，非常适合自动化技能实训需求。

(3)用于教学，可按工作过程导向、工学结合的模式规划教学活动，可完成多种工业现场环境下的技能培训工作任务。

该实训考核装置 PLC 模块 I/O 端子、变频器接线端子、各常用模块接线端子，均采用安全型插座，使用带安全插头的导线进行电路连接；各指令开关、光电开关、传感器和指示元件的电路通过端子排进行连接。插拔线连接电路与端子排连接电路相结合，既保证学生基本技能的训练、形成和巩固，又保证电路连接的快速、安全和可靠。

9.3　自动化生产线中的各功能模块

(1)电源模块(图 9.2(a))：三相四线 380 V 交流电源经三相电源总开关后给系统供电，设有保险丝，具有漏电和短路保护功能，提供两组单相双联暗插座，可以给外部设备、模块供电，并提供单、三相交流电源，同时配有安全连接导线。

(2)PLC 模块(图 9.2(b))：搬运站 PLC 采用西门子 CPU 226(DC/DC/DC)主机，内置数字量 I/O(24 路数字量输入/16 路数字量输出)，具有 2 轴脉冲输出功能，每个 PLC 的输入端均设有输入开关，PLC 的 I/O 接口均已连接到面板上，方便用户使用。

(3)按钮模块(图 9.2(c))：提供红、黄、绿三种指示灯(DC 24 V)，复位、自锁按钮，急停开关，转换开关，蜂鸣器；提供 24 V/6 A、12 V/5 A 直流电源，为外部设备提供直流电源。

(4)变频器模块(图 9.2(d))：系统采用西门子 MM420 系列高性能变频器，三相交流

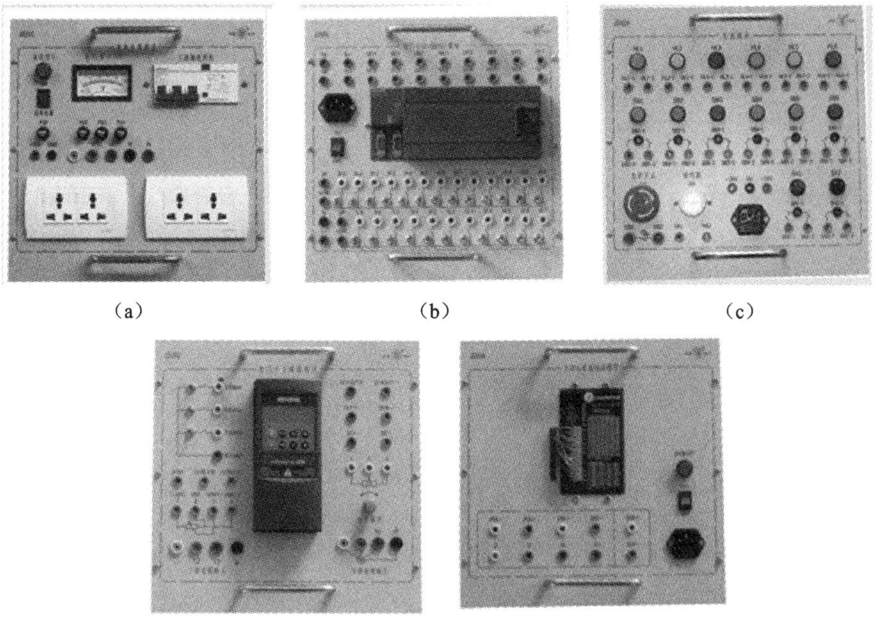

(a) (b) (c) (d) (e)

图 9.2 THJDAL－2 自动线中的各功能模块

(a)电源模块;(b)PLC 模块;(c)按钮模块;(d)变频器模块;(e)步进电机驱动器模块

380 V 电源供电,输出功率 0.75 kW。具有八段速控制制动功能、再试功能以及根据外部 SW 调整频率增件和记忆功能;具备电流控制保护、跳闸(停止)保护、防止过电流失控保护、防止过电压失控保护功能。

(5)步进电机驱动器模块(图 9.2(e)):采用工业级步进电机驱动器,直流 24 V 供电,安全可靠,且脉冲信号端、方向控制端、紧急制动端、电机输出端等均已引至面板上,采用开放式设计,符合实训安装要求。

项目 10　供料单元安装与调试

10.1　供料单元的组成及功能

供料单元由井式工件库、PLC 主机、推料气缸、物料台、光电传感器、磁性传感器、电磁阀、支架、机械零部件构成，主要功能是按照需要将放置在料仓中的待加工工件自动推出到物料台上，以便输送单元的机械手将其抓取并输送到其他站。其结构如图 10.1 所示，其主要结构和功能介绍如下。

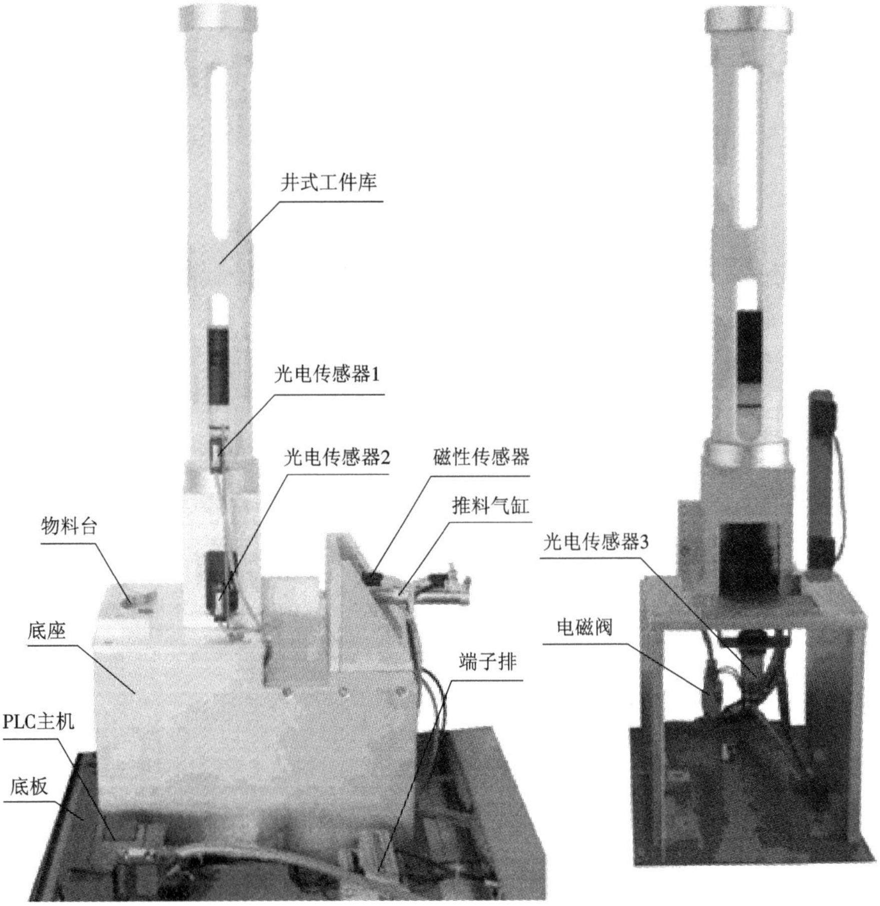

图 10.1　供料单元结构图

(1)井式工件库：存放黑白两种工件。

(2)PLC 主机：供电电源采用 AC 220 V，控制端子与端子排相连。

(3)光电传感器 1：用于检测井式工件库物料是否充足。当井式工件库有物料时给 PLC

提供输入信号。物料的检测距离可由光电传感器头的旋钮调节,调节检测范围为1~9 cm。

(4)光电传感器2:用于检测工件库是否有物料。当工件库有物料时给PLC提供输入信号。物料的检测距离可由光电传感器头的旋钮调节,调节检测范围为1~9 cm。

(5)光电传感器3:用于检测物料台上是否有物料。当物料台上有物料时给PLC提供输入信号。

(6)磁性传感器:用于气缸的位置检测,当检测到气缸准确到位后给PLC发出一个到位信号。

(7)电磁阀:用于控制气缸伸缩,当PLC给电磁阀一个信号时,电磁阀动作,气缸推出。

(8)推料气缸:由单控电磁阀控制,当电磁阀得电,气缸伸出,同时将物料送至物料台上。

(9)端子排:用于连接PLC的I/O端口与各传感器和电磁阀。其中下排1~3和上排1~3号端子短接,并经过带保险的端子与+24 V相连,上排4~11号端子短接并与0 V相连。

其主要技术指标和元器件配置如下。

(1)控制电源:直流24 V/2 A。

(2)PLC主机:CPU 222(AC/DC/RLY)(可根据需要选择其他品牌)。

(3)光电传感器1:E3Z-LS63。

(4)光电传感器2:E3Z-LS63。

(5)光电传感器3:SB03-1K。

(6)磁性传感器:D-C73L。

(7)电磁阀:SY5120。

(8)推料气缸:CDJ2KB16-75。

10.2　供料单元的气动控制回路

气动控制系统是本工作单元的执行机构,该执行机构的逻辑控制功能是由PLC实现的。本单元只有一个执行气缸,即推料气缸。该气缸为标准双作用直线气缸,气缸的伸出与缩回由一个二位五通电磁换向阀控制。气动控制回路的工作原理如图10.2所示。1B1、1B2为安装在推料气缸的两个极限工作位置的磁性传感器,1Y1为控制推料气缸的电磁阀。

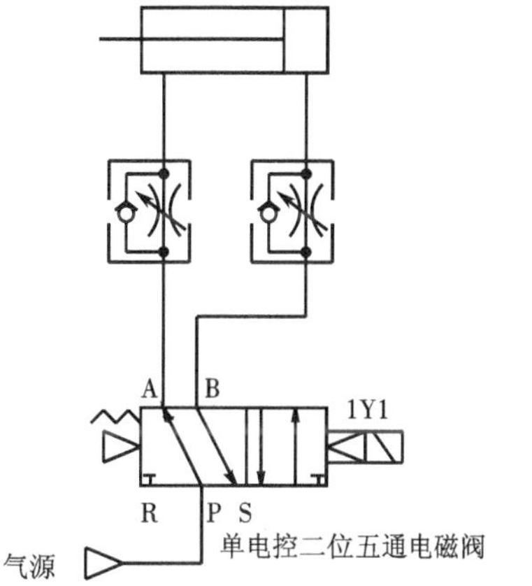

图10.2　供料单元气动控制回路原理图

10.3　供料单元的电气接线

1. PLC控制系统接线

西门子系统中供料单元PLC选用CPU 222(AC/DC/RLY)型号,三菱系统中PLC选用FX_{2N}-16MR型号。其接线原理图分别如图10.3和图10.4所示。

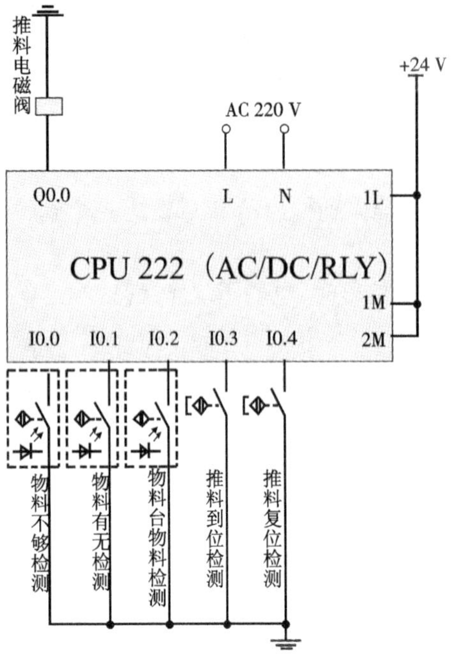

图 10.3　供料单元西门子 PLC 接线原理图

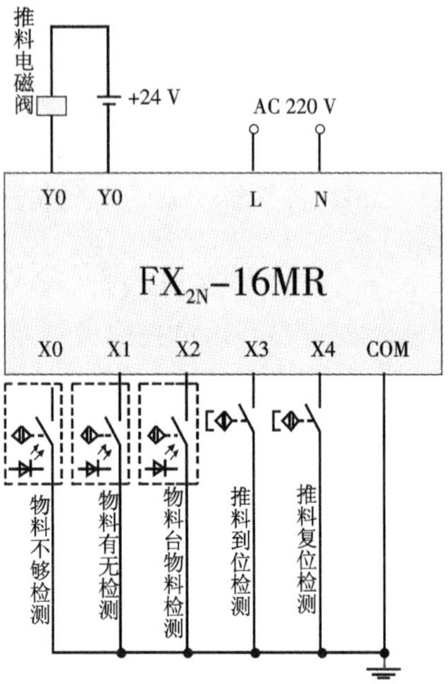

图 10.4　供料单元三菱 PLC 接线原理图

2. 端子排接线

天煌自动化生产线只有设备侧的端子排，采用两层端子结构。电源、传感器信号、电磁阀信号均通过端子排接到 PLC 的 I/O 口。

西门子系统中端子排的接线如图 10.5 所示。

(1)光电传感器引出线：棕色接" +24 V"电源，蓝色接"0 V"，黑色接 PLC 输入。

(2)磁性传感器引出线：蓝色接"0 V"，棕色接 PLC 输入。

(3)电磁阀引出线：黑色接"0 V"，红色接 PLC 输出。

三菱系统中端子排的接线如图 10.6 所示。

(1)光电传感器引出线：棕色接" +24 V"电源，蓝色接"0 V"，黑色接 PLC 输入。

(2)磁性传感器引出线：蓝色接"0 V"，棕色接 PLC 输入。

(3)电磁阀引出线：红色接" +24 V"，黑色接 PLC 输出。

10.4　供料单元的 PLC 控制系统

1. 工作流程

系统启动后，若供料站的物料台上没有工件且料仓内有工件，则气缸伸出，把工件推到物料台上；然后气缸缩回，料仓内的工件落下，同时向系统发出物料台上有工件信号。若供料单元的工件库内没有工件或工件不足，则向系统发出报警信号。物料台上的工件被搬运单元机械手取出后，若系统启动信号仍然为 ON，则进行下一次推出工件的循环动作。当按下停止按钮后，系统完成一个循环时停止动作。

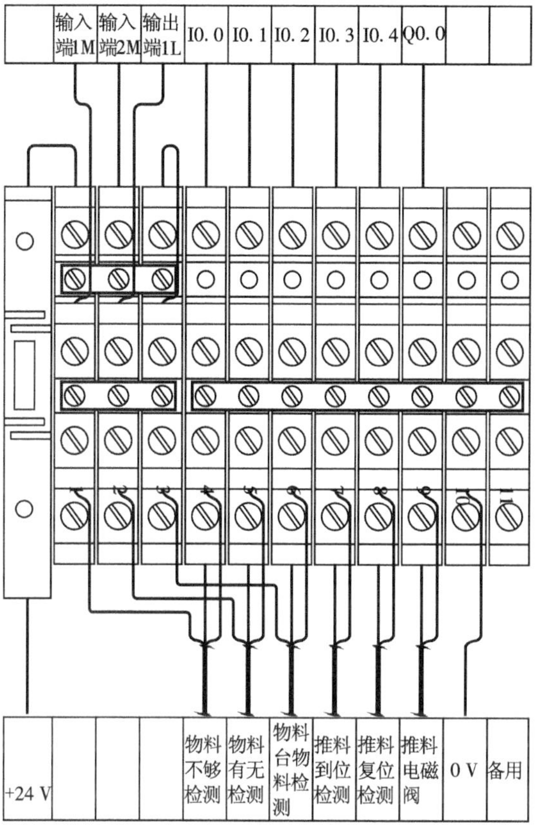

图 10.5　供料单元西门子系统端子排接线图

2. PLC 编程要点

PLC 上电后应首先进入初始状态检查阶段，确认系统已经准备就绪后，才允许投入运行，这样可及时发现存在的问题，避免出现事故。例如，气缸在上电和气源接入时不在初始位置，显然在这种情况下不允许系统投入运行。通常机电设备的 PLC 控制系统往往有这种常规的要求。

动作流程的控制程序比较简单，在此就不再详述。

全线运行时需要编写通信程序，THJDAL－2 采用 RS485 串行通信实现网络控制方案。系统的启动信号、停止信号、复位信号均从连接到搬运站（主站）的按钮/指示灯模块或触摸屏发出，经搬运站 PLC 程序处理后，向各从站发送控制要求，以实现各站的复位、启动、停止操作。各从站在运行过程中的状态信号，应存储到该单元 PLC 规划好的数据缓冲区，以实现整个系统的协调运行。

网络读写数据规划表见表 10.1。

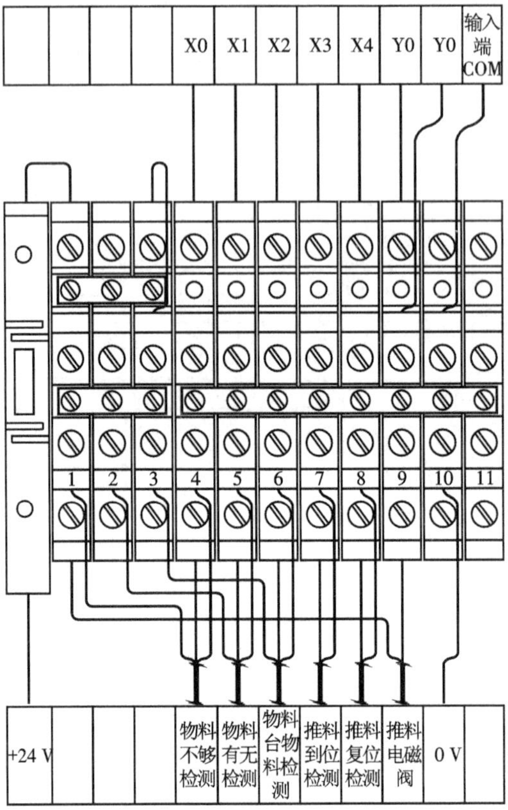

图 10.6　供料单元三菱系统端子排接线图

表 10.1　网络读写数据规划表

序号	西门子系统		三菱系统	功能
	主站 1(搬运站)	从站 2(供料站)		
1	V1200.0	V1010.0	M1064	供料站复位完成
2	V1200.1	V1010.1	M1065	供料站工件不够
3	V1200.2	V1010.2	M1066	供料站工件有无
4	V1200.3	V1010.3	M1067	供料站物料台工件有无

项目11　加工单元安装与调试

11.1　加工单元的组成及功能

加工单元由物料台、物料夹紧装置、龙门式二维运动装置、主轴电机、刀具以及相应的传感器、磁性开关、电磁阀、步进电机及驱动器、滚珠丝杠、支架、机械零部件构成，主要完成工件模拟钻孔、切削加工。其具体结构如图11.1所示，其主要结构和功能介绍如下。

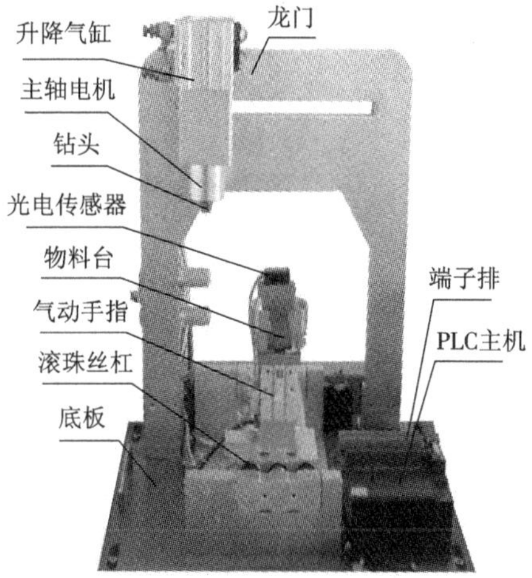

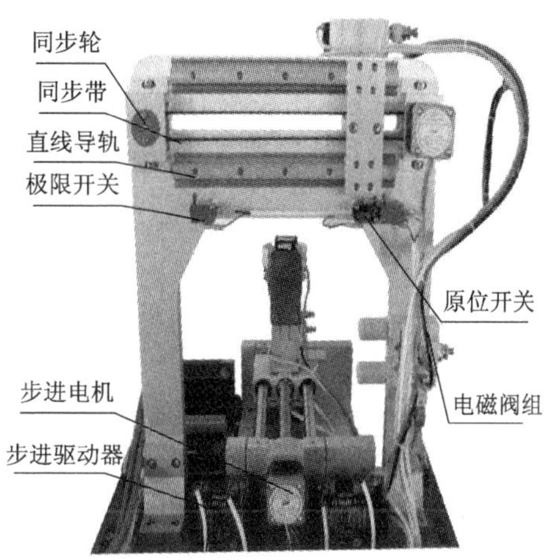

图11.1　加工单元结构图

(1)PLC主机：控制端子与端子排相连。

(2)步进电机及驱动器：用于驱动龙门式二维运动装置。

(3)光电传感器：用于检测物料台是否有物。当物料台有物时给PLC提供输入信号。物料的检测距离可由光电传感器头的旋钮调节，调节检测范围为1～9 cm。

(4)磁性传感器1：用于气动手指的位置检测，当检测到气动手指夹紧后给PLC发出一个到位信号。

(5)磁性传感器2：用于升降气缸的位置检测，当检测到升降气缸准确到位后给PLC发出一个到位信号。

(6)行程开关：*X*轴、*Y*轴装有六个行程开关，其中两个给PLC提供两轴的原点信号，另外四个用于硬件保护，当任何一轴运行过头，碰到行程开关时断开步进电机控制信号公共端。

(7)电磁阀组：气动手指、升降气缸均用二位五通的带手控开关的单控电磁阀控制，两个单控电磁阀集中安装在带有消声器的汇流板上。当PLC给电磁阀一个信号时，电磁阀动作，对应气缸动作。

(8)气动手指：由单控电磁阀控制。当气动电磁阀得电时，气动手指夹紧工件。

(9)升降气缸：由单控电磁阀控制。当气动电磁阀得电时，气缸伸出，带动主轴电机上下运动。

(10)主轴电机:用于驱动模拟钻头。

(11)滚珠丝杆:用于带动气动手指沿 *Y* 轴移动,并实现精确定位。

(12)同步轮、同步带:用于带动主轴沿 *X* 轴移动,并实现精确定位。

(13)端子排:用于连接 PLC 的 I/O 端口与各传感器和电磁阀。其中下排 1 ~4 和上排 1 ~4 号端子短接并经过带保险的端子与 +24 V 相连,上排 5 ~19 号端子短接并与 0 V 相连。

其主要技术指标和元器件配置如下。

(1)控制电源:直流 24 V/2 A。

(2)PLC 主机:CPU 224(DC/DC/DC)(可根据需要选择其他品牌)。

(3)步进电机驱动器:M415B。

(4)步进电机:42J1834 -810。

(5)光电传感器:E3Z -LS63。

(6)磁性传感器 1:D -Z73。

(7)磁性传感器 2:D -A73。

(8)行程开关:RV -165 -1C25。

(9)电磁阀:SY5120。

(10)气动手指:MHZ2 -20D。

(11)升降气缸:CDQ2B50 -20。

11.2 加工单元的气动控制回路

加工单元共有两个气缸,一个是执行夹紧动作的气动手指,另一个是执行冲压动作的直线气缸。这两类气缸在 YL -335B 自动化生产线部分已讲述过。两个气缸的动作分别由一个单电控二位五通电磁换向阀控制。气动控制回路的工作原理,如图 11.2 所示,1B、2B1、2B2 为安装在气缸的极限工作位置的磁性传感器,1Y1、2Y1 为控制气缸的电磁阀。

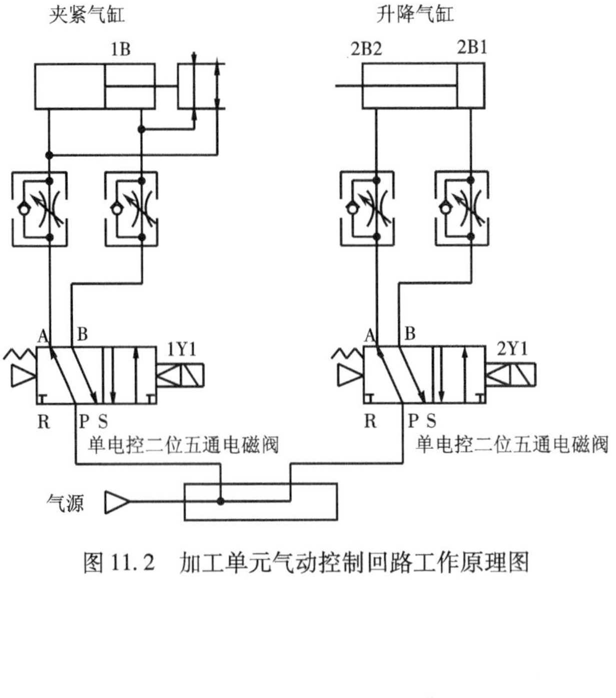

图 11.2　加工单元气动控制回路工作原理图

11.3　加工单元的电气接线

1. PLC 控制系统接线

西门子系统中加工单元 PLC 选用 CPU 224(DC/DC/DC)型号,三菱系统中 PLC 选用 FX_{2N} -16MT 型号。其接线原理图分别如图 11.3 和图 11.4 所示。

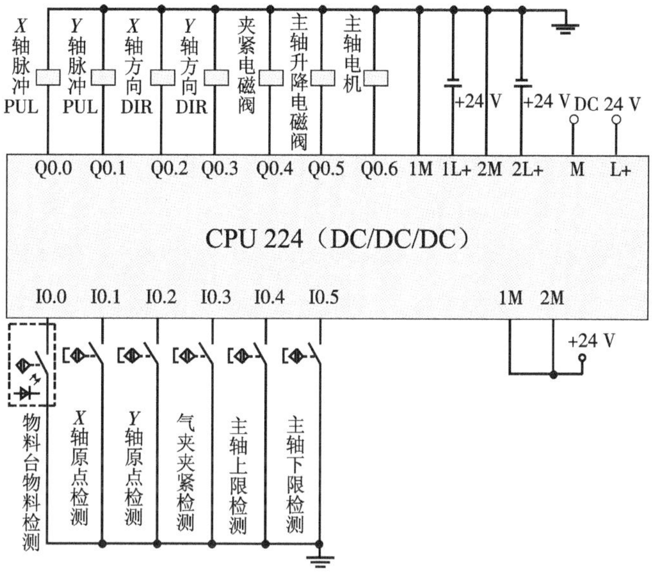

图 11.3　加工单元西门子系统 PLC 接线图

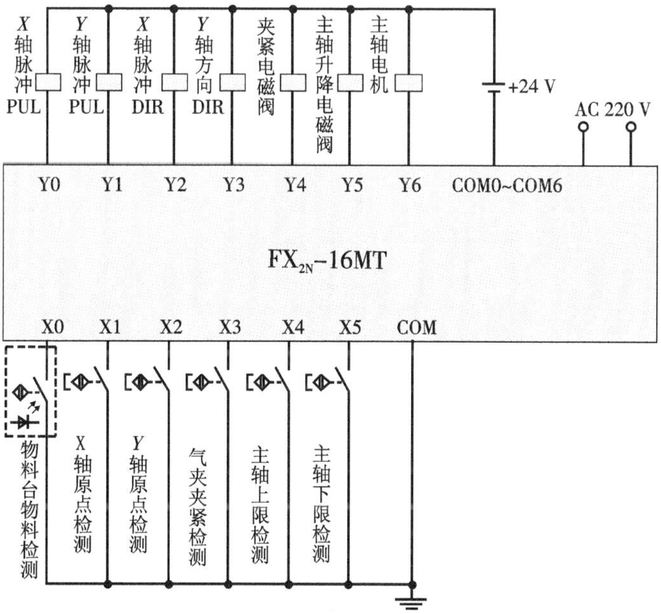

图 11.4　加工单元三菱系统 PLC 接线图

2. 端子排接线

设备侧端子排采用两层端子结构。电源、传感器信号、电磁阀信号均通过端子排接到 PLC 的 I/O 口。

西门子系统中端子排的接线如图 11.5 所示。

(1)光电传感器引出线:棕色接“ +24 V”电源,蓝色接“0 V”,黑色接 PLC 输入。

(2)磁性传感器引出线:蓝色接“0 V”,棕色接 PLC 输入。

(3)电磁阀引出线:黑色接“0 V”,红色接 PLC 输出。

三菱系统中端子排的接线如图 11.6 所示。

(1)光电传感器引出线:棕色接“ +24 V”电源,蓝色接“0 V”,黑色接 PLC 输入。

(2)磁性传感器引出线:蓝色接“0 V”,棕色接 PLC 输入。

(3)电磁阀引出线:红色接“ +24 V”,黑色接 PLC 输出。

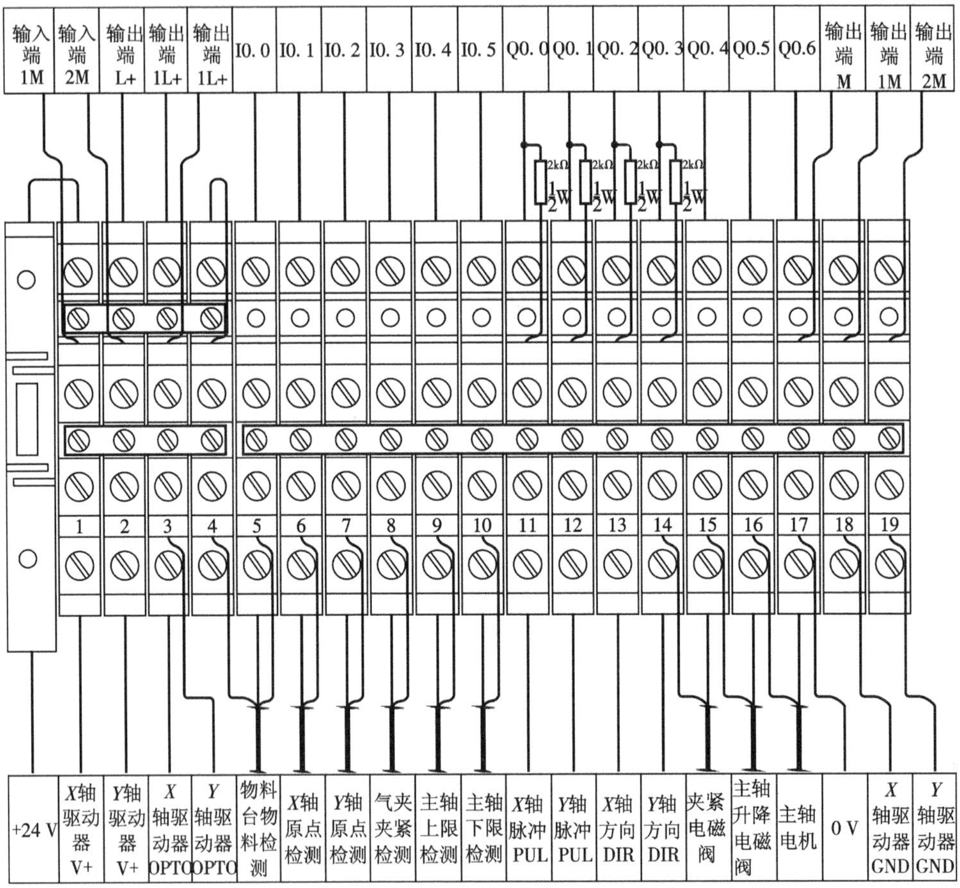

图 11.5　加工单元西门子系统端子排接线图

3. 步进电机驱动器接线

选用 M415B 两相步进电机,其驱动器的主要参数如下。

(1)供电电压:直流 12 ~40 V。

(2)输出相电流:0.21 ~1.5 A。

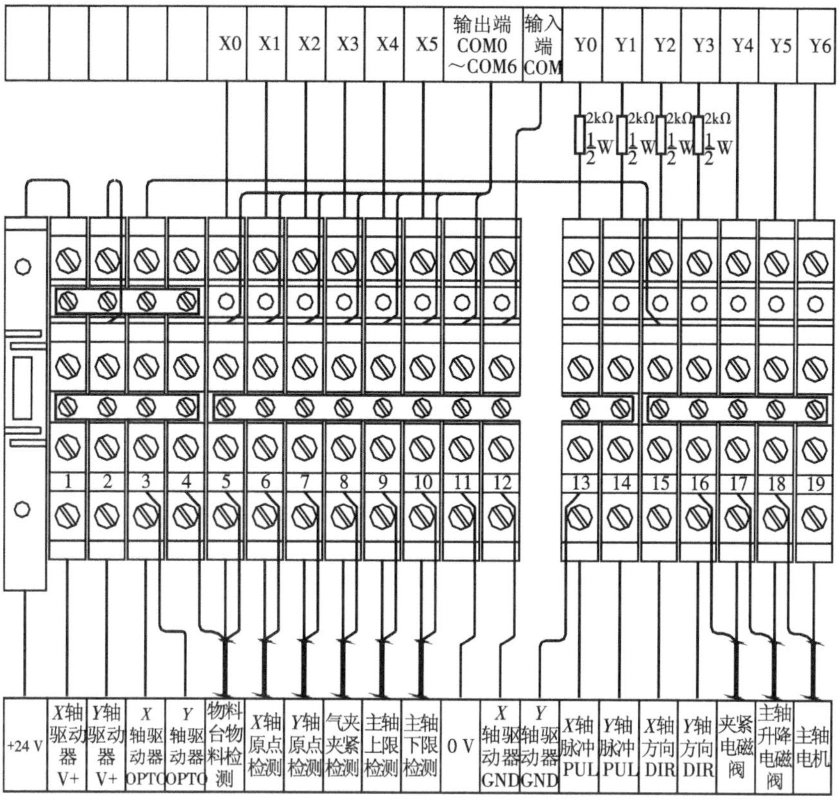

图 11.6　加工单元三菱系统端子排接线图

(3)控制信号输入电流:6 ~20 mA。

在驱动器的侧面连接端子中间有 6 位 SW 功能设置开关,用于设定电流和细分。该站 *X* 轴、*Y* 轴驱动器电流都设定为 0.84 A,细分设定为 16。设定方式及对应电流值见表 11.1 和表 11.2。

表 11.1　设定方式及对应电流

序号	SW1	SW2	SW3	电流/A
1	OFF	ON	ON	0.21
2	ON	OFF	ON	0.42
3	OFF	OFF	ON	0.63
4	ON	ON	OFF	0.84
5	OFF	ON	OFF	1.05
6	ON	OFF	OFF	1.26
7	OFF	OFF	OFF	1.50

表 11.2　设定方式及细分

序号	SW1	SW2	SW3	细分
1	ON	ON	ON	1
2	OFF	ON	ON	2
3	ON	OFF	ON	4
4	OFF	OFF	ON	8
5	ON	ON	OFF	16
6	OFF	ON	OFF	32
7	ON	OFF	OFF	64

驱动器接线如图 11.7 和图 11.8 所示。

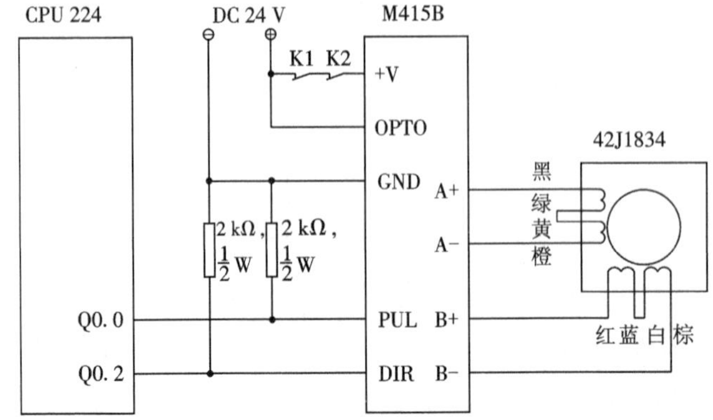

图 11.7　西门子系统驱动器接线图

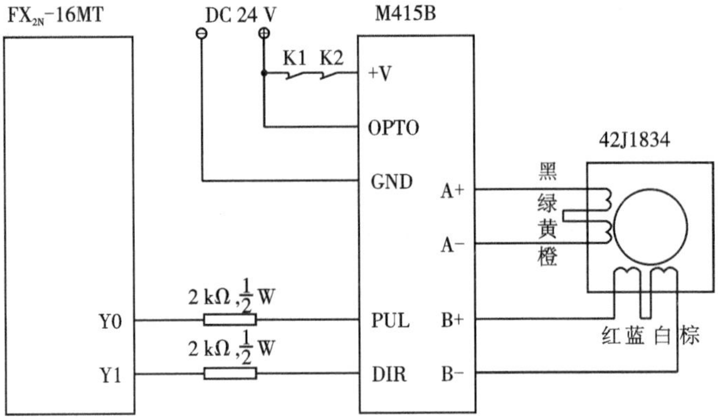

图 11.8　三菱系统驱动器接线图

11.4　加工单元的 PLC 控制系统

1. 工作流程

该站主要完成对工件的冲压加工过程。系统启动后，当加工单元物料台的物料检测传感器检测到工件时，机械手夹紧工件，二维运动装置开始动作，主轴下降并启动电机，模拟切削加工。切削加工完成后，主轴电机提升并停止，二维运动装置回零点，向系统发出加工完成信号。待搬运机械手将工件搬运走以后，操作结束，等待下一个待加工工件。

2. PLC 的编程要点

PLC 上电后应首先进入初始状态检查阶段，确认系统已经准备就绪后，才允许投入运行，这样可及时发现存在的问题，避免出现事故。当出现启动信号时，循环运行动作流程，直至停止信号出现。

1）步进电机的运动控制

对于步进和伺服的控制，在 YL－335B 自动化生产线中介绍了配置运动包络实现运动控制的方法，在这里介绍另一种方法，即使用脉冲输出指令（PLS）用于在高速输出（Q0.0 和 Q0.1）上控制脉冲串输出（PTO）功能。

脉冲串操作(PTO)按照给定的脉冲个数和周期输出一串方波(占空比 50%)。PTO 可以产生单段脉冲串或者多段脉冲串(使用脉冲波形),可以指定脉冲数和周期(以 μs 或 ms 为增加量)。

在多段管道模式下,CPU 自动从 V 存储器区的包络表中读出每个脉冲串的特性。在该模式下,仅使用特殊存储器区的控制字节和状态字节。选择多段操作,必须装入包络表在 V 存储器中的起始地址偏移量(SMW168 或 SMW178)。每段记录的长度为 8 个字节,由 16 位周期值、16 位周期增量值和 32 位脉冲个数值组成。可以通过编程的方式使脉冲的周期自动增减。在周期增量处输入一个正值将增加周期,输入一个负值将减少周期,输入 0 将不改变周期。当 PTO 包络执行时,当前启动段的编号保存在 SMB166(或 SMB176)中。表 11.3 为多段 PTO 操作的包络表格式。

表 11.3　多段 PTO 操作的包络表格式

字节偏移量	分段	描　述
0		分段数目:1 ~ 255[1]
1	#1	初始周期(2 ~ 65 535 个时间基准单位)
3		每个脉冲的周期增量(有符号值)(－32 768 ~ 32 767 时间基准单位)
5		脉冲数(1 ~ 4,294,967,295)
9	#2	初始周期(2 ~ 65 535 个时间基准单位)
11		每个脉冲的周期增量(有符号值)(－32 768 ~ 32 767 个时间基准单位)
13		脉冲数(1 ~ 4,294,967,295)
(连续)	#3	(连续)

PLS 指令会从特殊存储器 SM 中读取数据,使程序按照其存储值控制 PTO/PWM 发生器。SMB67 控制 PTO0 或者 PWM0,SMB77 控制 PTO1 或者 PWM1。表 11.4 为 PTO/PWM 控制寄存器的 SM 标志。

表 11.4　PTO/PWM 控制寄存器的 SM 标志

Q0.0	Q0.1	状态位		
SM66.4	SM76.4	PTO 包络被中止(增量计算错误):	0 = 无错	1 = 中止
SM66.5	SM76.5	由于用户中止了 PTO 包络:	0 = 不中止	1 = 中止
SM66.6	SM76.6	PTO/PWM 管线上溢/下溢:	0 = 无上溢	1 = 溢出/下溢
SM66.7	SM76.7	PTO 空闲:	0 = 在进程中	1 = PTO 空间
Q0.0	Q0.1	控制字节		
SM67.0	SM77.0	PTO/PWM 更新周期:	0 = 无更新	1 = 更新周期
SM67.1	SM77.1	PWM 更新脉宽时间:	0 = 无更新	1 = 更新脉宽
SM67.2	SM77.2	PTO 更新脉冲计数值:	0 = 无更新	1 = 更新脉冲计数
SM67.3	SM77.3	PTO/PWM 时间基准:	0 = 1 μs/刻度	1 = 1 ms/刻度
SM67.4	SM77.4	PWM 更新方法:	0 = 异步	1 = 同步

续表

Q0.0	Q0.1	状态位		
SM67.5	SM77.5	PTO 单个/多个段操作:	0 = 单个	1 = 多个
SM67.6	SM77.6	PTO/PWM 模式选择:	0 = PTO	1 = PWM
SM67.7	SM77.7	PTO/PWM 启用:	0 = 禁止	1 = 启用
Q0.0	Q0.1	其他 PTO/PWM 寄存器		
SMW68	SMW78	PTO/PWM 周期数值范围:	2 ~ 65 535	
SMW70	SMW80	PWM 脉宽数值范围:	0 ~ 65 535	
SMD72	SMD82	PTO 脉冲计数数值范围:	1 ~ 4,294,967,295	
SMB166	SMB176	进行中的段数(仅用在多段 PTO 操作中)		
SMW168	SMW178	包络表的起始位置,用从 V0 开始的字节偏移表示(仅用在多段 PTO 操作中)		
SMB170	SMB180	线性包络状态字节		
SMB171	SMB182	线性包络结果寄存器		
SMD172	SMD182	手动模式频率寄存器		

2)通信网络控制

THJDAL - 2 采用 RS485 串行通信实现的网络控制方案,系统的启动信号、停止信号、复位信号均从连接到搬运站(主站)的按钮/指示灯模块或触摸屏发出,经搬运站 PLC 程序处理后,向各从站发送控制要求,以实现各站的复位、启动、停止等操作。各从站在运行过程中的状态信号,应存储到该单元 PLC 规划好的数据缓冲区,以实现整个系统的协调运行。

网络读写数据规划表见表 11.5。

表 11.5 网络读写数据规划表

序号	西门子系统		三菱系统	功能
	主站地址(搬运站)	从站地址(加工站)		
1	V1204.0	V1010.0	M1128	加工站复位完成
2	V1204.1	V1010.1	M1129	加工台有工件
3	V1204.2	V1010.2	M1130	加工完成
4	V1204.3	V1010.3	M1131	等待加工工件

项目 12　装配单元安装与调试

12.1　装配单元的组成及功能

装配单元由井式供料单元、三工位旋转工作台、平面轴承、冲压装配单元、光电传感器、电感传感器、磁性开关、电磁阀、交流伺服电机及驱动器、警示灯、支架、机械零部件等构成，主要完成工件紧合装配。其结构如图 12.1 所示，其主要结构和功能介绍如下。

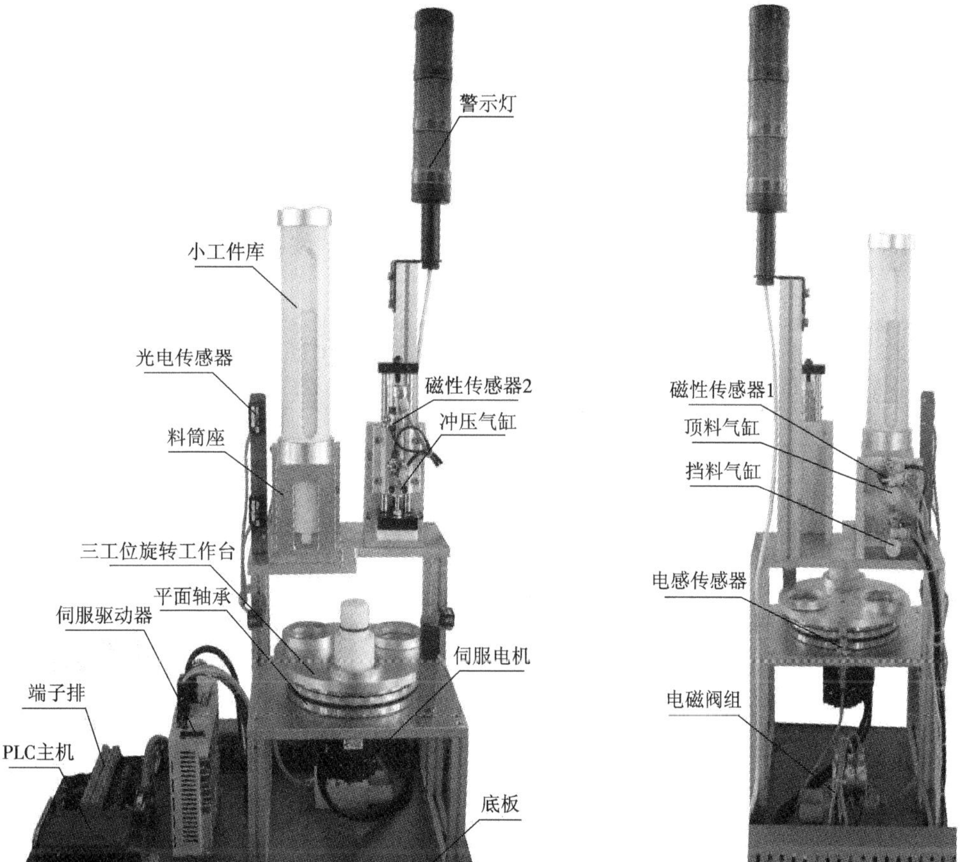

图 12.1　装配单元结构图

(1)PLC 主机:控制端子与端子排相连。

(2)伺服电机及驱动器:用于控制三工位旋转工作台，根据 PLC 发出的脉冲数量实现三工位旋转工作台精确定位。

(3)光电传感器:用于检测工件库、物料台是否有物料。当工件库或物料台有物料时给

PLC 提供输入信号。物料的检测距离可由光电传感器头的旋钮调节，调节检测范围为 1 ~ 9 cm。

(4)电感传感器：用于检测工作台是否回到原点，检测距离为 4(1 ±20%)mm。

(5)磁性传感器 1：用于顶料气缸的位置检测，当检测到气缸准确到位后给 PLC 发出一个到位信号。

(6)磁性传感器 2：用于冲压气缸位置检测，当检测到冲压气缸准确到位后给 PLC 发出一个到位信号。

(7)警示灯：用于指示系统工作状态和工件库工件是否缺料。系统启动，绿灯亮；系统停止，红灯亮；系统缺料，黄灯亮。

(8)电磁阀组：顶料气缸、挡料气缸、冲压气缸均用二位五通的带手控开关的单电控电磁阀控制，三个单电控电磁阀集中安装在带有消声器的汇流板上。PLC 给电磁阀一个信号，电磁阀动作，对应气缸动作。

(9)顶料气缸：由单电控电磁阀控制。当气动电磁阀得电时，气缸伸出，顶住倒数第二个物料。

(10)挡料气缸：由单电控电磁阀控制。当气动电磁阀得电时，气缸缩回，倒数第一个物料落下。

(11)冲压气缸：由单电控电磁阀控制。当气动电磁阀得电时，气缸伸出，实现两工件紧合装配。

(12)端子排：用于连接 PLC 的 I/O 端口与各传感器和电磁阀。其中下排 1 ~4 和上排 1 ~4 号端子短接并经过带保险的端子与 +24 V 相连，上排 5 ~26 号端子短接并与 0 V 相连。

其主要技术指标和元器件配置如下。

(1)控制电源：直流 24 V/2 A。

(2)PLC 主机：CPU 224(DC/DC/DC)(可根据需要选择其他品牌)。

(3)伺服电机驱动器：R7D－BP02HH-Z。

(4)伺服电机：R88M－G20030H-Z。

(5)光电传感器：E3Z－LS63。

(6)电感传感器：LE4－1K。

(7)磁性传感器 1：D－C73L。

(8)磁性传感器 2：MT－22。

(9)电磁阀：SY5120。

(10)顶料气缸：CDJ2B16－30。

(11)挡料气缸：CDJ2B16－45。

(12)冲压气缸：GD16 ×50MT2。

12.2　装配单元的气动控制回路

气动控制系统是本工作单元的执行机构，该执行机构的逻辑控制功能是由 PLC 实现的。装备单元共有三个执行气缸：第一个是挡料气缸，当物料不需要下落时，挡料气缸处在伸出状态，挡住物料，当需要物料下落时，挡料气缸缩回；第二个是顶料气缸，当落料时，顶料气缸伸出，顶住最下层上面的物料，防止上方的物料落下，挡料气缸伸出到位后，顶料气缸缩回；第三个是冲压气缸，模拟冲压动作。每个气缸的换向均由一个单电控二位五通电磁换向阀控制，气缸运动的两个极限位由磁性开关检测。气动回路原理如图 12.2 所示。

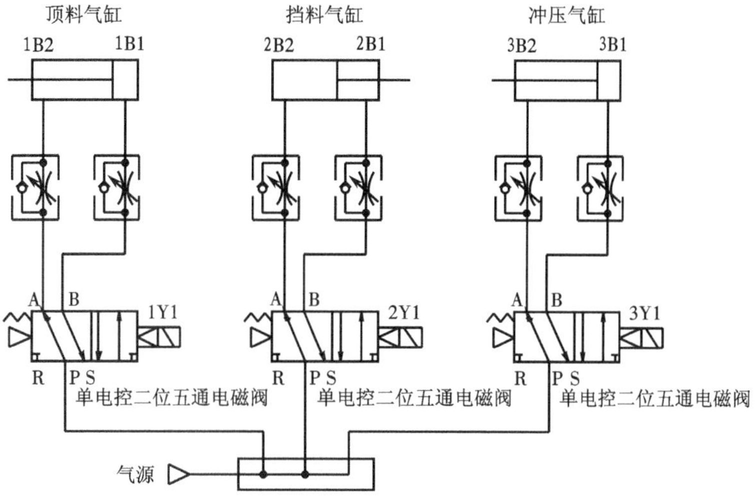

图 12.2　装配单元气动控制回路原理图

12.3　装配单元的电气接线

1. PLC 控制系统接线

西门子系统中装配单元 PLC 选用 CPU 224(DC/DC/DC)型号，三菱系统中 PLC 选用 FX_{2N} -48MT 型号。其接线原理分别如图 12.3 和图 12.4 所示。

2. 端子排接线图

设备侧端子排采用两层端子结构。电源、传感器信号、电磁阀信号均通过端子排接到 PLC 的 I/O 口。

西门子系统中端子排的接线如图 12.5 所示。

(1)光电传感器引出线：棕色接“ +24 V”电源，蓝色接“0 V”，黑色接 PLC 输入。

(2)电感传感器：棕色接“ +24 V”电源，蓝色接“0 V”，黑色接 PLC 输入。

(3)磁性传感器引出线：蓝色接“0 V”，棕色接 PLC 输入。

(4)电磁阀引出线：黑色接“0 V”，红色接 PLC 输出。

(5)警示灯：黄绿线接“0 V”，黑色线接 PLC 输出的 Q0.5，蓝色线接 PLC 输出的 Q0.6，棕色线接 PLC 输出的 Q0.7。

三菱系统中端子排的接线如图 12.6 所示。

(1)光电传感器引出线：棕色接“ +24 V”电源，蓝色接“0 V”，黑色接 PLC 输入。

(2)电感传感器：棕色接“ +24 V”电源，蓝色接“0 V”，黑色接 PLC 输入。

(3)磁性传感器引出线：蓝色接“0 V”，棕色接 PLC 输入。

(4)电磁阀引出线：红色接“ +24 V”，黑色接 PLC 输出。

(5)警示灯：黄绿线接“ +24 V”，黑色线接 PLC 输出的 Y5，蓝色线接 PLC 输出的 Y6，棕色线接 PLC 输出的 Y7。

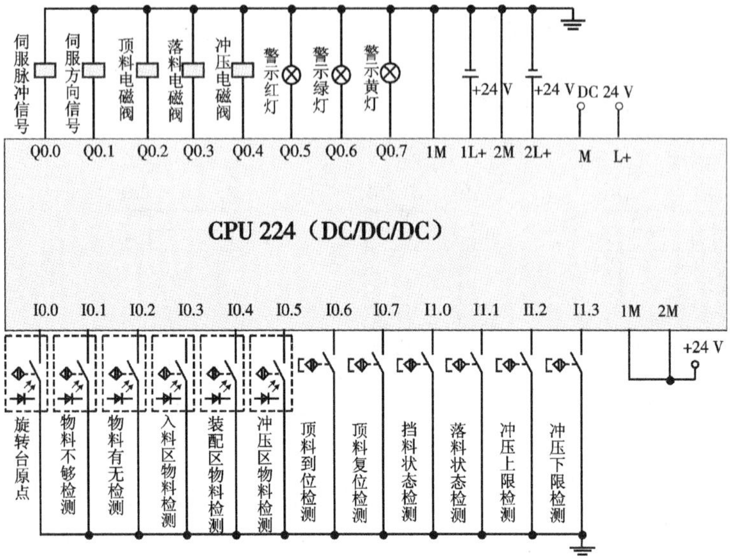

图 12.3　装配单元西门子系统接线图

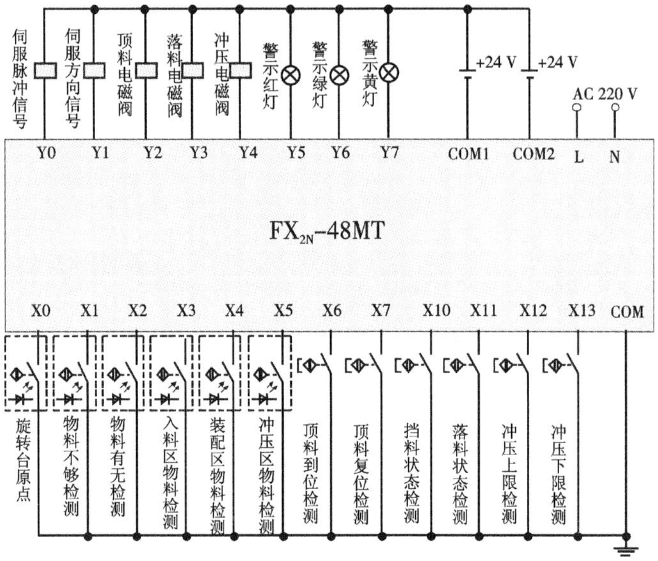

图 12.4　装配单元三菱系统接线图

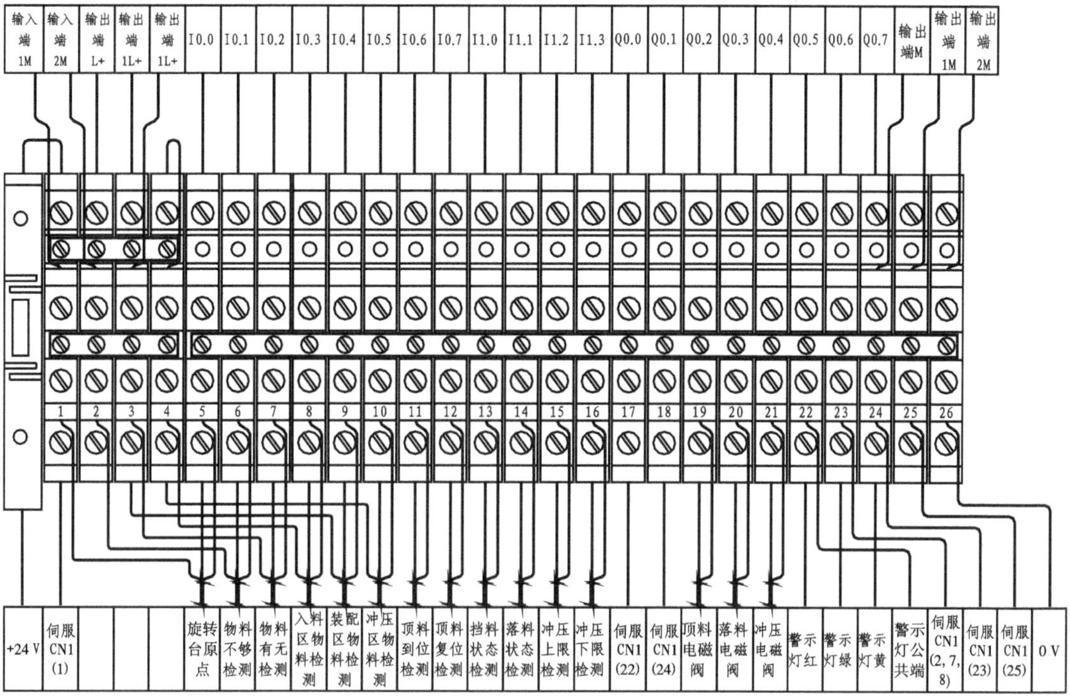

图 12.5　装配单元西门子系统端子排接线图

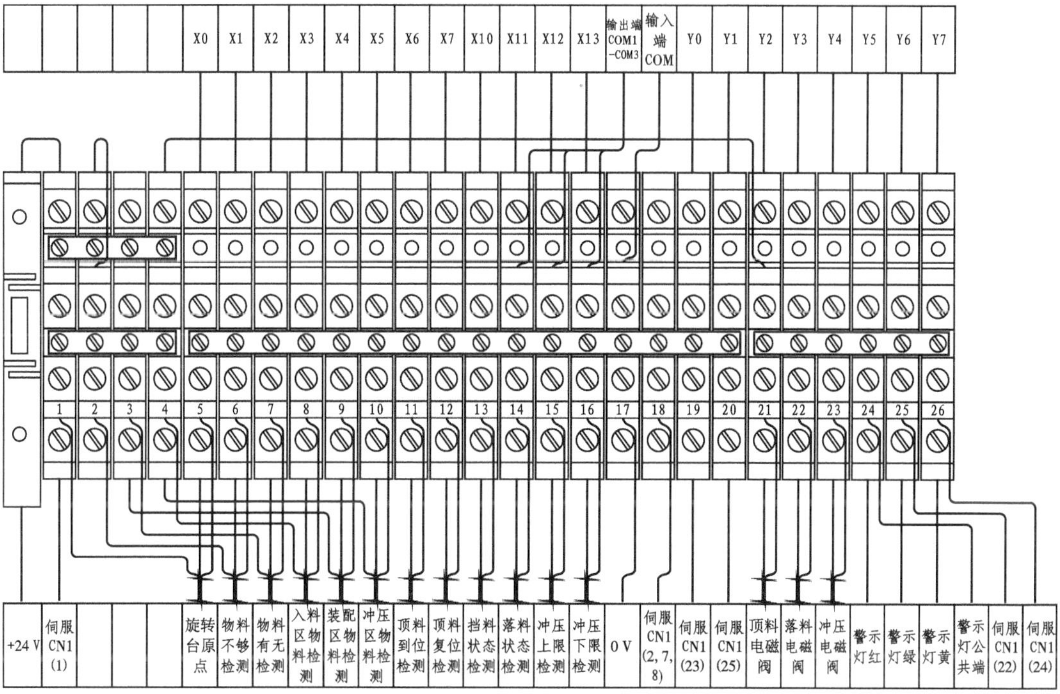

图 12.6　装配单元三菱系统端子排接线图

3. 伺服驱动器连接及参数设置

欧姆龙通用 SMARTSTEP2 系列 AC 伺服具有位置控制和速度控制两种模式，而且能够切换位置控制和速度控制进行运行。因此它适用于以加工机床和一般加工设备的高精度定位和平稳的速度控制为主的范围宽广的各种领域。驱动器端口示意图如图 12.7 所示。

1) 控制模式

Ⅰ. 位置控制模式

用最高 500 kp/s 的高速脉冲串执行电机的旋转速度和方向的控制，分辨率为 100 000 p/r 的高精度定位。

Ⅱ. 速度控制模式

用由参数构成的内部速度指令（最多 4 速）对伺服电机的旋转速度和方向进行高精度的平滑控制。另外，对于速度指令，它还具有进行加减速时的常数设置和停止时的伺服锁定功能。

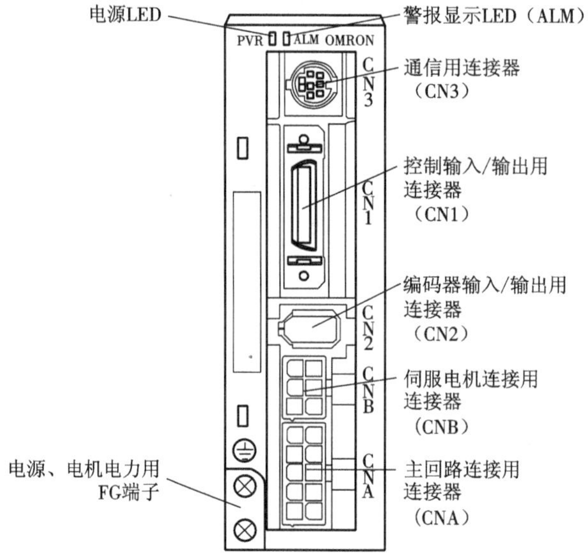

图 12.7 驱动器端口示意图

2) 各部分名称

Ⅰ. 电源 LED(PWR)

电源 LED 及其状态见表 12.1。

表 12.1 电源 LED 及其状态

LED 显示	状 态
绿色灯亮	主电源打开
橙色灯亮	警告时 1 s 闪烁（过载、分隔旋转速度异常）
红色灯亮	报警发生

Ⅱ. 报警显示 LED(ALM)

发生报警时闪烁，通过橙色及红色显示灯的闪烁次数来表示警报代码。

例如过载(报警代码 16)发生、停止时，橙色 1 次、红色 6 次闪烁。

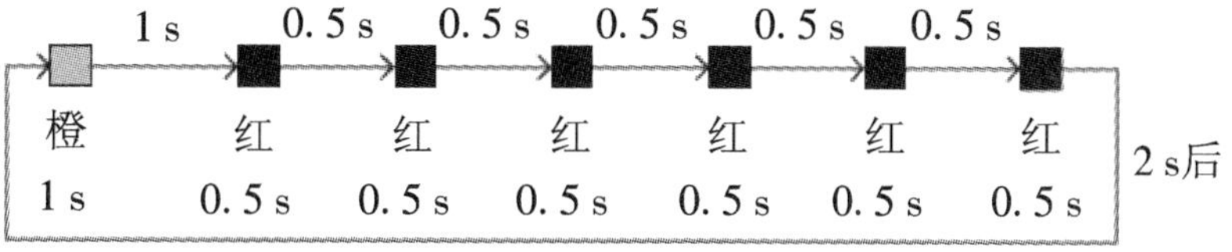

3)输入输出信号(CN1)

CN1 端口接线原理图如图 12.8 所示。

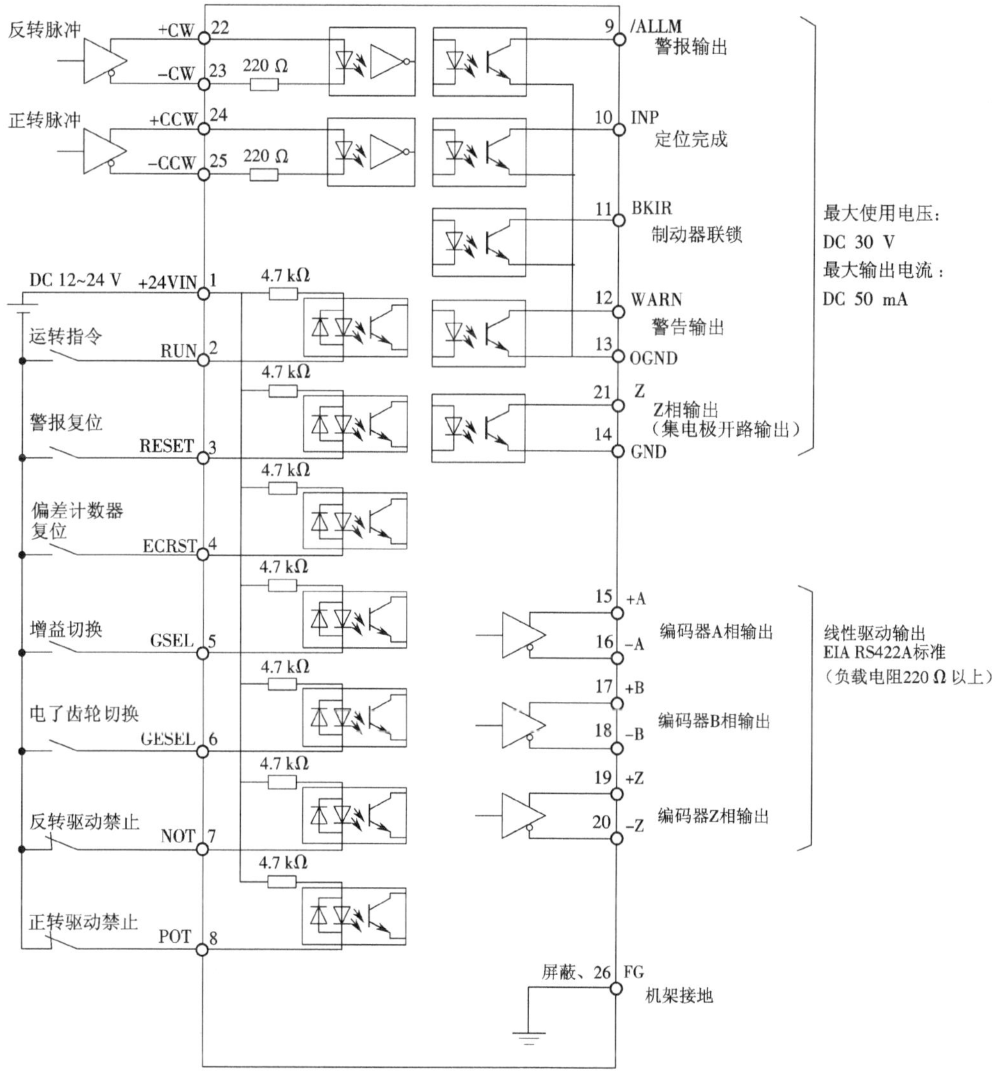

图 12.8　CN1 端口接线原理图

CN1 端口各引脚功能见表 12.2。

表 12.2 CN1 端口各引脚功能

引脚	标记	名称	功能、界面
1	+24V IN	控制用 DC 电源输入	序列输入(引脚 1)用电源 DC 12～24 V 的输入端子
2	RUN	运转指令输入	ON:伺服 ON (接通电机电源)
3	RESET	报警复位	ON:对伺服报警的状态进行复位 开启时间必须在 120 ms 以上
4	ECRST/ VSEL2	偏差计数器 复位输入/ 内部设定速度选择 2	位置控制模式(Pn02 为“0”或者“2”)时,转换为偏差计数器输入 ON:禁止脉冲指令,对偏差计数器进行复位(清除),必须开启 2 ms 以上 内部速度控制模式(Pn02 为“1”)时,转换为内部设定速度选择 2 ON:输入内部设定速度选择 2
5	GSEL/ VZERO/ TLSEL	增益切换/ 零速度指定/ 转矩限制切换	在位置控制模式(Pn02 为“1”)时,如果零速度指定/转矩限制切换(Pn06)为“0”或“1”,则转换为增益切换输入 内部速度控制模式(Pn02 为“1”)时,转换为零速度指定输入 OFF:速度指令转换为零 通过设定零速度指定/ 转矩限制切换(Pn06),也可以使输入无效 有效(Pn06 = 1)、无效(Pn06 = 0) 零速度指定/ 转矩限制切换(Pn06)如果为“2”,位置控制模式、内部速度控制模式同时切换为转矩限制切换 OFF:转换为第 1 控制值(Pn70、5E、63) ON:转换为第 1 控制值(Pn71、72、73)
6	GESEL/ VSEL1	电子齿轮切换/ 内部设定速度选择 1	位置控制模式(Pn02 为“0”或者“2”)时,转换为电子齿轮切换输入 OFF:第 1 电子齿轮比分子(Pn46) ON:第 2 电子齿轮比分子(Pn47) 内部速度控制模式(Pn02 为“1”)时,转换为内部设定速度选择 1 ON:输入内部设定速度选择 1
7	NOT	输入反转侧驱动禁止	反转侧超程输入 OFF:驱动禁止 ON:驱动允许
8	POT	输入正转侧驱动禁止	正转侧超程输入 OFF:驱动禁止 ON:驱动允许
9	ALM	报警输出	驱动器发出报警之后,停止输出
10	INP/TGON	定位完成 输出/ 电机转速检测输出	位置控制模式(Pn02 为“0”或者“2”)时,转换为定位完成输出 ON:偏差计数器的滞留脉冲在定位完成幅度(Pn60)的设定值以内 内部速度控制模式(Pn02 为“1”)时,转换为电机转速检测输出 ON:电机转速大于电机检测转速(Pn62)的设定值

续表

引脚	标记	名称	功能、界面
11	BKIR	制动器连锁输出	输出保持制动器的定时信号 ON 时，请放开保持制动器
12	WARN	警告输出	通过警告输出选择(Pn09)选择的信号被输出
13	OGND	输出共用地线	序列输出(引脚 9、10、11、12)用共用地线
14	GND	共用地线	编码器输出、Z 相输出(引脚 21)用共用地线
15	+A	编码器 A 相输出	按照编码器分频比设定(Pn44)的设定输出编码器脉冲 线性驱动器输出(相当于 RS422)
16	-A		
17	+B	编码器 B 相输出	
18	-B		
19	+Z	编码器 Z 相输出	
20	-Z		
21	Z	Z 相输出	输出编码器的 Z 相(1 p/r) 集电极开路输出
22	+CW/ PULS/FA	反转脉冲/ 进给脉冲/ 90°相位差信号 (A 相)	位置指令用的脉冲串输入端子 线性驱动器输入时：最大响应频率 500 kp/s 开路集电极输入时：最大响应频率 200 kp/s 可以从反转脉冲/ 正转脉冲(CW/CCW)、进给脉冲/ 方向信号(PULS/SIGN)、90°相位差(A/B 相)信号(FA/FB)中进行选择(根据 Pn42 的设定)
23	-CW/ PULS/FA		
24	+CCW/ SIGN/FB	正转脉冲/ 方向信号/ 90°相位差信号 (B 相)	
25	-CCW/ SIGN/FB		

4)伺服设置软件的应用

Ⅰ. 软件安装

将 CX-ONE V2. 12 软件光盘放入光驱，计算机将会自动运行安装程序。按向导提示，一路按下“下一步”按钮，如图 12. 9 所示。在安装过程中去掉不用的软件保留 CX-Drive，以节省安装空间和安装时间。

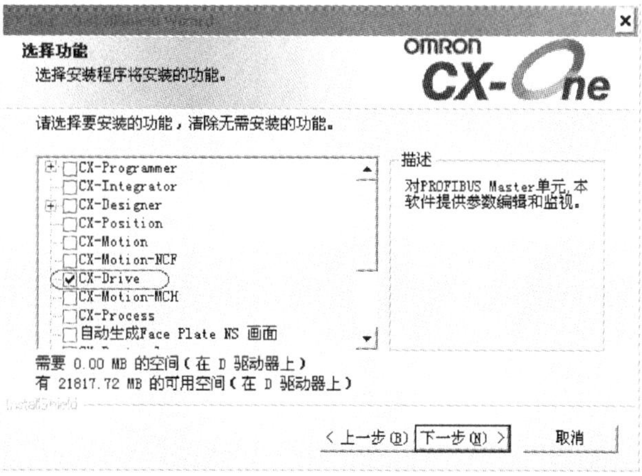

图 12. 9　软件安装

安装 CX-ONE V2.12 完成后，再安装软件 CX-Drive V1.61，按向导提示，一路按下“下一步”按钮，完成软件升级。

Ⅱ.软件使用

(1)安装好 CX-Drive 软件后，打开 CX-Drive 软件，新建一个工程，选择伺服型号、功率、电源类型以及设置与 PC 机的通信方式，如图 12.10 所示。

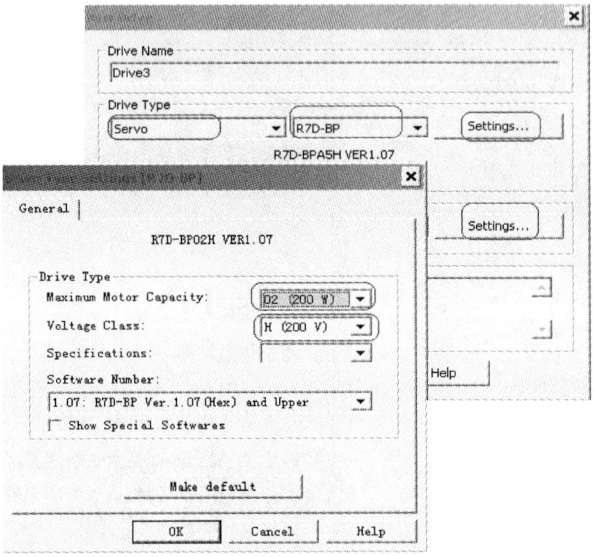

图 12.10 软件使用

(2)用伺服连接电缆连接伺服驱动器与 PC 机，打开伺服电源，点击图标在线工作。

(3)根据需要修改伺服参数，点击图标，将修改好的参数下载到伺服驱动器中。

5)伺服参数设置

伺服参数设置见表 12.3。

表 12.3 伺服参数设置

序号	参数代号	设置值	说 明
1	Pn10	10	位置控制回路响应
2	Pn11	500	速度回路响应
3	Pn20	200	惯量比
4	Pn41	1	指令脉冲转动方向
5	Pn42	3	指令脉冲模式
6	Pn46	190	第一电子齿轮分子

6）报警显示

报警显示见表 12.4 所示。

表 12.4　报警显示

序号	报警显示	异常内容	发生异常时的状况
1	11	电源电压不足	在运行指令（RUN）的输入中，主电路直流电压降到规定值以下
2	12	过电压	主电路直流电压异常的高
3	14	过电流	过电流流过 IGBT，电机动力线的接地、短路
4	15	内部电阻器过热	驱动器内部的电阻器异常发热
5	16	过载	大幅度超出额定转矩运行了几秒或者几十秒
6	18	再生过载	再生能量超出了电阻器的处理能力
7	21	编码器断线检出	编码器断线
8	23	编码器数据异常	来自编码器的数据异常
9	24	偏差计数器溢出	计数器的剩余脉冲超出了偏差计数器的超限级别（Pn63）的设定值
10	26	超速	电机的旋转速度超出了最大转速。 使用转矩限制功能时，超速检查级别设定（Pn70、Pn73）的设定值超出了电机旋转速度
11	27	电子齿轮设定异常	第 1、第 2 电子齿轮比分子（Pn46、Pn47）的设定值不合适
12	29	偏差计数器溢流	偏差计数器的剩余脉冲超过 134 217 728 次脉冲
13	34	超程界限异常	位置指令输入超出了由越程界限设定（Pn26）所设定的电机可以运作的范围
14	36	参数异常	接通电源时，从 EEPROM 读取数据时，参数保存区域的数据已经被破坏
15	37	参数破坏	接通电源从 EEPROM 读取数据时，和校验不符
16	38	禁止驱动输入异常	禁止正转侧驱动和禁止反转侧驱动都被关闭
17	48	编码器 Z 相异常	检测到 Z 相的脉冲流失
18	49	编码器 CS 信号异常	检测到 CS 信号的逻辑异常
19	95	电机不一致	伺服电机和驱动器的组合不恰当 接通电源时，编码器没有被连接
20	96	LSI 设定异常	干扰过大，造成 LSI 的设定不能正常完成
21		其他异常	驱动器启动自我诊断功能，驱动器内部发生了某种异常

7）伺服驱动器接线

西门子系统和三菱系统伺服驱动器接线分别如图 12.11 和图 12.12 所示。

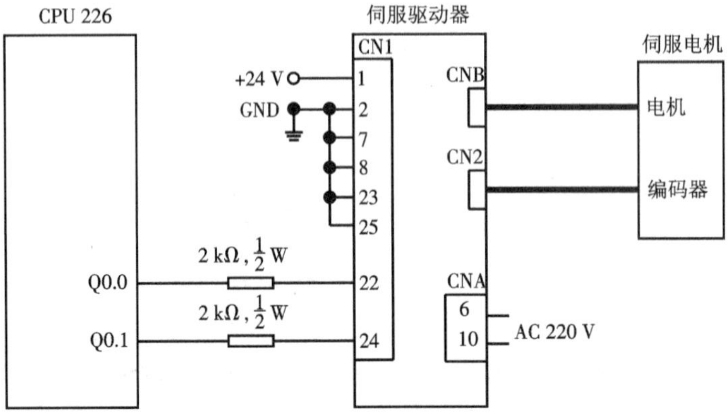

图 12.11　西门子系统伺服驱动器接线图

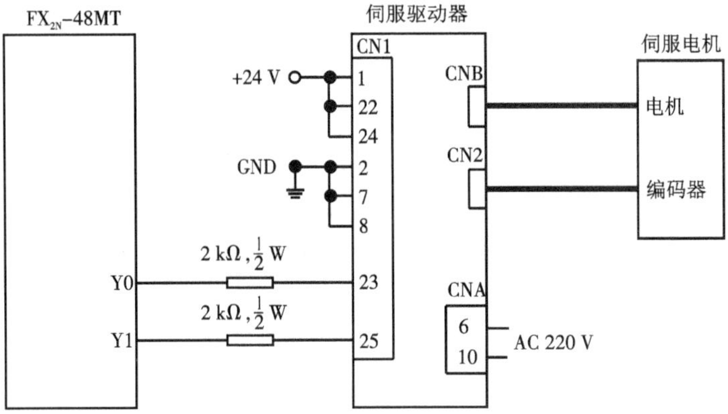

图 12.12　三菱系统伺服驱动器接线图

12.4　装配单元的 PLC 控制系统

12.4.1　工作流程

装配站旋转工作台的传感器检测到工件后，旋转工作台顺时针旋转，将工件旋转到井式供料单元下方，井式供料单元顶料气缸伸出顶住倒数第二个工件；挡料气缸缩回，工件库中底层的工件落到待装配工件上，挡料气缸伸出到位，顶料气缸缩回，物料落到工件库底层，同时旋转工作台顺时针旋转，将工件旋转到冲压装配单元下方，冲压气缸下压，完成工件紧合装配后，气缸回到原位，旋转工作台顺时针旋转到待搬运位置，向系统发出加工完成信号。待搬运机械手将工件搬运走以后，操作结束，等待下一个待加工工件。

如果装配站的工件库没有小工件或工件不足，向系统发出报警信号。

12.4.2　PLC 的编程要点

PLC 上电后应首先进入初始状态检查阶段，确认系统已经准备就绪后，才允许投入运行，这样可及时发现存在的问题，避免出现事故。当出现启动信号时，循环运行动作流程，直至停止信号出现。

1. 伺服电机的运动控制

S7－200 PLC 有两个内置 PTO/PWM 发生器，用以建立高速脉冲串（PTO）或脉宽调节（PWM）信号波形。一个发生器指定给数字输出点 Q0.0，另一个发生器指定给数字输出点 Q0.1。

为了简化用户应用程序中位控功能的使用，STEP 7－Micro/WIN 提供的位控向导可以帮助在几分钟内全部完成 PWM、PTO 或位控模块的组态。向导可以组态移动包络、生成位置指令，装配单元伺服电机的运动控制采用组态移动包络的方法实现。

1）使用位控向导编程的步骤

（1）为 S7－200 PLC 选择选项组态内置 PTO/PWM 操作。在 STEP 7 V4.0 软件命令菜单中选择工具→位置控制向导，并选择配置 S7－200 PLC 内置 PTO/PWM 操作，如图 12.13 所示。

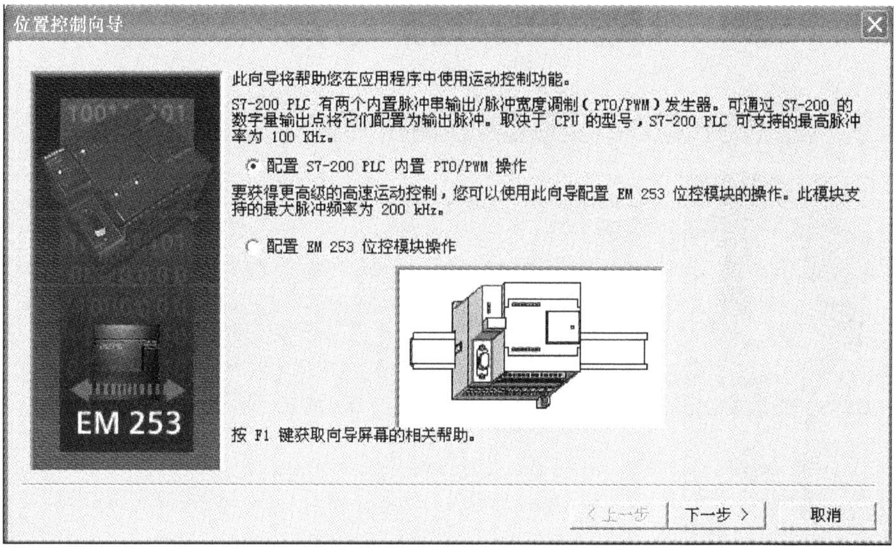

图 12.13　位控向导启动界面

（2）单击“下一步”按钮后选择“Q0.0”，再单击“下一步”按钮后选择“线性脉冲输出（PTO）”，如图 12.14 所示。

（3）单击“下一步”按钮后，在对应的编辑框中输入 MAX _ SPEED 和 SS _ SPEED 速度值。输入最高电机速度为“90000”/s，把电机启动/停止速度设定为“600”/s，如图 12.15 所示。这时，如果单击 MIN _ SPEED 值对应的灰色框，可以发现，MIN _ SPEED 值改为“600”/s。注意：MIN _ SPEED 值由计算得出，用户不能在此域中输入其他数值。

（4）单击“下一步”按钮后填写电机加速时间为“1500”ms 和电机减速时间为“200”ms，如图 12.16 所示。

（5）配置运动包络界面，如图 12.17 所示。该界面要求设定操作模式、1 个步的目标速度、结束位置等步的指标以及定义这一包络的符号名。（从第 0 个包络第 0 步开始）在操作

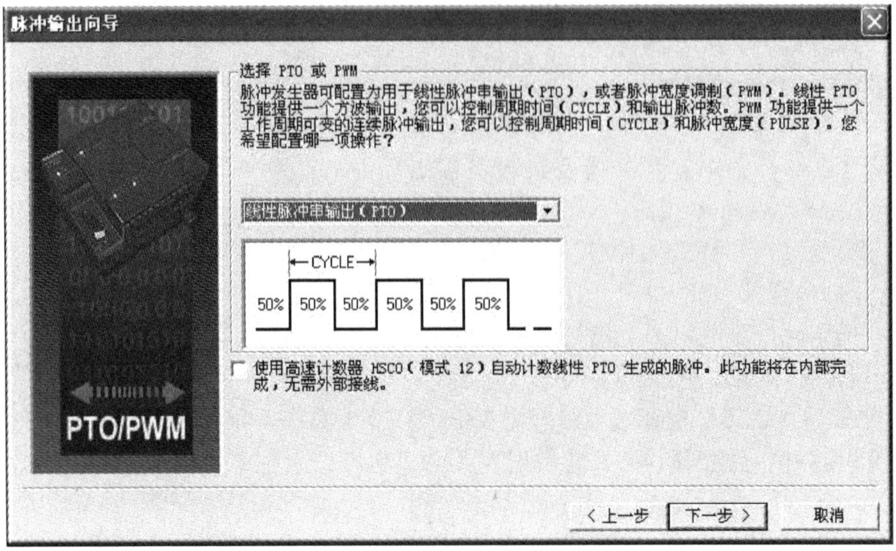

图 12.14　选择 PTO 或 PWM 界面

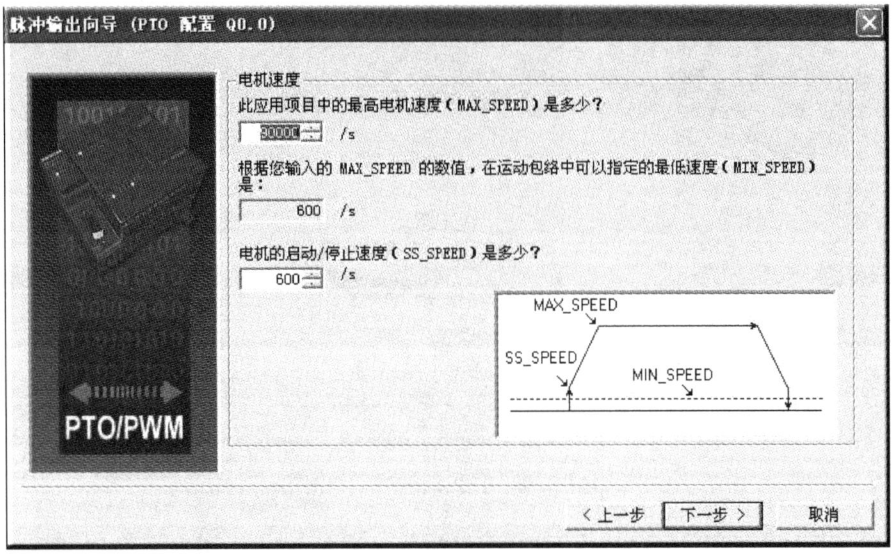

图 12.15　电机速度参数设置

模式选项中选择相对位置控制，填写包络“0”中数据目标速度为“60000”p/s，结束位置为“85600”脉冲，点击“绘制包络”，如图 12.18 所示。注意：这个包络只有 1 步。包络的符号名按默认定义。这样，第 0 个包络的设置，即从初始位置到结束位置的运动包络设置就完成了。现在可以设置下一个包络。点击“新包络”按钮，按上述方法组建新的运动包络。当运动模式是单速连续运行时（比如回原点的操作），选择这种操作模式后，在所出现的界面中（图 12.19），写入目标速度“20000”p/s。界面中还有一个包络停止操作选项，是当停止信号输入时再向运动方向按设定的脉冲数走完停止，在本系统不使用。

（6）运动包络编写完成单击“确认”按钮，向导会要求为运动包络指定 V 存储区地址

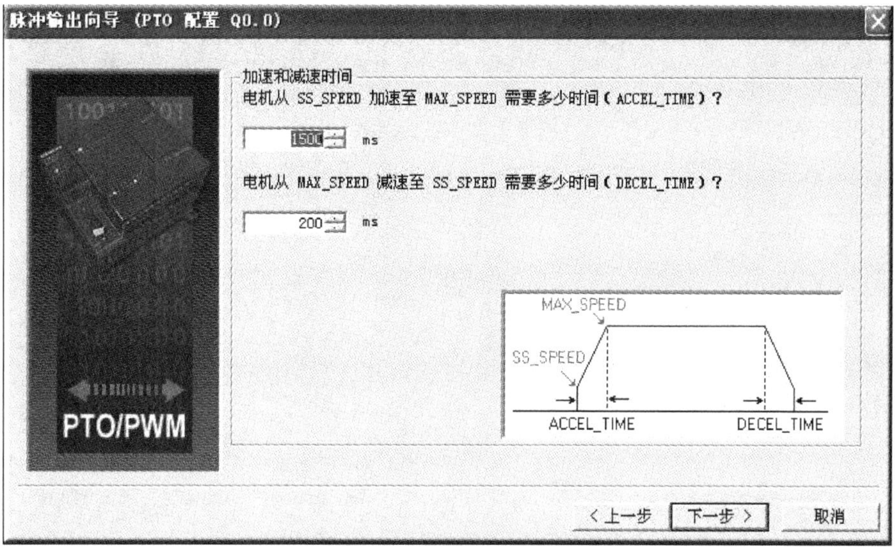

图 12.16　设定加速和减速时间

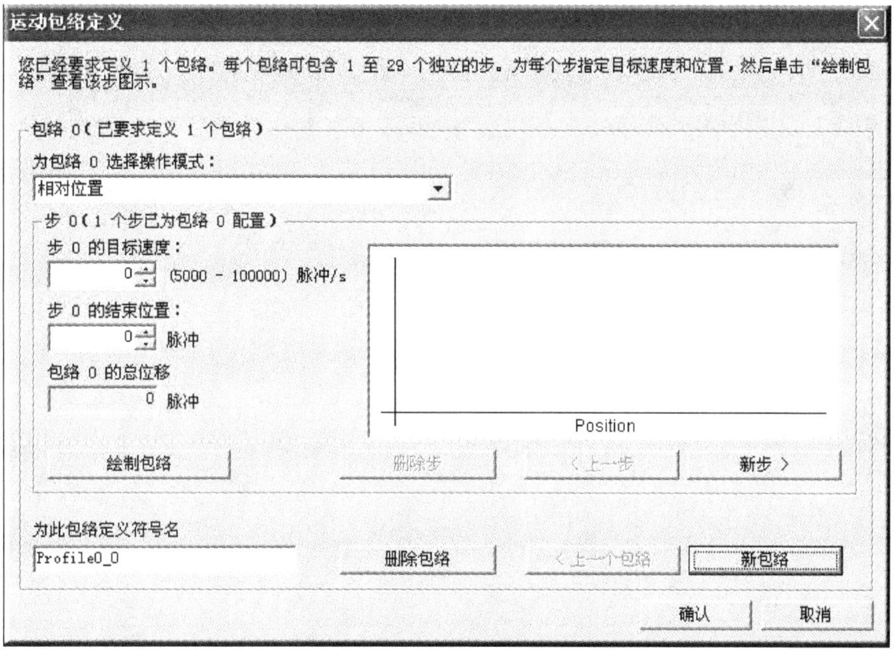

图 12.17　配置运动包络界面

(建议地址为 VB75 ~ VB300),默认这一建议,单击"下一步"按钮出现图 12.20,最后单击"完成"按钮。

2)项目组件

运动包络组态完成后,向导会为所选的配置生成三个项目组件(子程序),分别是 PTOx _ RUN 子程序(运行包络)、PTOx _ CTRL 子程序(控制)和 PTOx _ MAN 子程序(手动

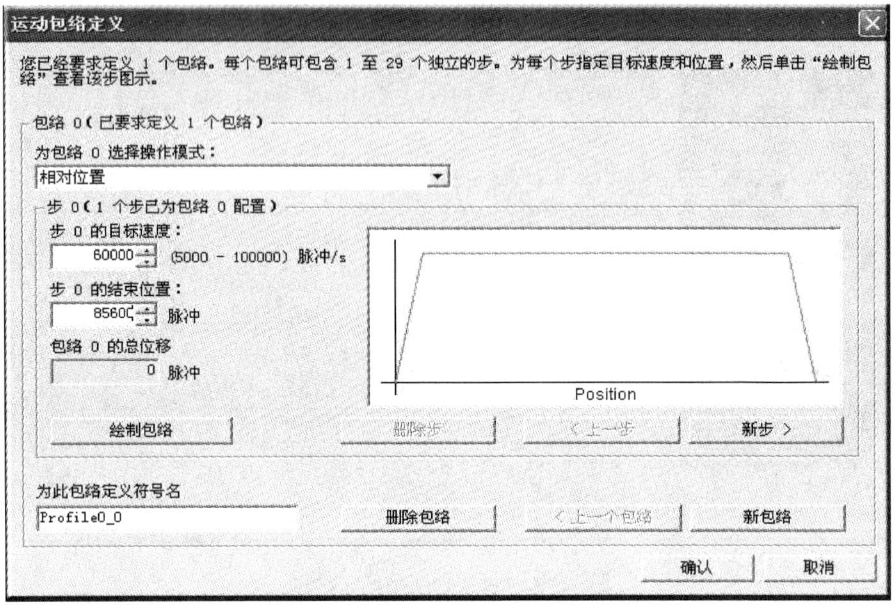

图 12.18　设置第 0 个包络

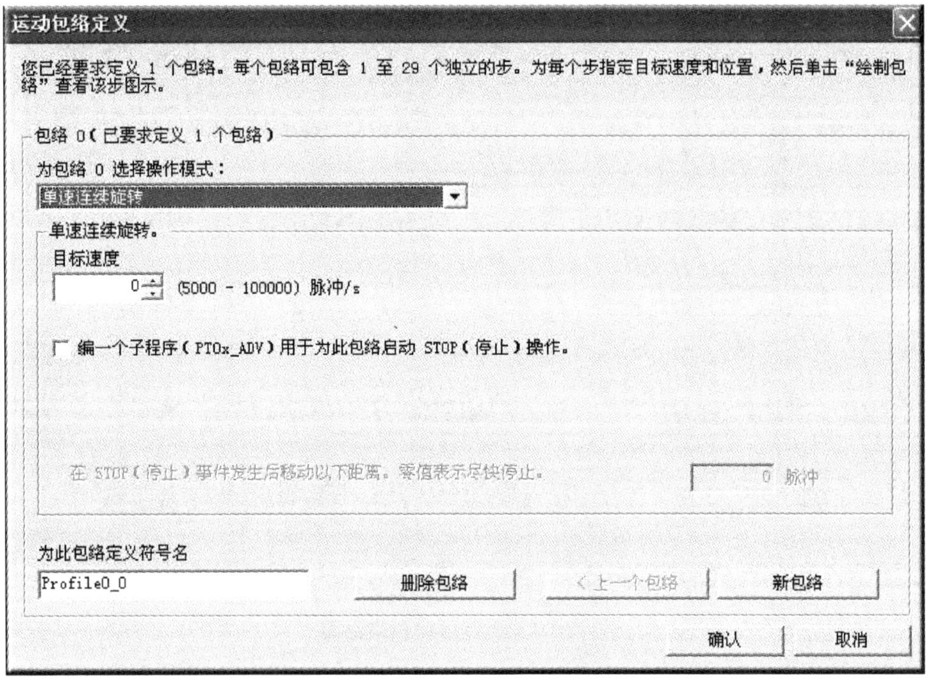

图 12.19　设置单速连续运行包络

模式）子程序。一个由向导产生的子程序就可以在程序中调用，如图 12.21 所示。它们的功能分述如下。

(1) PTOx _ RUN 子程序（运行包络）（图 12.22）：命令 PLC 执行存储于配置/包络表的

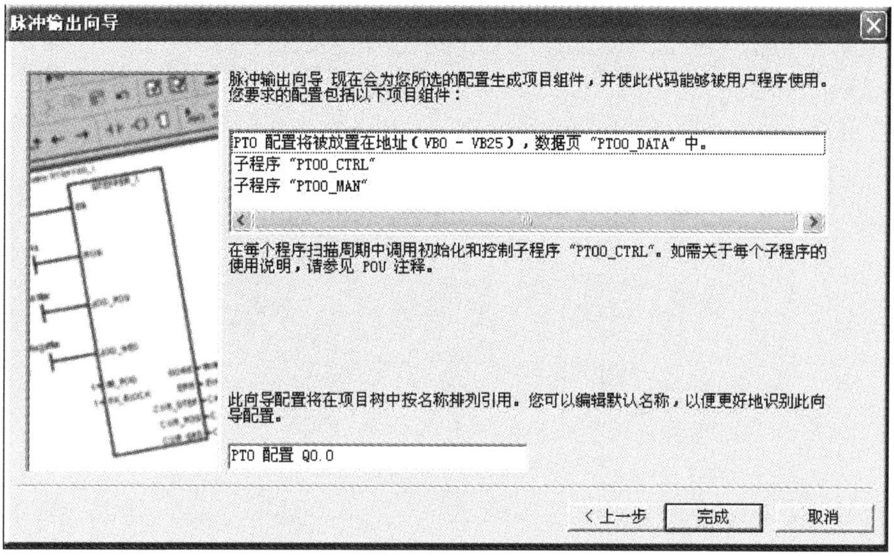

图 12.20　设置完成

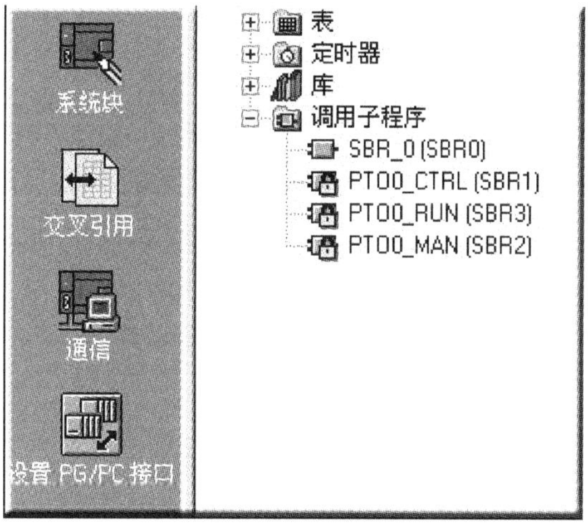

图 12.21　子程序调用

特定包络中的运动操作。

①EN 位：启用此子程序的使能位。在"完成"位发出子程序执行已经完成的信号前，请确定 EN 位保持开启。

②START 参数：包络执行的启动信号。对于在 START 参数已开启且 PTO 当前不活动时的每次扫描，此子程序会激活 PTO。为了确保仅发送一个命令，请使用上升沿以脉冲方式开启 START 参数。

③Profile（包络）参数：包含为此运动包络指定的编号或符号名。

④Abort（终止）参数：命令开启时位控模块停止当前包络并减速至电机停止。

⑤Done（完成）参数：当模块完成本子程序时，Done 参数 ON。

⑥Error（错误）参数：包含本子程序的结果。

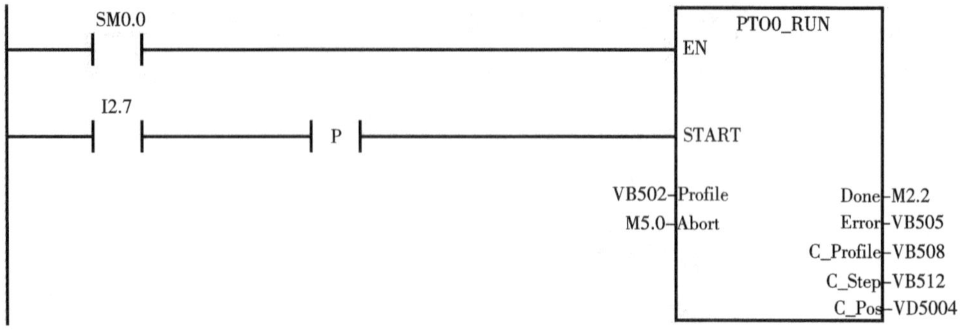

图 12.22　PTOx _ RUN 子程序

⑦C _ Profile 参数:包含位控模块当前执行的包络。

⑧C _ Step 参数:包含目前正在执行的包络步骤。

(2)PTOx _ CTRL 子程序(控制)(图 12.23):启用和初始化与步进电机或伺服电机合用的 PTO 输出。在用户程序中只使用一次,并且确定在每次扫描时得到执行,即始终使用 SM0.0 作为 EN 的输入。

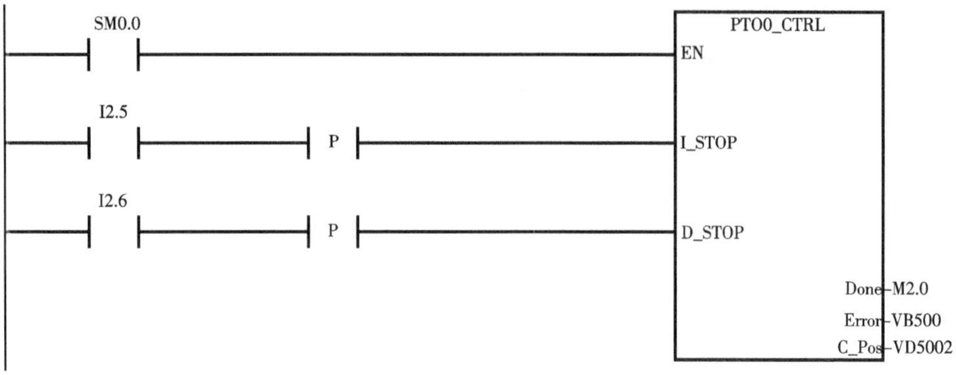

图 12.23　PTOx _ CTRL 子程序

①I _ STOP(立即停止)输入:开关量输入。当此输入为低电平时,PTO 功能会正常工作。当此输入变为高电平时,PTO 立即终止脉冲的发出。

②D _ STOP(减速停止)输入:开关量输入。当此输入为低电平时,PTO 功能会正常工作。当此输入变为高电平时,PTO 会产生将电机减速至停止的脉冲串。

③Done(完成)输出:开关量输出。当"完成"位被设置为高电平时,它表明上一个指令也已执行。

④Error(错误)参数:包含本子程序的结果。当 Done 位为高电平时,错误字节会报告无错误或有错误代码的正常完成。

如果 PTO 向导的 HSC 计数器功能已启用,C _ Pos 参数包含用脉冲数目表示的模块,否则此数值始终为零。

(3) PTOx _ MAN 子程序(手动模式)(图 12.24):将 PTO 输出置于手动模式。这允许电机启动、停止和按不同的速度运行。当 PTOx _ MAN 子程序已启用时,任何其他 PTO 子程序都无法执行。

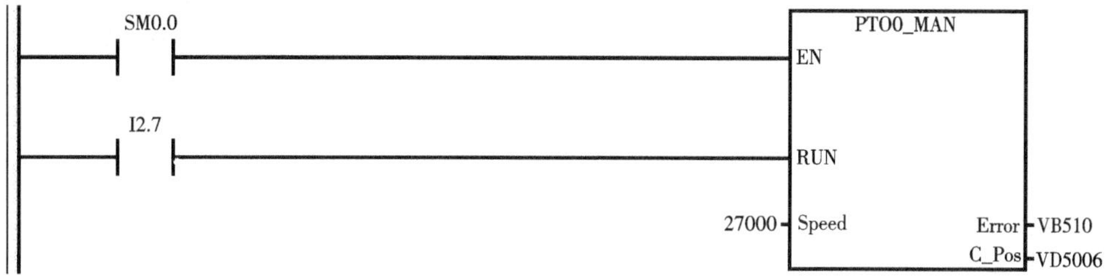

图 12.24　PTOx _ MAN 子程序

①RUN(运行/停止)参数:命令 PTO 加速至指定速度[Speed(速度)参数],可以在电机运行中更改 Speed 参数的数值。停用 RUN 参数命令 PTO 减速至电机停止。当 RUN 已启用时,Speed 参数确定速度。速度是一个用每秒脉冲数计算的 DINT(双整数)值,可以在电机运行中更改此参数。

②Error(错误)参数:包含本子程序的结果。

如果 PTO 向导的 HSC 计数器功能已启用,C _ Pos 参数包含用脉冲数目表示的模块,否则此数值始终为零。

2. 网络控制方案

THJDAL - 2 采用 RS485 串行通信实现的网络控制方案,系统的启动信号、停止信号、复位信号均从连接到搬运站(主站)的按钮/指示灯模块或触摸屏发出,经搬运站 PLC 程序处理后,向各从站发送控制要求,以实现各站的复位、启动、停止等操作。各从站在运行过程中的状态信号,应存储到该单元 PLC 规划好的数据缓冲区,以实现整个系统的协调运行。

网络读写数据规划表见表 12.5。

表 12.5　网络读写数据规格表

序号	西门子系统		三菱系统	功能
	主站地址(搬运站)	从站地址(加工站)		
1	V1208.0	V1010.0	M1192	装配站复位完成
2	V1208.1	V1010.1	M1193	工件库工件不够
3	V1208.2	V1010.2	M1194	工件库工件有无
4	V1208.3	V1010.3	M1195	装配台工件有无
5	V1208.4	V1010.4	M1196	装配完成
6	V1208.5	V1010.5	M1197	等待加工工件

项目 13　分拣单元安装与调试

13.1　分拣单元的组成及功能

分拣单元由传送带、变频器、三相交流减速电机、旋转气缸、磁性开关、电磁阀组、调压过滤器、光电传感器、光纤传感器、对射光电传感器、支架、机械零部件等构成，主要完成来料检测、分类、入库。其结构如图 13.1 所示。

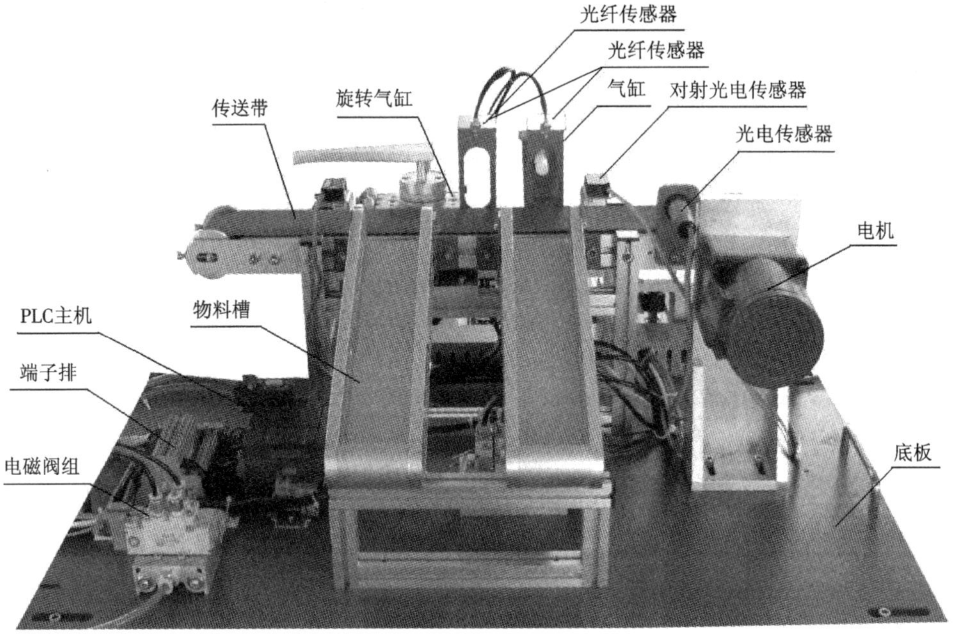

图 13.1　分拣单元结构图

(1)PLC 主机:控制端子与端子排相连。

(2)变频器:用于控制三相交流减速电机，带动传送带转动。

(3)光电传感器:用于检测入料口是否有物料。当入料口有物料时给 PLC 提供输入信号。

(4)电感传感器:用于检测工作台是否回到原点，检测距离为 4(1 ±20%)mm。

(5)光纤传感器:根据不同颜色材料反射光强度的不同来区分工件。当工件为白色时第一个光纤传感器检测到信号，当工件为黑色时第二个光纤传感器检测到信号。光纤传感器的检测距离可通过光纤放大器的旋钮调节。

(6)对射光电传感器:用于检测工件是否到物料槽。当检测到有物料到达物料槽时给 PLC 提供信号。

(7)磁性传感器1:用于推料气缸的位置检测,当检测到气缸准确到位后给PLC发出一个到位信号。

(8)磁性传感器2:用于旋转气缸位置检测,当检测到旋转气缸准确到位后给PLC发出一个到位信号。

(9)电磁阀组:推料气缸、旋转气缸均用二位五通的带手控开关的单电控电磁阀控制,两个单电控电磁阀集中安装在带有消声器的汇流板上。当PLC给电磁阀一个信号,电磁阀动作,对应气缸动作。

(10)推料气缸:由单电控电磁阀控制。当气动电磁阀得电,气缸伸出,将白色工件推入第一个料槽。

(11)旋转气缸:由单电控电磁阀控制。当气动电磁阀得电,旋转气缸旋转68°,将黑色物料导入第二个物料槽

(12)端子排:用于连接PLC的I/O端口与各传感器和电磁阀。其中下排1~3和上排1~3号端子短接并经过带保险的端子与+24 V相连,上排4~16号端子短接并与0 V相连。

其主要技术指标如下。

(1)控制电源:直流24 V/2 A。

(2)PLC主机:CPU 222(AC/DC/RLY)(可根据需要选择其他品牌)。

(3)变频器:MM420(可根据需要选择其他品牌)。

(4)三相交流减速电机:41K25GN－S3。

(5)光电传感器:SB03－1K。

(6)对射光电传感器:WS100－D1032。

(7)磁性传感器1:D－C73L。

(8)磁性传感器2:D－A93L。

(9)电磁阀:SY5120。

(10)顶料气缸:CDJ2B16－60。

(11)旋转气缸:MSQB10A。

13.2　分拣单元的气动控制回路

气动控制回路是本工作单元的执行机构,该执行机构的逻辑控制功能是由PLC实现的。分拣单元共两个执行气缸:推料气缸与旋转气缸。推料气缸为直线运动气缸,当工件在传送带上运动到1号槽时,推料气缸伸出,将工件推进料槽;工件进入料槽后,气缸缩回。旋转气缸实现导向功能,当工件需要推入2号槽时,旋转气缸旋转一定角度,将工件导入2号槽;工件进入料槽后,气缸旋转到初始位置。气动控制回路如图13.2所示。

13.3　分拣单元的电气接线

1. PLC控制系统接线

西门子系统中分拣单元PLC选用CPU 222(DC/DC/RLY)型号,三菱系统中PLC选用FX_{2N}－16MR型号。其接线原理分别如图13.3和图13.4所示。

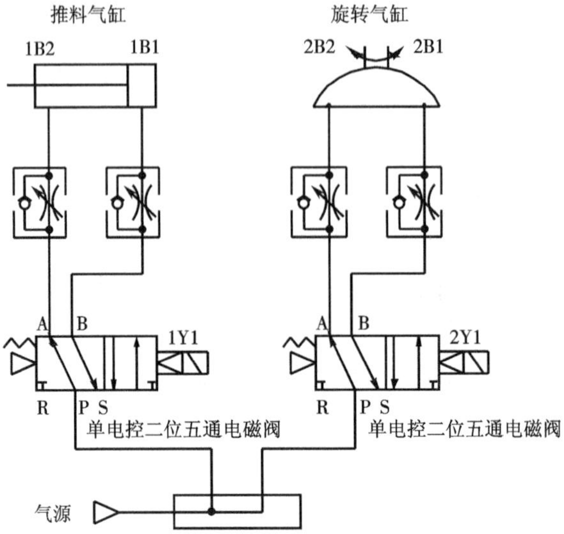

图 13.2 分拣单元气动控制回路图

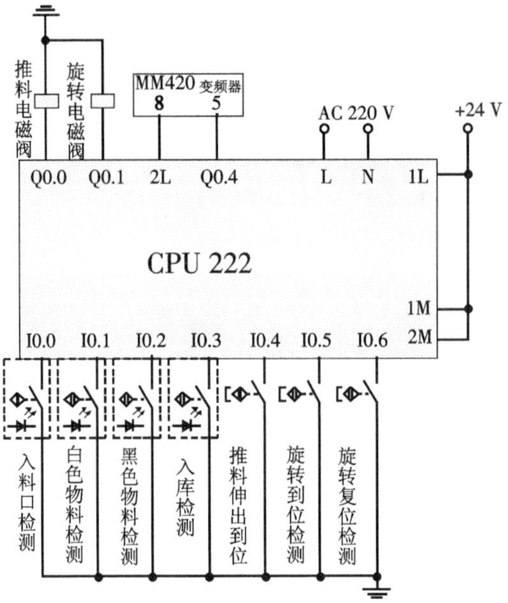

图 13.3 分拣单元西门子系统接线图

2. 端子排接线

设备侧端子排采用两层端子结构。电源、传感器信号、电磁阀信号均通过端子排接到PLC的I/O口。

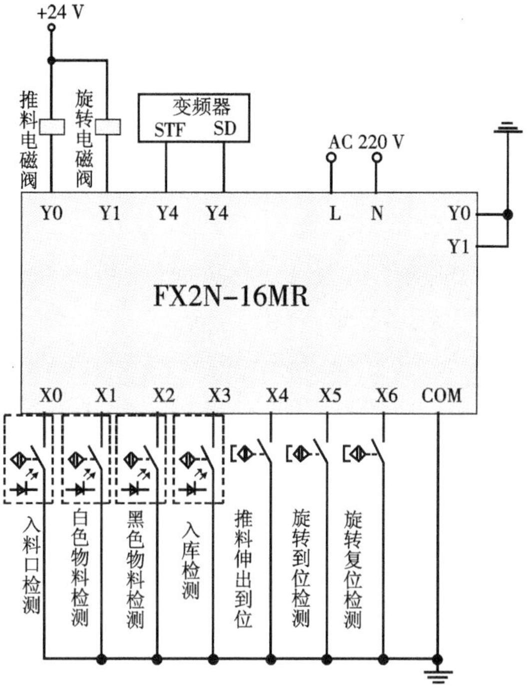

图 13.4 分拣单元三菱系统接线图

西门子系统中端子排的接线如图 13.5 所示。

(1)光电传感器引出线:棕色接“ +24 V”电源,蓝色接“0 V”,黑色接 PLC 输入。

(2)磁性传感器引出线:蓝色接“0 V”,棕色接 PLC 输入。

(3)电磁阀引出线:黑色接“0 V”,红色接 PLC 输出。

三菱系统中端子排的接线如图 13.6 所示。

(1)光电传感器引出线:棕色接“ +24 V”电源,蓝色接“0 V”,黑色接 PLC 输入。

(2)磁性传感器引出线:蓝色接“0 V”,棕色接 PLC 输入。

(3)电磁阀引出线:红色接“ +24 V”,黑色接 PLC 输出。

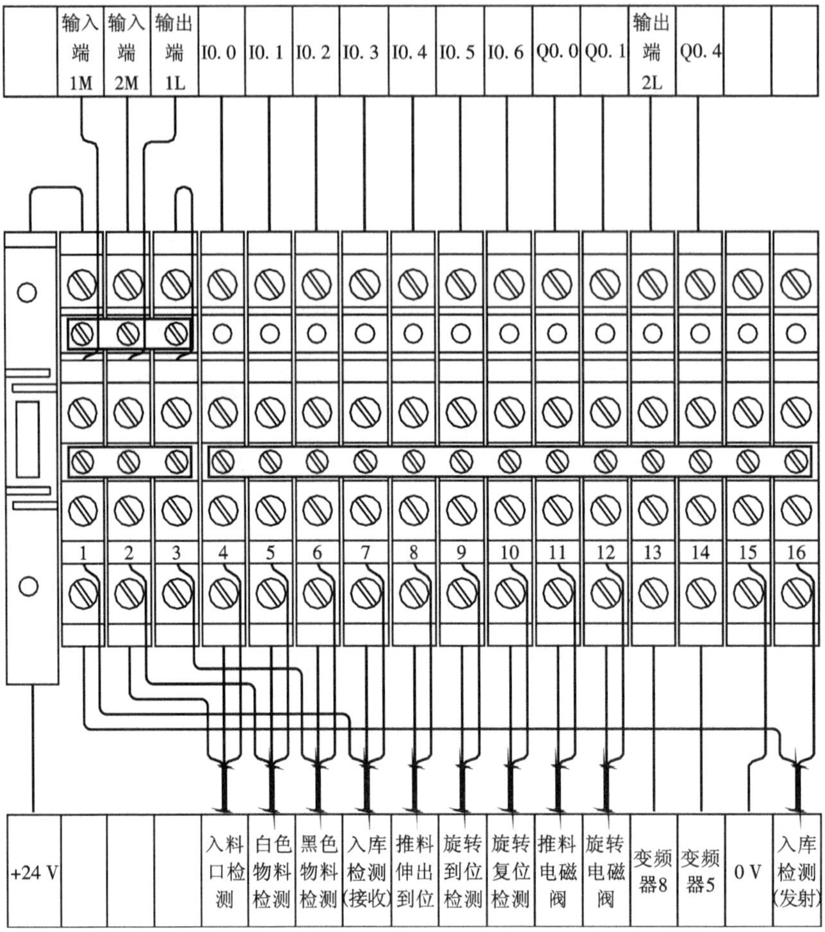

图 13.5　分拣单元西门子系统端子排接线图

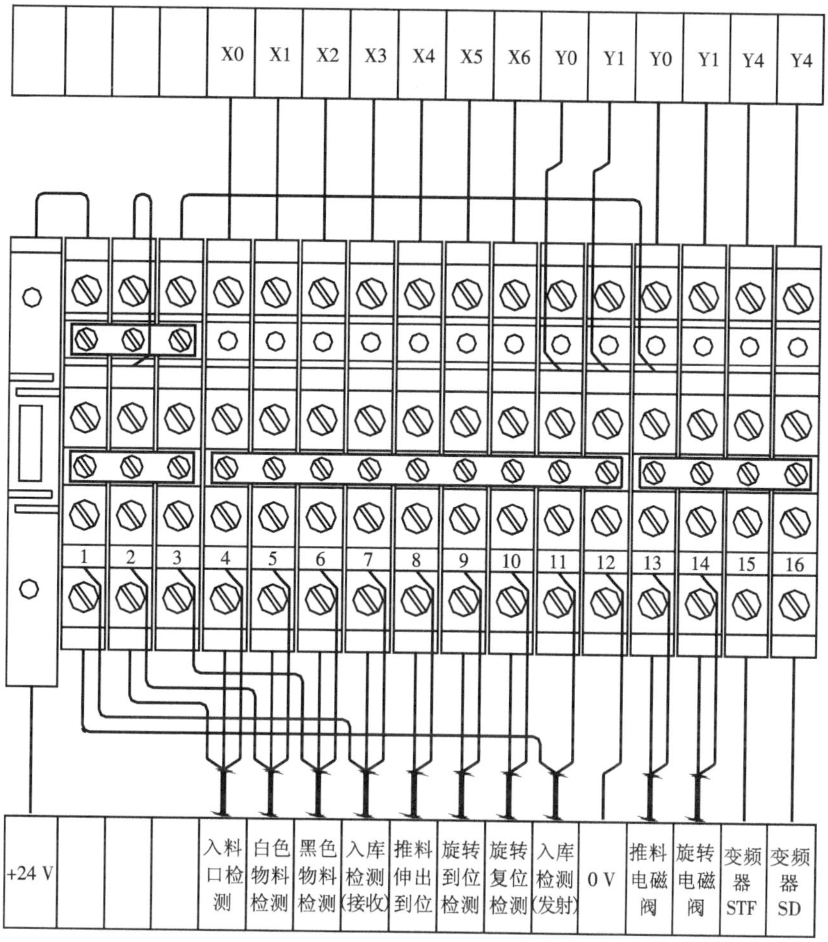

图 13.6　三菱系统端子排接线图

3. 西门子 MM420 变频器的连接及参数设置

1)变频器操作面板说明

变频器操作面板如图 13.7 所示,具体说明见表 13.1。

图 13.7　变频器操作面板

表 13.1　变频器操作面板的具体说明

显示/按钮	功能	说　明
	状态显示	LCD 显示变频器当前的设定值
	启动变频器	按此键启动变频器，缺省值运行时此键是被封锁的，为了使此键起作用应设定 P0700 = 1
	停止变频器	OFF1：按此键，变频器将按选定的斜坡下降速率减速停车。缺省值运行时此键被封锁，为了允许此键操作，应设定 P0700 = 1 OFF2：按此键两次（或一次，但时间较长）电机将在惯性作用下自由停车，此功能总是使能的
	改变电机的转动方向	按此键可以改变电机的转动方向。电机的反向转动用负号（-）表示或用闪烁的小数点表示。缺省值运行时此键是被封锁的，为了使此键的操作有效，应设定 P0700 = 1
	电机点动	在变频器无输出的情况下按此键，将使电机启动，并按预设定的点动频率运行；释放此键时，变频器停车。如果变频器/电机正在运行，按此键将不起作用
	功能	此键用于浏览辅助信息 变频器运行过程中，在显示任何一个参数时按下此键并保持不动 2 s，将显示以下参数值（在变频器运行中，从任何一个参数开始）： （1）直流回路电压（用 d 表示负号，单位为 V） （2）输出电流（单位为 A） （3）输出频率（单位为 Hz） （4）输出电压（用 o 表示负号，单位为 V）。 （5）由 P0005 选定的数值（如果 P0005 选择显示上述参数中的任何一个（3，4 或 5），这里将不再显示） 连续多次按下此键，将轮流显示以上参数 跳转功能：在显示任何一个参数（rXXXX 或 PXXXX）时短时间按下此键，将立即跳转到 r0000。如果需要的话，可以接着修改其他的参数。跳转到 r0000 后，按此键将返回原来的显示点
	访问参数	按此键即可访问参数
	增加数值	按此键即可增加面板上显示的参数数值
	减少数值	按此键即可减少面板上显示的参数数值

2）基本操作面板功能说明

图 13.8 说明如何改变参数 P0004 的数值。图 13.9 说明如何修改下标参数的数值。

操作步骤	显示的结果
1. 按 访问参数	r0000
2. 按 直到显示出P0004	P0004
3. 按 进入参数数值访问级	0
4. 按 或 达到所需要的数值	3
5. 按 确认并存储参数的数值	P0004
6. 使用者只能看到命令参数	

图 13.8 改变参数 P0004 数值

选择命令/设定值源

操作步骤	显示的结果
1. 按 访问参数	r0000
2. 按 直到显示出P0719	P0719
3. 按 进入参数数值访问级	in000
4. 按 显示当前的设定值	0
5. 按 或 选择运行所需要的最大频率	12
6. 按 确认和存储P0719的设定值	P0719
7. 按 直到显示出r0000	r0000
8. 按 返回标准的变频器显示（由用户定义）	

图 13.9 修改下标参数

3）端子接线操作说明

端子接线操作说明如图 13. 10 所示。

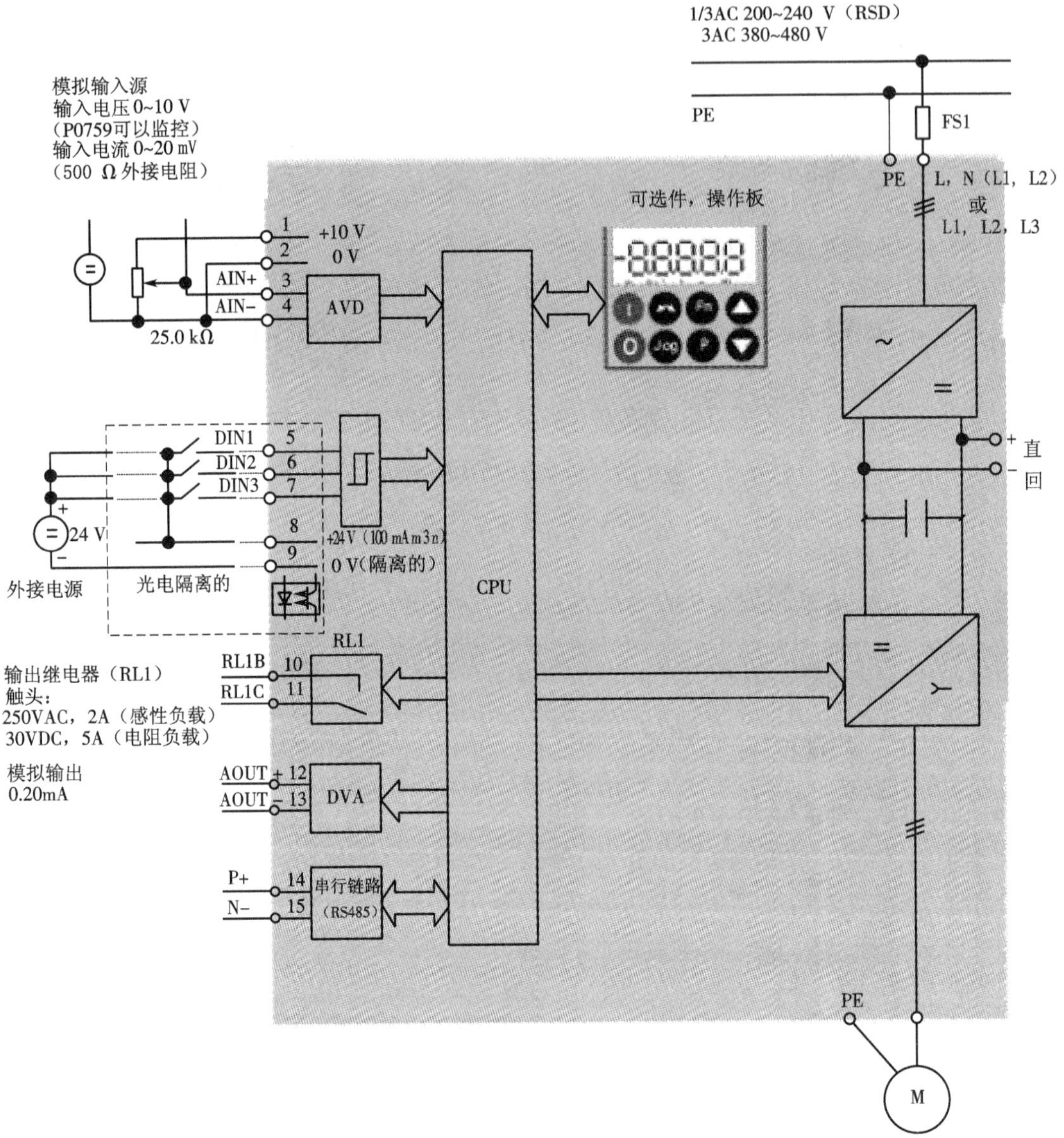

图 13. 10　端子接线

4）端子的功能

端子的功能见表 13. 2 所示。

表 13. 2　端子功能

端子号	端子功能	相关参数
1	频率设定电源（+10 V）	
2	频率设定电源（0 V）	

续表

端子号	端子功能	相关参数
3	模拟信号输入端 AIN +	P0700
4	模拟信号输入端 AIN -	P0700
5	多功能数字输入端 DIN1	P0701
6	多功能数字输入端 DIN2	P0702
7	多功能数字输入端 DIN3	P0703
8	多功能数字电源 +24 V	
9	多功能数字电源 0 V	
10	输出继电器 RL1B	P0731
11	输出继电器 RL1C	P0731
12	模拟输出 AOUT +	P0771
13	模拟输出 AOUT -	P0771
14	RS485 串行链路 P +	P0004
15	RS485 串行链路 N -	P0004

5)参数设置方法

为了快速修改参数的数值,可以单独修改显示出的每个数字,操作步骤如下:

(1)确信已处于某一参数数值的访问级(参看“用 BOP 修改参数”);

(2)按 Fn (功能键),最右边的一个数字闪烁;

(3)按 ▲ / ▼ ,修改这位数字的数值;

(4)再按 Fn (功能键),相邻的下一位数字闪烁;

(5)执行(2) ~(4),直到显示出所要求的数值;

(6)按 P ,退出参数数值的访问级。

提示:功能键也可以用于确认故障的发生。

6)主要参数设置

主要参数设置见表 13.3 所示。

表 13.3　主要参数设置

序号	参数代号	设置值	说　明
1	P0010	30	调出出厂设置参数
2	P0970	1	恢复出厂值
3	P0003	3	参数访问级
4	P0004	0	参数过滤器
5	P0010	1	快速调试
6	P0100	0	工频选择

续表

序号	参数代号	设置值	说　明
7	P0304	380	电机的额定电压
8	P0305	0.17	电机的额定电流
9	P0307	0.03	电机的额定功率
10	P0310	50	电机的额定频率
11	P0311	1500	电机的额定速度
12	P0700	2	选择命令源(外部端子控制)
13	P1000	1	选择频率设定值
14	P1080	0	电机最小频率
15	P1082	50.00	电机最大频率
16	P1120	2.00	斜坡上升时间
17	P1121	0.00	斜坡下降时间
18	P3900	1	结束快速调试
19	P0003	3	检查 P0003 是否为 3
20	P1040	30	频率设定

13.4　分拣单元的 PLC 控制系统

1. 工作流程

入料口检测到工件后变频器启动,驱动传动电机,把工件带入分拣区。如果工件为白色,则该工件到达 1 号槽,传送带停止,工件被推到 1 号槽中;如果为黑色,旋转气缸旋转,工件被导入 2 号槽中。当分拣槽对射光电传感器检测到有工件输入时,应向系统发出分拣完成信号。

2. PLC 的编程要点

PLC 上电后应首先进入初始状态检查阶段,确认系统已经准备就绪后,才允许投入运行,这样可及时发现存在问题,避免出现事故。例如,气缸在上电和气源接入时不在初始位置,显然在这种情况下不允许系统投入运行。通常机电设备的 PLC 控制系统往往有这种常规的要求。

动作流程的控制程序比较简单,在此就不再详述。

全线运行时需要编写通信程序,THJDAL－2 采用 RS485 串行通信实现网络控制方案。系统的启动信号、停止信号、复位信号均从连接到搬运站(主站)的按钮/指示灯模块或触摸屏发出,经搬运站 PLC 程序处理后,向各从站发送控制要求,以实现各站的复位、启动、停止操作。各从站在运行过程中的状态信号,应存储到该单元 PLC 规划好的数据缓冲区,以实现整个系统的协调运行。网络读写数据规划见表 13.4。

表13.4　网络读写数据规划

序号	西门子系统		三菱系统	功能
	主站地址(搬运站)	从站地址(加工站)		
1	V1212.0	V1010.0	M1256	分拣站复位完成
2	V1212.1	V1010.1	M1257	传送带有无物料
3	V1212.2	V1010.2	M1258	等待物料

项目 14　搬运单元安装与调试

14.1　搬运单元的组成及功能

搬运单元主要由步进电机驱动器、直线导轨、四自由度搬运机械手、极限开关、原点开关、支架、机械零部件等构成，主要完成工件的搬运。其结构图如图 14.1 所示。其主要结构和功能介绍如下。

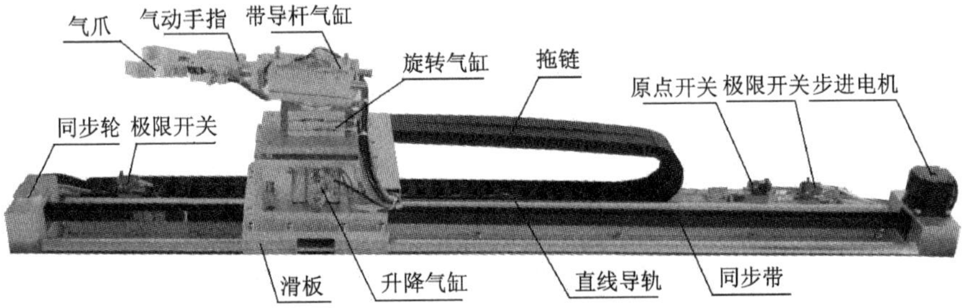

图 14.1　搬运单元主要结构图

(1)PLC 主机：控制端子全部接到挂箱面板的 3 号防转座上。

(2)步进电机驱动器：用于控制三相步进电机。控制端子全部接到挂箱面板的 3 号防转座上。

(3)磁性传感器 1：用于升降气缸的位置检测，当检测到气缸准确到位后给 PLC 发出一个到位信号。

(4)磁性传感器 2：用于旋转气缸的位置检测，当检测到气缸准确到位后给 PLC 发出一个到位信号。

(5)磁性传感器 3：用于带导杆气缸的位置检测，当检测到气缸准确到位后给 PLC 发出一个到位信号。

(6)磁性传感器 4：用于气动手指的位置检测，当检测到气缸准确到位后给 PLC 发出一个到位信号。

(7)行程开关：其中一个给 PLC 提供原点信号；另外两个用于硬件保护，当任何一轴运行过头，碰到行程开关时，断开步进电机电控信号公共端，使步进电机停止运行。

(8)电磁阀：升降气缸、旋转气缸、带导杆气缸用二位五通的带手控开关的单电控电磁阀控制，气动手指用二位五通的带手控开关的双电控电磁阀控制，四个电磁阀集中安装在带有消声器的汇流板上。当 PLC 给电磁阀一个信号，电磁阀动作，对应气缸动作。

(9)升降气缸：由单电控电磁阀控制。当气动电磁阀得电，气缸伸出，将机械手抬起。

(10)旋转气缸：由单电控电磁阀控制。当气动电磁阀得电，将机械手旋转一定角度。

(11)带导杆气缸:由单电控电磁阀控制。当气动电磁阀得电,将机械手伸出。

(12)气动手指:由双控电磁阀控制。当气动电磁阀一端得电时,气动手指张开或夹紧。

其主要技术指标如下。

(1)控制电源:直流 24 V/2 A。

(2)PLC 主机:CPU 226(DC/DC/DC)(可根据需要选择其他品牌)。

(3)步进电机驱动器:3MD560。

(4)步进电机:57BYG350CL。

(5)磁性传感器 1:D-A73。

(6)磁性传感器 2:D-A93。

(7)磁性传感器 3:D-C73。

(8)磁性传感器 4:D-Z73。

(9)行程开关:RV-165-1C25。

(10)电磁阀:SY5120。

(11)电磁阀:SY5220。

(12)升降气缸:CDQ2B50-20D。

(13)旋转气缸:MSQB10R。

(14)伸缩气缸:MGPM16-75。

(15)夹紧气缸:MHC2-20D。

14.2　搬运单元的气动控制回路

气动控制回路是本工作单元的执行机构,该执行机构的控制逻辑控制功能是由 PLC 实现的。本单元有四个执行气缸,分别实现气爪的升降、伸缩、旋转、开闭等动作。气动控制回路的工作原理如图 14.2 所示,其中 B1、B2 为安装在推料气缸的两个极限工作位置的磁性传感器,1Y1、2Y1、3Y1、4Y1、4Y2 为控制气缸的电磁阀。

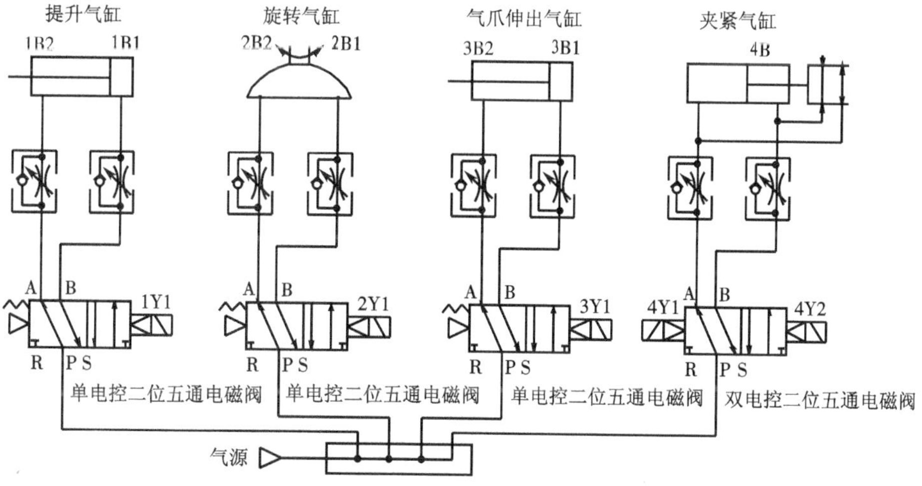

图 14.2　搬运单元气动控制回路图

14.3 搬运单元的电气接线

1. PLC 控制系统接线

西门子系统中搬运单元 PLC 选用 CPU 226(DC/DC/DC)型号，三菱系统中 PLC 选用 FX_{2N} -48MT 型号。其接线原理分别如图 14.3 和图 14.4 所示。

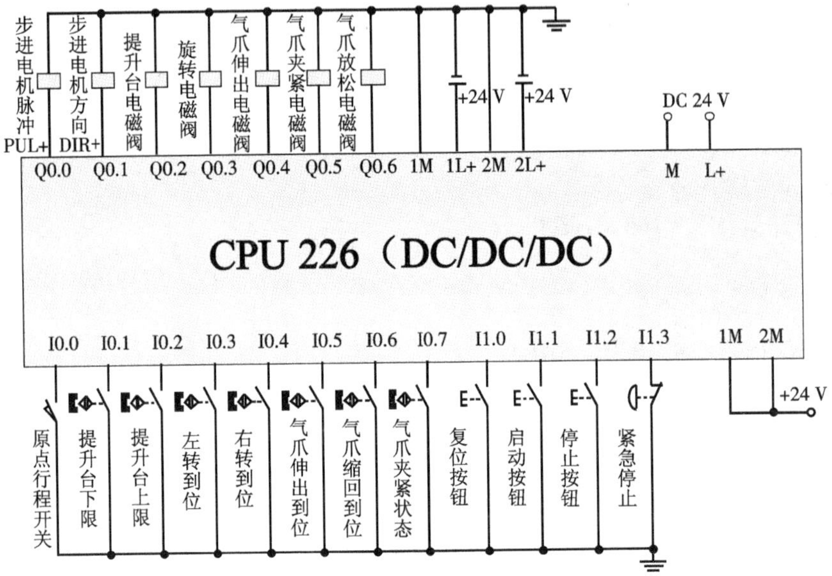

图 14.3 搬运单元西门子系统接线图

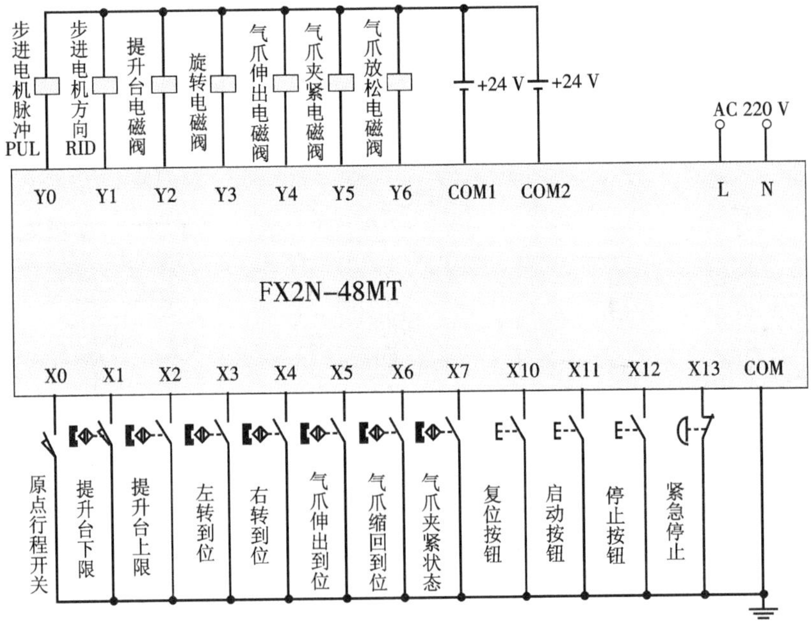

图 14.4 搬运单元三菱系统接线图

2. 端子排接线

西门子系统和三菱系统中端子排的接线分别如图14.5和图14.6所示。

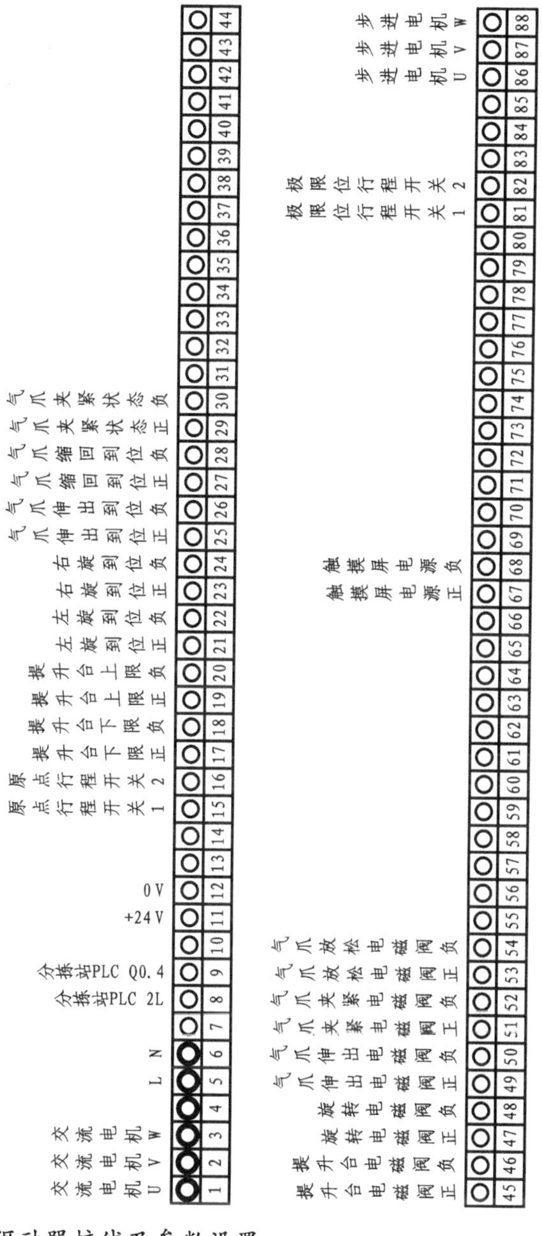

备注：1. 磁性传感器引出线：蓝色为“负”，接“0V”；棕色为“正”，接PLC输入端。
2. 电磁阀引出线：黑色为“负”，接“0V”；红色为“正”，接PLC输出端。

图14.5　搬运单元西门子系统端子排接线

3. 步进电机驱动器接线及参数设置

1）三相步进电机驱动器的主要参数

（1）供电电压：直流18～50 V。

（2）输出相电流：1.5～6.0 A。

（3）控制信号输入电流：6～20 mA。

2）参数设定

在驱动器的侧面连接端子中间有蓝色的六位SW功能设置开关，用于设定电流和细分。

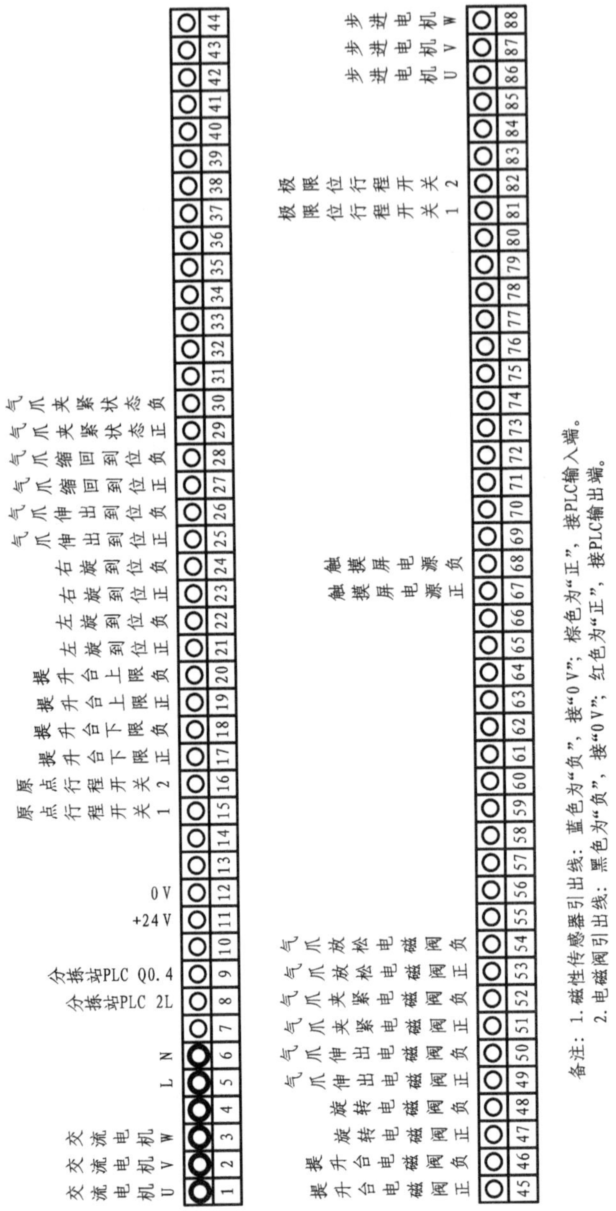

图 14.6　搬运单元三菱系统端子排接线

西门子主机电流设定为 5.2 A，细分设定为 10 000；三菱主机驱动器电流设定为 3.5 A，细分设定为 4 000，具体见表 14.1 和表 14.2。

表 14.1　脉冲细分设定

序号	SW1	SW2	SW3	细分
1	ON	ON	ON	200
2	OFF	ON	ON	400
3	ON	OFF	ON	500
4	OFF	OFF	ON	1 000

续表

序号	SW1	SW2	SW3	细分
5	ON	ON	OFF	2 000
6	OFF	ON	OFF	4 000
7	ON	OFF	OFF	5 000
8	OFF	OFF	OFF	10 000

表 14.2 驱动器电流设定

序号	SW1	SW2	SW3	SW4	电流/A
1	OFF	OFF	OFF	OFF	1.5
2	ON	OFF	OFF	OFF	1.8
3	OFF	ON	OFF	OFF	2.1
4	ON	ON	OFF	OFF	2.3
5	OFF	OFF	ON	OFF	2.6
6	ON	OFF	ON	OFF	2.9
7	OFF	ON	ON	OFF	3.2
8	ON	ON	ON	OFF	3.5
9	OFF	OFF	OFF	ON	3.8
10	ON	OFF	OFF	ON	4.1
11	OFF	ON	OFF	ON	4.4
12	ON	ON	OFF	ON	4.6
13	OFF	OFF	ON	ON	4.9
14	ON	OFF	ON	ON	5.2
15	OFF	ON	ON	ON	5.5
16	ON	ON	ON	ON	6.0

3)步进电机接线

西门子系统和三菱系统的驱动器接线分别如图 14.7 和 14.8 所示。

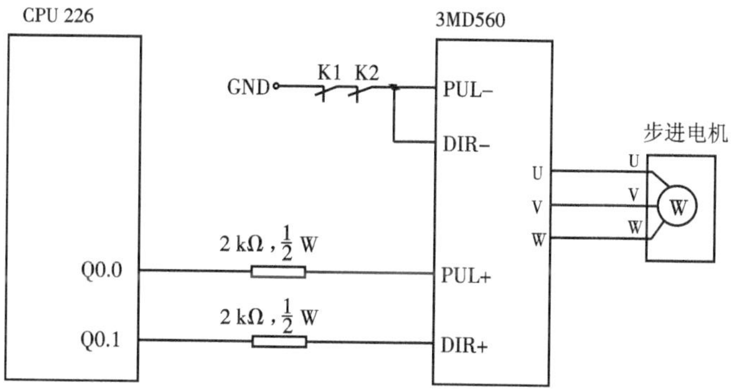

图 14.7 西门子系统驱动接线图

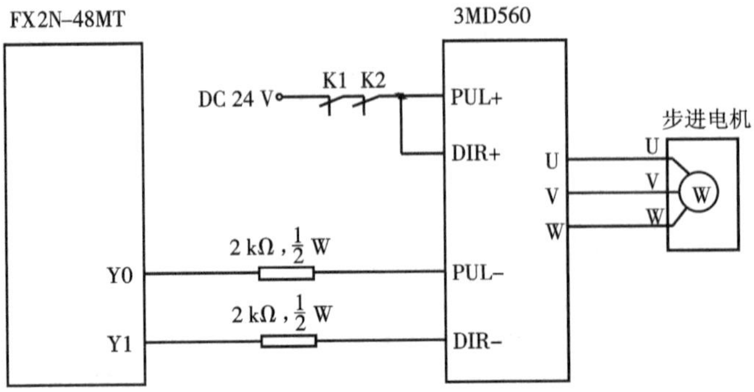

图 14.8　三菱系统驱动器接线图

14.4　搬运单元的 PLC 控制系统

1. 工作流程

该站主要完成向各个工作站输送工件功能。系统复位先回原点，当到达原点位置后，系统启动，井式供料站物料台有工件时，搬运机械手伸出将工件搬运到切削加工站物料台上，等加工站加工完毕后，再将工件送到三工位装配站完成两种不同工件装配，最后将两种工件成品送到分拣站分拣入库。

2. PLC 的编程要点

PLC 上电后应首先进入初始状态检查阶段，确认系统已经准备就绪后，才允许投入运行，这样可及时发现存在的问题，避免出现事故。步进电机的运动控制可采用组态运动包络的方式实现，此部分内容在项目 12 中已介绍过，在此就不再详述。

全线运行时需要编写通信程序，THJDAL－2 采用 RS485 串行通信实现网络控制方案。系统的启动信号、停止信号、复位信号均从连接到搬运站（主站）的按钮/指示灯模块或触摸屏发出，经搬运站 PLC 程序处理后，向各从站发送控制要求，以实现各站的复位、启动、停止操作。各从站在运行过程中的状态信号，应存储到该单元 PLC 规划好的数据缓冲区，以实现整个系统的协调运行。网络读写数据规划见表 14.3。

表 14.3　网络读写数据规划

序号	西门子系统		三菱系统	功能
	主站地址（搬运站）	各从站地址		
1	V1000.0	V1000.0	M1000	启动
2	V1000.1	V1000.1	M1001	停止
3	V1000.2	V1000.2	M1002	复位
4	V1000.3	V1000.3	M1003	急停
5	V1000.4	V1000.4	M1004	周期完成信号
6	V1000.5	V1000.5	M1005	红灯
7	V1000.6	V1000.6	M1006	绿灯

续表

序号	西门子系统		三菱系统	功能
	主站地址(搬运站)	各从站地址		
8	V1000.7	V1000.7	M1007	黄灯
9	V1001.0	V1001.0	M1010	搬运机械手伸出到加工站
10	V1001.1	V1001.1	M1011	搬运机械手伸出到装配站
11	V1001.2	V1001.2	M1012	搬运机械手离开加工站
12	V1001.3	V1001.3	M1013	搬运机械手离开装配站

项目 15　THJDAL－2 的整体控制

在前面的项目中，重点介绍了 THJDAL－2 的各个组成单元在作为独立设备工作时用 PLC 对其实现控制的基本思路，这相当于模拟了一个简单的单体设备的控制过程。本项目将以 YL－335B 出厂例程为实例，介绍如何通过 PLC 实现由几个相对独立的单元组成的一个群体设备（生产线）的控制功能。

THJDAL－2 系统的控制方式采用每一工作单元由一台 PLC 承担其控制任务，各 PLC 之间通过 RS485 串行通信实现互连的分布式控制方式。组建成网络后，系统中每一个工作单元也称作工作站。

15.1　S7－200 系列 PLC 的 PPI 通信

1. PPI 通信概述

PPI 协议是 S7－200 系列 PLC 最基本的通信方式，通过自身的端口（PORT0 或 PORT1）就可实现通信。PPI 是一种主—从协议通信，主—从站在一个令牌环网中，主站发送要求到从站设备，从站设备响应，从站不发送信息，只是等待主站的要求并对要求做出响应。主站靠一个 PPI 协议管理的共享链与从站通信。PPI 并不限制与任意一个从站通信的主站数量，但在一个网络中，主站个数不能超过 32。如果在用户程序中使用 PPI 主站模式，可以使用网络读写指令来读写从站信息。

2. PPI 通信实现步骤

1）设置通信端口参数

对网络上的每一台 PLC，应设置其系统块中的通信端口参数。对用作 PPI 通信的端口（PORT0 或 PORT1），指定其 PLC 地址（站号）和波特率，设置后把系统块下载到 PLC。具体操作如下。

（1）运行个人电脑上的 STEP 7-Micro/WIN V4.0 程序，打开设置端口界面，如图 15.1 所示；利用 PC/PPI 编程电缆把输送站 PLC 系统块里端口 0 的 PLC 地址设置为 1，波特率设置为 9.6 kbps，如图 15.2 所示；同样方法设定供料站 PLC 端口 0 的 PLC 地址设置为 2，波特率为 9.6 kbps；加工站 PLC 端口 0 的 PLC 地址设置为 3，波特率为 9.6 kbps；装配站 PLC 端口 0 的 PLC 地址设置为 4，波特率为 9.6 kbps；分拣站 PLC 端口 0 的 PLC 地址设置为 5，波特率为 9.6 kbps。

（2）用专用网线连接各站 PLC 的端口 0，用 PC/PPI 编程电缆连接网络连接器的编程口，将主站的运行开关拨到 STOP 状态，利用 SETP7-Micro/WIN V4.0 软件搜索网络中的五个站，如图 15.3 所示。如果能全部搜索到表明网络连接正常。

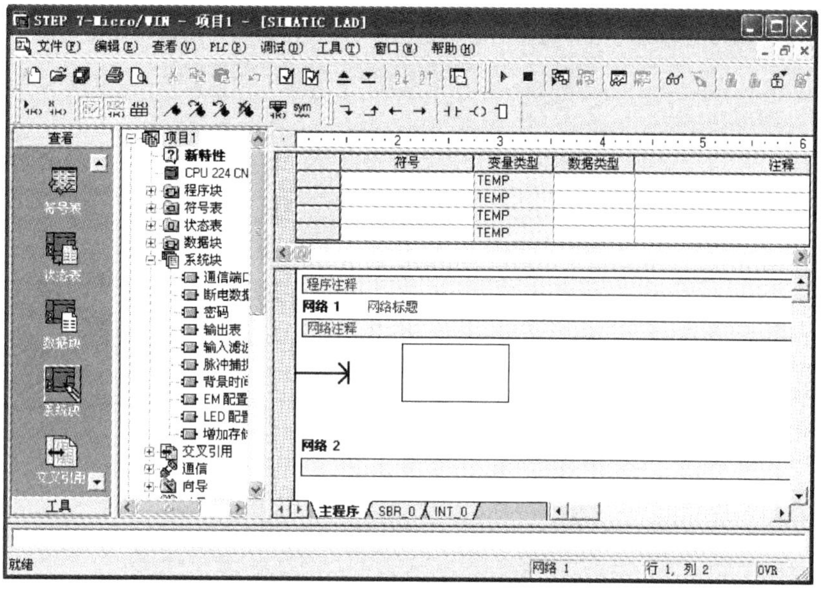

图 15.1　设置端口界面

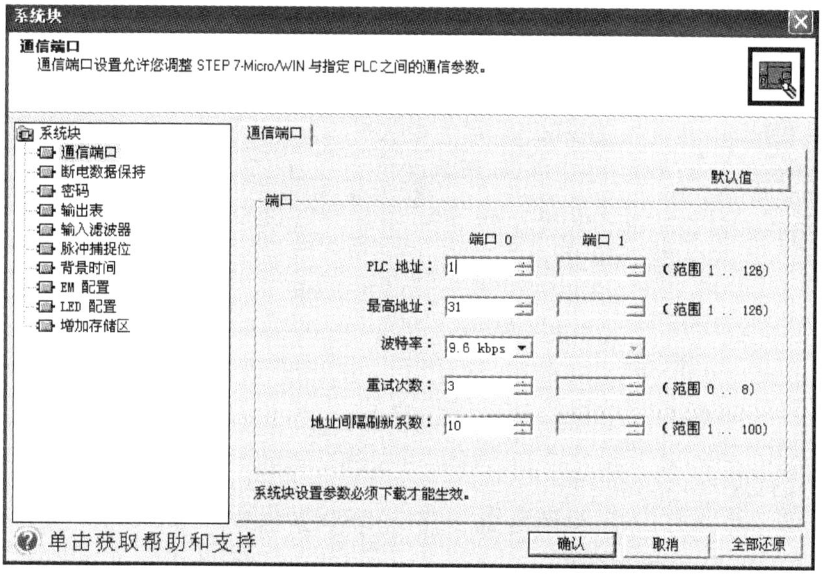

图 15.2　参数设置

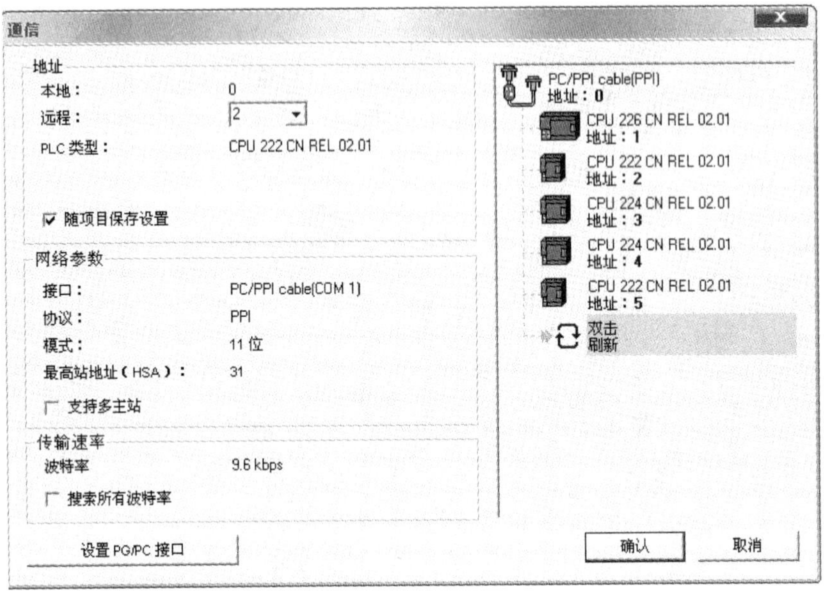

图 15.3　网络连接

2）网络结构图

网络结构图如图 15.4 所示。

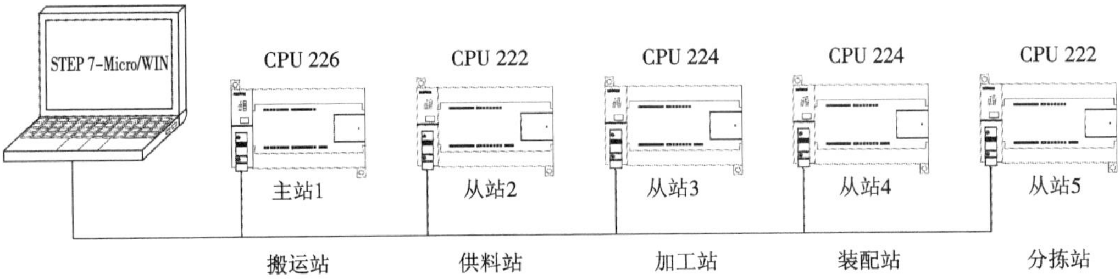

图 15.4　网络结构图

3）通信口设置

西门子 S7－200 PLC 中的 SMB30 和 SMB130 为自由端口控制寄存器。其中 SMB30 控制自由端口 0 的通信方式，SMB130 控制自由端口 1 的通信方式。可以对 SMB30、SMB130 进行读、写操作，如图 15.5 所示，这些字节设置自由端口通信的操作方式，并提供自由端口或者系统所支持的协议之间的选择。

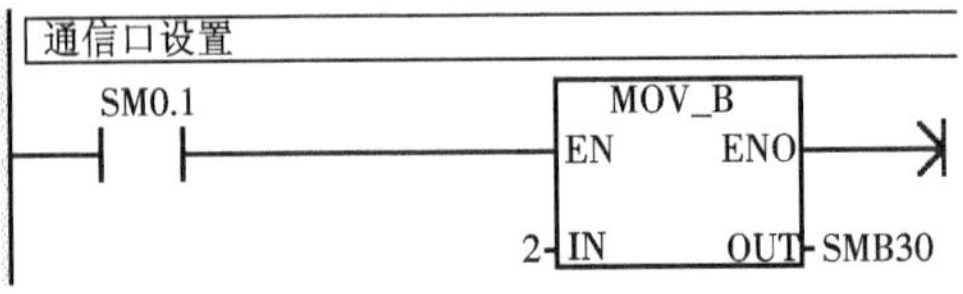

图 15.5　对 SMB30、SMB130 进行读、写操作

如上程序所示，此段程序是将 PLC 的自由端口 0 的通信方式设置为“PPI/主站模式”。

4）网络读写指令使用

网络读写指令 NETR/NETW，用于在西门子 S7－200 PPI 网络中的各 CPU 之间通信。网络读写指令只能由在网络中充当 PPI 主站的 CPU 执行，从站 CPU 不必专门编写通信程序，只需将与主站通信的数据放入数据缓冲区即可。此种通信方式中的主站 CPU 可以对 PPI 网络中其他任何从站 CPU 进行网络读写操作。

NETR 指令：网络读指令，用于主站 CPU 通过指定的通信口从其他从站 CPU 中指定的数据区读取以字节为单位的数据，存入本站 CPU 中指定地址的数据区中；读取的最大数据量为 16 个字节。

NETW 指令：网络写指令，用于主站 CPU 通过指定的通信口将本站 CPU 指定地址的数据区中的以字节为单位的数据，写入其他从站 CPU 中指定的数据区中；写入的最大数据量为 16 个字节。

5）利用指令向导完成网络配置

根据上述指令，即可完成主站的网络读写程序，借助网络读写向导更加方便，具体步骤如下。

（1）在 STEP 7-Micro/WIN V4.0 软件命令菜单中选择“工具”→“指令向导”，并在指令向导窗口中选择“NETR/NETW”，单击“下一步”按钮后，就会出现 NETR/NETW 指令向导界面（图 15.6），设置网络读/写数为 8。

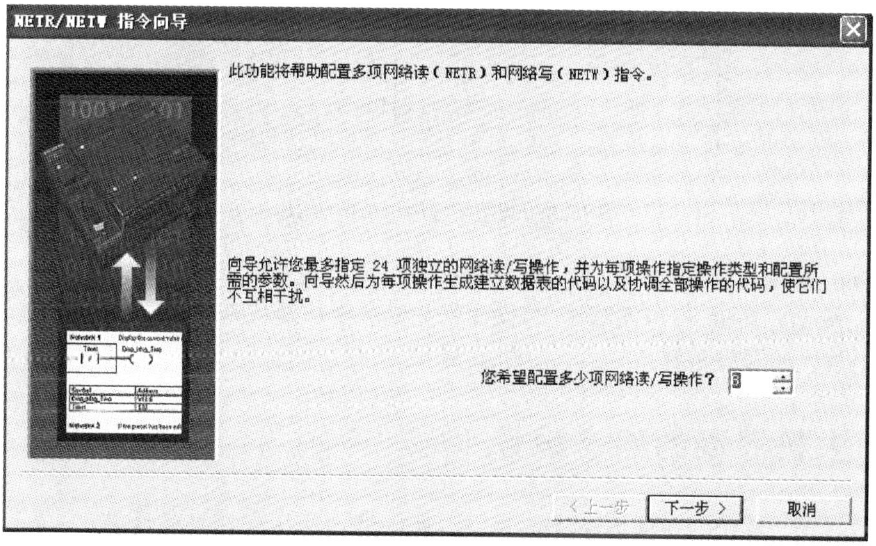

图 15.6　NETR/NETW 指令向导界面

（2）单击“下一步”按钮，填写对加工站（2 号站）读操作的参数，如图 15.7 所示。单击“下一项操作”按钮，填写其他站参数，如此类推，直到第 4 项，完成对分拣站（5 号站）读操作的参数的填写；再单击“下一项操作”按钮，完成写操作的参数填写。

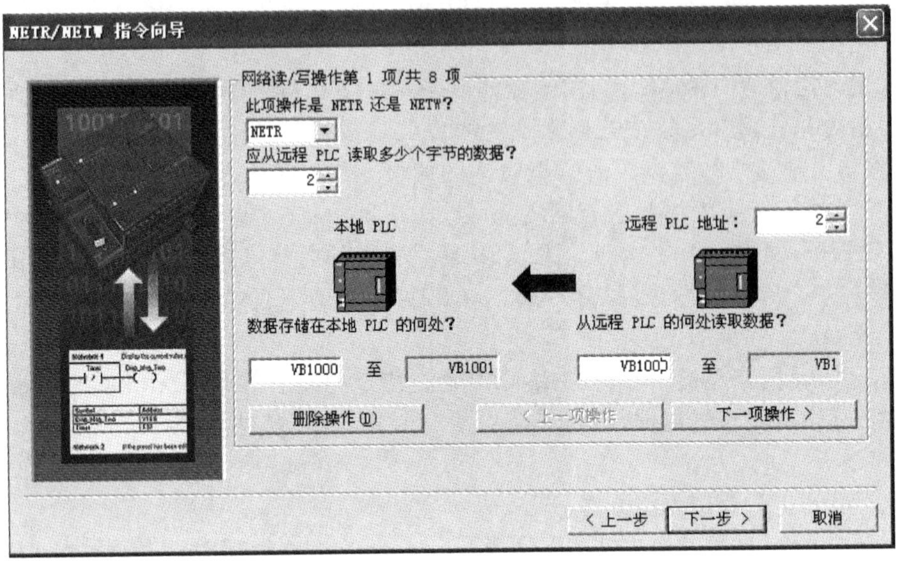

图 15.7　设置参数

(3)单击“下一步”按钮直至配置完成。

(4)在主程序中调用子程序“NET _ EXE”,如图 15.8 所示。

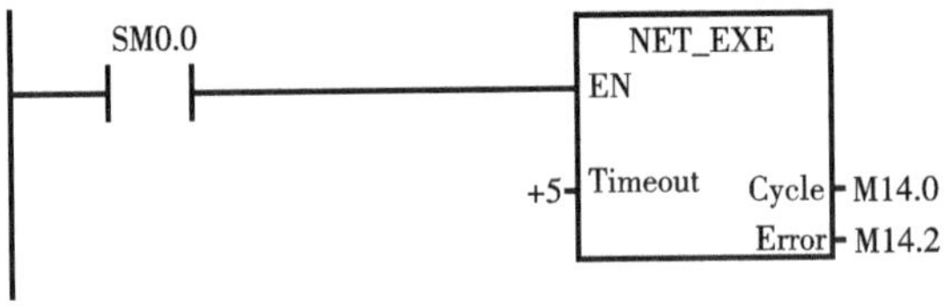

图 15.8　调用子程序“NET _ EXE”

Timeout:设定通信超时时限,1 ~32 767 s,若为 0,则不计时。

Cycle:输出开关量,所有网络读/写操作每完成一次切换状态。

Error:发生错误时报警。

15.2　人机界面的组态设计

全线运行时,系统的启动信号、停止信号、复位信号均从连接到搬运站(主站)的按钮/指示灯模块或触摸屏发出,经搬运站 PLC 程序处理后,向各从站发送控制要求,以实现各站的复位、启动、停止操作。同时,设备运行中状态,比如运行、停止、缺料等信息实时在触摸屏上显示。

THJDAL -2 系统的人机界面采用 MT4500C 触摸屏。人机界面是在操作人员和机器设备之间作双向沟通的桥梁,用户可以在屏幕上自由的组合文字、按钮、图形、数字等来处理或监控管理随时可能变化的信息。下面介绍步科触摸屏的使用。

1. MT4500C 触摸屏的接口

1）串行接口

MT4000 有两个串行接口，标记为 COM0、COM1，分别称为公头和母头，以方便区分。COM0 为 9 针公头，管脚定义如图 15.9 所示。COM1 为 9 针母头，管脚定义如图 15.10 所示。与 COM0 的区别仅在于 PC _ RXD 和 PC _ TXD 被换成了 RS232 连接的硬件流控RTS _ PLC和CTS _ PLC。

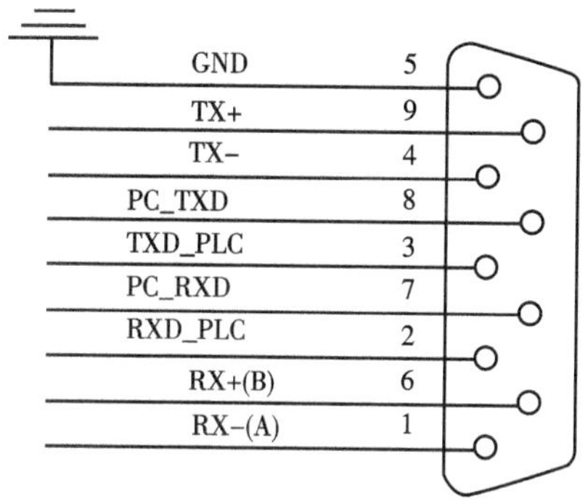

图 15.9　COM0 管脚定义

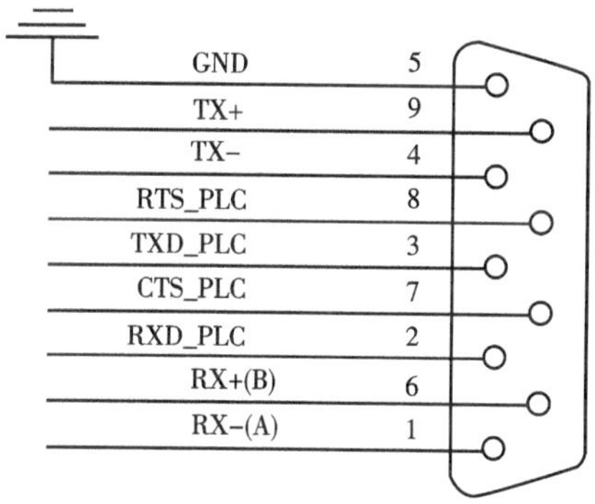

图 15.10　COM1 管脚定义

2）USB 接口

MT4000 提供了一个 USB 高速下载通道，它将大大加快下载的速度，且不需要预先知道目标触摸屏的 IP 地址。

2. EV5000 软件安装

（1）将 EV5000 软件光盘放入光驱，计算机将会自动运行安装程序，或者手动运行光盘文件“Setup. exe”。

（2）按向导提示，一路按下“下一步”按钮。

（3）按下“完成”按钮，软件安装完毕。

（4）要运行程序时，可以从菜单“开始”→“程序”→“eview”→“EV5000 _ UNICODE _ CHS”找到相应的可执行程序点击即可。

3. 制作一个最简单的工程

（1）安装好 EV5000 软件后，在“开始”→“程序”→“eview”→“EV5000 _ UNICODE _

CHS”找到相应的可执行程序点击,打开触摸屏软件。

(2)点击菜单“文件”里的“新建工程”,这时将弹出图15.11所示对话框,输入所建工程的名称,点击[>>]来选择所建文件的存放路径,在这里命名为“test _ 01”,点击“建立”按钮即可。

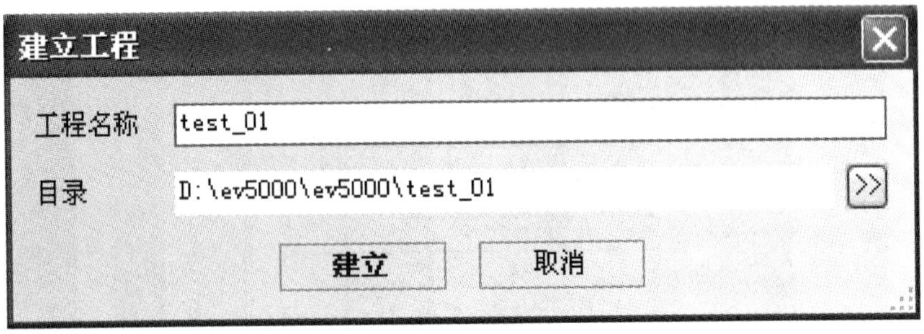

图15.11　建立工程对话框

(3)选择所需的通信连接方式,MT5000支持串口、以太网连接,点击元件库窗口里的通信连接,选中所需的连接方式拖入工程结构窗口中即可,如图15.12所示。

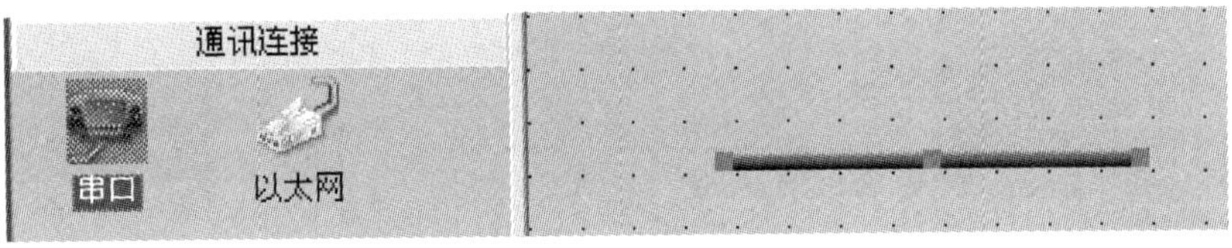

图15.12　通信连接

(4)选择所需的触摸屏型号,将其拖入工程结构窗口。

(5)选择需要连线的PLC类型,拖入工程结构窗口里,如图15.13所示。适当移动HMI和PLC的位置,将连接端口靠近连接线的任意一端,就可以顺利把它们连接起来。注意:连接使用的端口号要与实际的物理连接一致。这样就成功地在PLC与HMI之间建立了连接。拉动HMI或者PLC检查连接线是否断开,如果不断开就表示连接成功。

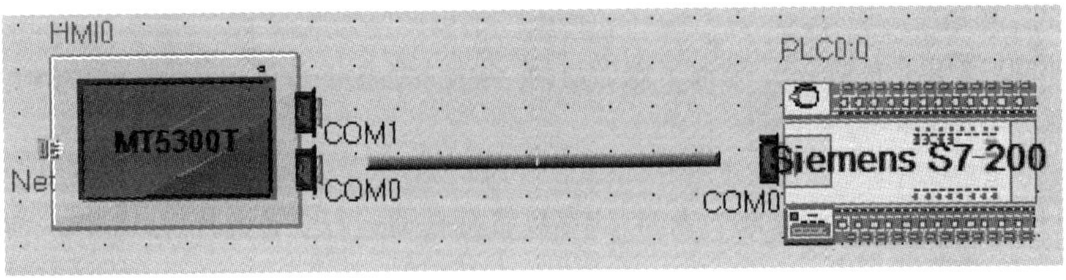

图15.13　连接PLC

(6)双击“HMI0”,就会弹出图15.14所示的对话框,在此对话框中需要设置触摸屏的端口号。在弹出的“HMI属性”框里切换到“串口1设置”,修改串口1的参数(如果PLC连接在COM0,请切换到[串口0设置],修改串口0的参数)。

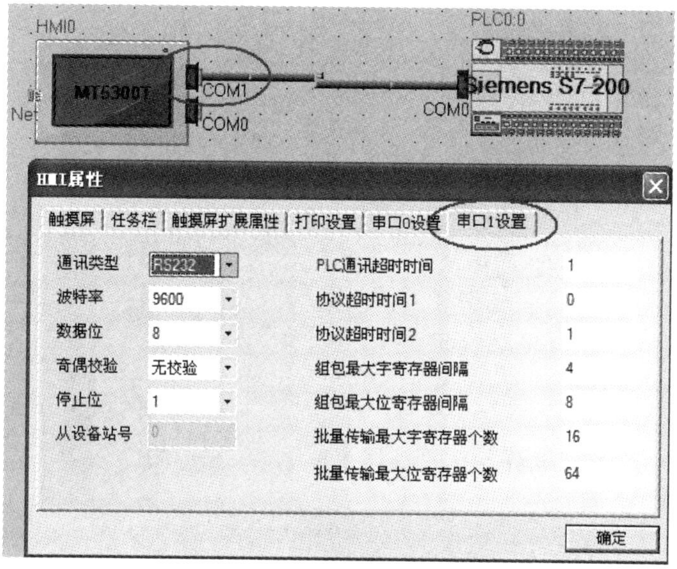

图 15.14　HMI 属性设置

(7)在工程结构窗口中,选中 HMI 图标,点击右键里的“编辑组态”,进入了组态窗口。在左边的 PLC 元件窗口里,轻轻点击图标,将其拖入组态窗口中放置,这时将弹出位状态切换开关元件属性对话框,设置位控元件的输入/输出地址。

(8)切换到“位状态切换开关”页,设定开关类型,这里设定为切换开关。

(9)切换到“标签”页,选中“使用标签”,分别在“内容”里输入状态 0、状态 1 相应的标签,并选择标签的颜色。(可以修改标签的对齐方式、字号、颜色)

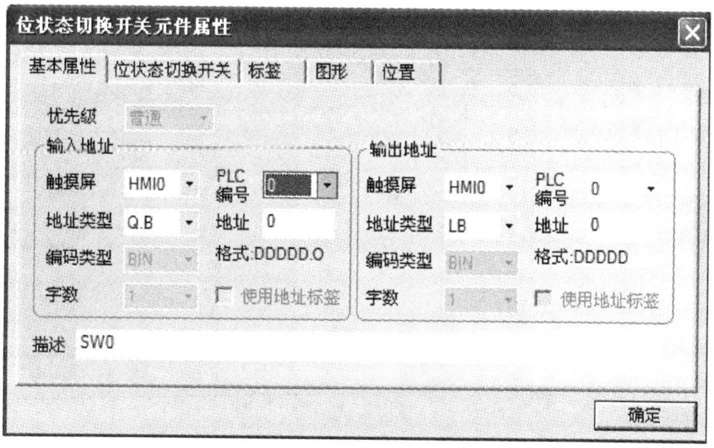

图 15.15　开关选择

(10)切换到“图形”页,选中“使用向量图”复选框,选择一个想要的图形,这里选择了图 15.15 所示的开关。

(11)最后点击“确定”关闭对话框,放置好的元件如图 15.16 所示。

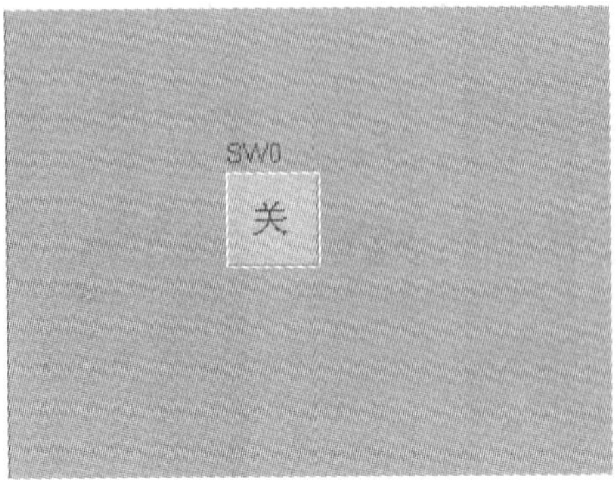

图 15.16　元件放置

(12)选择工具条上的“保存”,接着选择菜单“工具”→“编译”。如果编译没有错误,那么这个工程就做好了。

(13)选择菜单“工具”→“离线模拟”→“仿真”,可以看到设置的开关在点击它时将可以来回切换状态,和真正的开关一模一样,如图 15.17 所示。

4. 工程下载

MT4000 提供两种下载方式,分别为 USB 和串口。在下载和上传之前,要首先设置通信参数。通信参数的设置在菜单栏里的“工具”栏“设置选项”里,下载设备选择 USB,如图 15.18 所示。

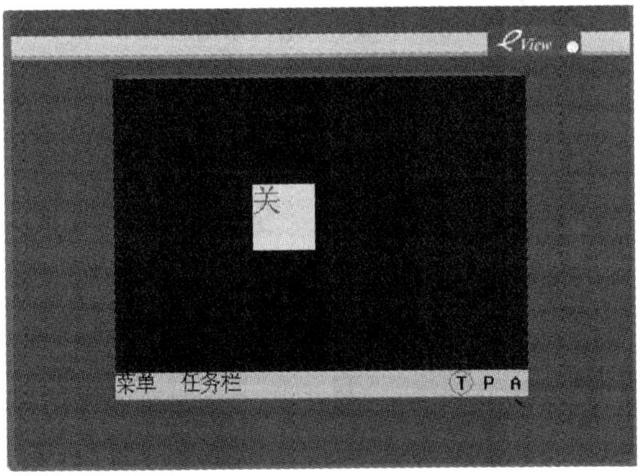

图 15.17　仿真效果

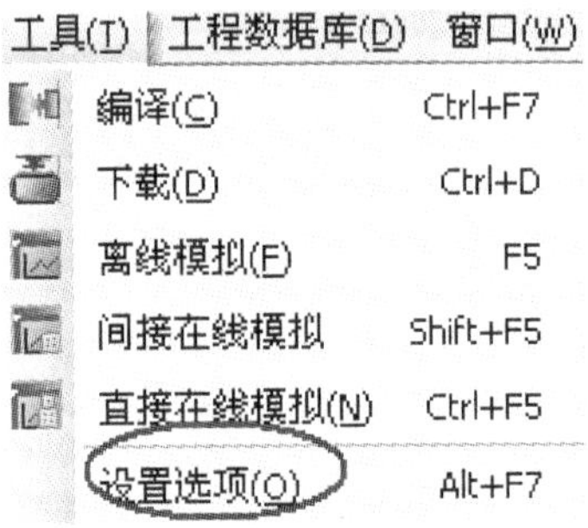

图 15.18　工程下载选项

第一次使用 USB 下载,要手动安装驱动。把 USB 一端连接到 PC 的 USB 接口上,一端连接触摸屏的 USB 接口,在触摸屏上电的条件下,会弹出图 15.19 所示安装信息。

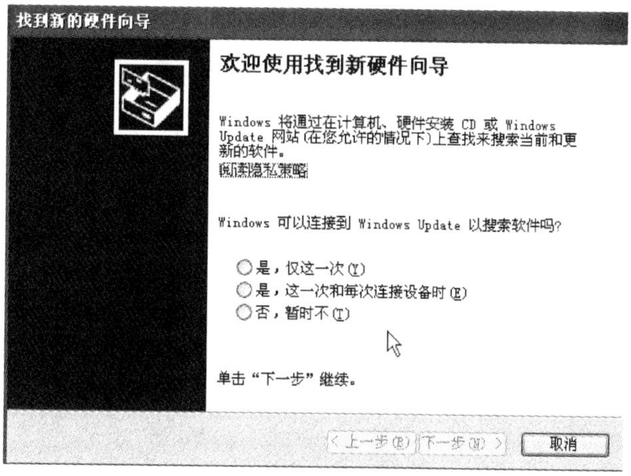

图 15.19　第一次使用 USB 下载

(1)根据提示手动安装 USB 驱动,如图 15.20 所示;

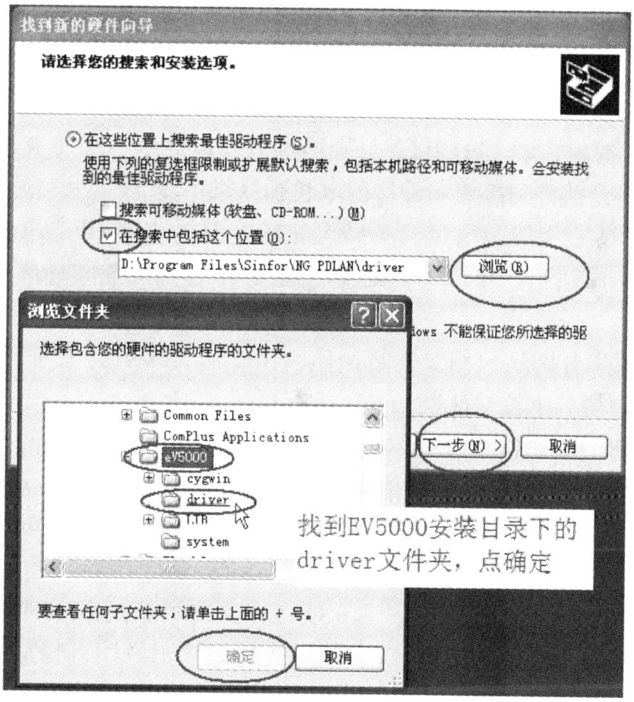

图 15.20　手动安装驱动

(2)选择菜单“工具”→“下载”,将做好的工程下载到触摸屏中。

5. 用通信电缆连接触摸屏与 PLC

在实际编程中,西门子触摸屏采用 COM0 口,PLC 地址为 2,波特率为 9.6 kbps;三菱采用 COM1 口,PLC 地址为 0,波特率为 9.6 kbps。

15.3 THJDAL－2 使用与维护中的注意事项

1. 自动生产线使用中的注意事项

(1)按照搬运站的 PLC 控制原理图和端子接线图用安全导线完成按钮模块、PLC 模块、变频器模块输入/输出端与实训系统端子排之间连接。接线时请按照表 15.1 所示规则进行操作。

表 15.1 搬运站接线规则

序号	器件名称	接线规则
1	磁性传感器	正端与 PLC 的输入端相连，负端连接至直流电源的 GND
2	光电传感器	信号输出端与 PLC 的输入端相连，正端连接至 24 V 直流电源的正端，负端全部连接至 24 V 直流电源的负端
3	按钮开关	常开端与 PLC 的输入端相连，公共端连接至直流电源的“0 V”端
4	电磁阀	西门子系统：正端与 PLC 的输出端相连，负端连接至直流电源的 GND
		三菱系统：正端连接至直流电源的＋24V，负端与 PLC 的输出端相连

(2)变频器的电源输入端 L1、L2、L3 分别接到电源模块中三相交流电源 U、V、W 端；变频器输出端 U、V、W 分别接到接线端子排的电机输入端 1、2、3。

(3)将系统左侧的三相四芯电源插头插入三相电源插座中，开启电源控制模块中三相电源总开关，U、V、W 端输出三相 380 V 交流电源，两组单相双连暗插座分别输出 220 V 交流电源。

(4)用三芯电源线分别从单相双连暗插座引出交流 220 V 电源到 PLC 模块、按钮模块和步进电机驱动器模块的电源插座上。

(5)在编程软件中打开样例程序或由用户编写控制程序进行编译，当程序有错误时根据提示信息进行相应的修改，直至编译无误为止，编译完成后，用通信编程电缆连接计算机串口与 PLC 通信口，打开 PLC 模块电源开关，将五个程序分别下载到各自对应的 PLC 中，下载完毕后将 PLC 的“RUN/PROG”开关拨至“RUN”状态，运行 PLC。

(6)按下按钮模块中的 SB4 复位按钮，系统进入复位状态，所有参数清零。同时警示灯黄灯常亮。如果复位完成绿灯闪烁，可以启动。此时如果工件库有物料，黄灯灭，否则黄灯闪烁。

(7)当绿灯闪烁时按下 SB5 启动按钮，系统启动，执行工件搬运、加工、装配、分捡工程。

(8)按下 SB6 停止按钮后，系统运行完一个周期后停止，同时红灯闪烁，按启动按钮可继续运行。

(9)按下急停按钮后，系统立即停止。拿掉没有完成的工件，按复位按钮，等系统复位后，才能重新运行。

2. 自动化生产线维护中的注意事项

(1)在进行安装、接线等操作时，请务必在切断电源后进行，以避免发生事故。

续表

(2)在进行配线时,请勿将配线屑或导电物落入PLC或变频器内。

(3)请勿将异常电压接入PLC或变频器电源输入端,以避免损坏PLC或变频器。

(4)请勿将AC电源接于PLC或变频器输入/输出端子上,以避免烧坏PLC或变频器,请仔细检查接线是否有误。

(5)在变频器输出端子(U、V、W)处不要连接交流电源,以避免烧坏及火灾,请仔细检查接线是否有误。

(6)伺服关闭电源至少15 min后才能进行配线或检查,否则可能导致触电。

(7)当变频器通电或正在运行时,请勿打开变频器前盖板,否则危险。

(8)在插拔通信电缆时,请务必确认PLC电源处于断开状态。

参考文献

[1] 吕景泉. 自动化生产线安装与调试[M]. 2 版. 北京:中国铁道出版社,2009.
[2] 钟肇新. 可编程序控制器原理及应用[M]. 广州:华南理工大学出版社,2003.
[3] 岳庆来. 变频器、可编程序控制器及触摸屏综合应用技术[M]. 北京:机械工业出版社,2007.
[4] 邱公伟. 可编程序控制器网络通信及应用[M]. 北京:清华大学出版社,2000.
[5] SMC(中国)有限公司. 现代实用气动技术[M]. 3 版. 北京:机械工业出版社,2008.
[6] 胡海清,陈爱民. 气压与液压传动控制技术[M]. 北京:北京理工大学出版社,2006.
[7] 程明. 微特电机及系统[M]. 北京:中国电力出版社,2008.